电力工程与电力安全

谷 奥 杨城回 史文娟 主编

吉林科学技术出版社

图书在版编目（CIP）数据

电力工程与电力安全 / 谷奥，杨城回，史文娟主编
. -- 长春：吉林科学技术出版社，2020.1
ISBN 978-7-5578-6402-6

Ⅰ．①电… Ⅱ．①谷… ②杨… ③史… Ⅲ．①电力工
程②电力安全 Ⅳ．① TM7

中国版本图书馆 CIP 数据核字（2019）第 301348 号

电力工程与电力安全

主　　编	谷　奥　　杨城回　　史文娟
出 版 人	李　梁
责任编辑	端金香
封面设计	刘　华
制　　版	王　朋
开　　本	185mm×260mm
字　　数	380 千字
印　　张	17.25
版　　次	2020 年 1 月第 1 版
印　　次	2020 年 1 月第 1 次印刷
出　　版	吉林科学技术出版社
发　　行	吉林科学技术出版社
地　　址	长春市福祉大路 5788 号出版集团 A 座
邮　　编	130118
发行部电话 / 传真	0431—81629529　　81629530　　81629531
	81629532　　81629533　　81629534
储运部电话	0431—86059116
编辑部电话	0431—81629517
网　　址	www.jlstp.net
印　　刷	北京宝莲鸿图科技有限公司
书　　号	ISBN 978-7-5578-6402-6
定　　价	70.00 元

前　言

在社会经济和科学技术的发展过程中，对电力工程的质量要求也日趋严格，为了满足这种需要，我国也在不断改造电力工程，提高电力工程技术水平和电力工程项目的建设。因此，也是非常激烈的。只有在提高电力工程的技术水平和建设水平的同时，加强电力安全建设和管理，才能在电力工程市场提升自身的竞争力。除此之外，党和政府也是非常重视电力工程的安全工作，采取一系列举措，将工程建设的安全管理纳入到法制化建设的轨道。电力行业建立了电力工程安全监察体系和安全生产监管体系，对易发事故的重点领域和环节开展专项整治。

本书主要从十章内容对电力工程及电力安全进行详细的阐述，希望有助于我国电力工程事业的发展与进步。

目　录

第一章　绪　论

第一节　电力系统概述

由发电、变电、输电、配电和用电等环节组成的电能生产与消费系统。它的功能是将自然界的一次能源通过发电动力装置（主要包括锅炉、汽轮机、发电机及电厂辅助生产系统等）转化成电能，再经输、变电系统及配电系统将电能供应到各负荷中心，通过各种设备再转换成动力、热、光等不同形式的能量，为地区经济和人民生活服务。由于电源点与负荷中心多数处于不同地区，也无法大量储存，故其生产、输送、分配和消费都在同一时间内完成，并在同一地域内有机地组成一个整体，电能生产必须时刻保持与消费平衡。因此，电能的集中开发与分散使用，以及电能的连续供应与负荷的随机变化，就制约了电力系统的结构和运行。据此，电力系统要实现其功能，就需在各个环节和不同层次设置相应的信息与控制系统，以便对电能的生产和输运过程进行测量、调节、控制、保护、通信和调度，确保用户获得安全、经济、优质的电能。

建立结构合理的大型电力系统不仅便于电能生产与消费的集中管理、统一调度和分配，减少总装机容量，节省动力设施投资，且有利于地区能源资源的合理开发利用，更大限度地满足地区国民经济日益增长的用电需要。电力系统建设往往是国家及地区国民经济发展规划的重要组成部分。

电力系统的出现，使用高效、无污染、使用方便、易于控制的电能得到广泛应用，推动了社会生产各个领域的变化，开创了电力时代，发生了第二次技术革命。电力系统的规模和技术高低已成为一个国家经济发展水平的标志之一。

一、电力系统的构成

电力系统的主体结构有电源、电力网络和负荷中心。电源指各类发电厂、站，它将一次能源转换成电能；电力网络由电源的升压变电所、输电线路、负荷中心变电所、配电线路等构成。它的功能是将电源发出的电能升压到一定等级后输送到负荷中心变电所，再降压至一定等级后，经配电线路与用户连接。电力系统中网络结点千百个交织密布，有功潮流、无功潮流、高次谐波、负序电流等以光速在全系统范围传播。它既能输送大量电能，创造巨大财富，也能在瞬间造成重大的灾难性事故。为保证系统安全、稳定、经济地运行，必须在不同层次上依不同要求配置各类自动控制装置与通信系统，组成信息与控制子系统。它成为实现电力系统信息传递的神经网络，使电力系统具有可观测性与可控性，从而保证电能生产与消费过程的正常进行以及事故状态下的紧急处理。

系统的运行指组成系统的所有环节都处于执行其功能的状态。系统运行中，由于电力负荷的随机变化以及外界的各种干扰（如雷击等）会影响电力系统的稳定，导致系统电压与频率的波动，从而影响系统电能的质量，严重时会造成电压崩溃或频率崩溃。系统运行分为正常运行状态与异常运行状态。其中，正常状态又分为安全状态和警戒状态；异常状态又分为紧急状态和恢复状态。电力系统运行包括了所有这些状态及其相互间的转移。各种运行状态之间的转移需通过不同控制手段来实现。

电力系统在保证电能质量、实现安全可靠供电的前提下，还应实现经济运行，即努力调整负荷曲线，提高设备利用率，合理利用各种动力资源，降低燃料消耗、厂用电和电力网络的损耗，以取得最佳经济效益。

根据电力系统中装机容量与用电负荷的大小，以及电源点与负荷中心的相对位置，电力系统常采用不同电压等级输电（如高压输电或超高压输电），以求得最佳的技术经济效益。根据电流的特征，电力系统的输电方式还分为交流输电和直流输电。交流输电应用最广。直流输电是将交流发电机发出的电能经过整流后采用直流电传输。

由于自然资源分布与经济发展水平等条件限制，电源点与负荷中心多处于不同地区。由于电能目前还无法大量储存，输电过程本质上又是以光速进行，电能生产必须时刻保持与消费平衡。因此，电能的集中开发与分散使用，以及电能的连续供应与负荷的随机变化，就成为制约电力系统结构和运行的根本特点

二、电力系统调度

电力系统需要依靠统一的调度指挥系统以实现正常调整与经济运行，以及进行安全控制、预防和处理事故等。根据电力系统的规模，调度指挥系统多是分层次建立，既分工负责，又统一指挥、协调，并采用各种自动化装置，建立自动化调度系统。

电能生产、供应、使用是在瞬间完成的，并需保持平衡。因此，它需要有一个统一的调度指挥系统。这一系统实行分级调度、分层控制。

其主要工作有：

1. 预测用电负荷；

2. 分派发电任务，确定运行方式，安排运行计划；

3. 对全系统进行安全监测和安全分析；

4. 指挥操作，处理事故。完成上述工作的主要工具是计算机。

三、电力系统规划

电能是二次能源。电力系统的发展既要考虑一次能源的资源条件，又要考虑电能需求的状况和有关的物质技术装备等条件，以及与之相关的经济条件和指标。在社会总能源的消耗中，电能所占比例始终呈增长趋势。信息化社会的发展更增加了对电能的依赖程度。以美国为例，1920～1970年期间，电能占能源总消耗的比例由11%上升到26%，90年代将超过40%。为满足用户对电能不断增长的需要，必须在科学规划的基础上发展电力系统。电力系统的建设不仅需要大量投资，而且需要较长时间。电能供应不足或供电不可靠都会影响国民经济的发展，甚至造成严重的经济损失；发电和输、配电能力过剩又意味着电力投资效益降低，从而影响发电成本。因此，必须进行电力系统的全面规划，以提高发展电力系统的预见性和科学性。

制定电力系统规划首先必须依据国民经济发展的趋势（或计划），做好电力负荷预测及一次能源开发布局，然后再综合考虑可靠性与经济性的要求，分别做出电源发展规划、电力网络规划和配电规划。

在电力系统规划中，需综合考虑可靠性与经济性，以取得合理的投资平衡。对电源设备，可靠性指标主要是考虑设备受迫停运率、水电站枯水情况下电力不足概率和电能不足期望值；对输、变电设备，可靠性指标主要是平均停电频率、停电规模和平均停电持续时间。大容量机组的单位容量造价较低，电网互联可减少总的备用容量。这些都是提高电力系统经济性需首先考虑的问题。

电力系统是一个庞大而复杂的大系统，它的规划问题还需要在时间上展开，从多种可行方案中进行优选。这是一个多约束条件的具有整数变量的非线性问题，远非人工计算所能及。20世纪60年代以来出现的系统工程理论，以及计算技术的发展，为电力系统规划提供了有力的工具。

大型电力系统是现代社会物质生产部门中空间跨度最大、时间协调要求严格、层次分工非常复杂的实体系统。它不仅耗资大，费时长，而且对国民经济的影响极大。所以制定电力系统规划必须注意其科学性、预见性。要根据历史数据和规划期间的电力负荷增长趋势做好电力负荷预测。在此基础上按照能源布局制定好电源规划、电网规划、网络互联规划、配电规划等。电力系统的规划问题需要在时间上展开，从多种可行方案中进行优选。这是一个多约束条件的具整数变量的非线性问题，需利用系统工程的方法和先进的计算技术。

智能电力系统关键技术可划分以下三个层次：

第一个层次：系统一次新技术和智能发电、用电基础技术，包括可再生能源发电技术、特高压技术、智能输配电设备、大容量储能、电动汽车和智能用电技术与产品等。

第二个层次：系统二次新技术，包括先进的传感、测量、通信技术，保护和自动化技术等。

第三个层次：电力系统调度、控制与管理技术，包括先进的信息采集处理技术、先进的系统控制技术、适应电力市场和双向互动的新型系统运行与管理技术等。

智能电力系统发展的最高形式是具有多指标、自趋优运行的能力，也是智能电力系统的远景目标。

多指标就是指表征智能电力系统安全、清洁、经济、高效、兼容、自愈、互动等特征的指标体现。

自趋优是指在合理规划与建设的基础上，依托完善统一的基础设施和先进的传感、信息、控制等技术，通过全面的自我监测和信息共享，实现自我状态的准确认知，并通过智能分析形成决策和综合调控，使得电力系统状态自动自主趋向多指标最优。

四、电力系统运行

电力系统运行指系统的所有组成环节都处于执行其功能的状态。电力系统的基本要求是保证安全可靠地向用户供应质量合格、价格便宜的电能。所谓质量合格，就是指电压、频率、正弦波形这 3 个主要参量都必须处于规定的范围内。电力系统的规划、设计和工程实施虽为实现上述要求提供了必要的物质条件，但最终的实现则决定于电力系统的运行。实践表明，具有良好物质条件的电力系统也会因运行失误造成严重的后果。例如，1977 年 7 月 13 日，美国纽约市的电力系统遭受雷击，由于保护装置未能正确动作，调度中心掌握实时信息不足等原因，致使事故扩大，造成系统瓦解，全市停电。事故发生及处理前后延续 25 小时，影响到 900 万居民供电。据美国能源部最保守的估计，这一事故造成的直接和间接损失达 3.5 亿美元。60～70 年代，世界范围内多次发生大规模停电事故，促使人们更加关注提高电力系统的运行质量，完善调度自动化水平。

电力系统的运行常用运行状态来描述，主要分为正常状态和异常状态。正常状态又分为安全状态和警戒状态，异常状态又分为紧急状态和恢复状态。电力系统运行包括了所有这些状态及其相互间的转移。

各种运行状态之间的转移，需通过控制手段来实现，如预防性控制，校正控制和稳定控制，紧急控制，恢复控制等。这些统称为安全控制。

电力系统在保证电能质量、安全可靠供电的前提下，还应实现经济运行，即努力调整负荷曲线，提高设备利用率，合理利用各种动力资源，降低煤耗、厂用电和网络损耗，以取得最佳经济效益。

1. 安全状态指电力系统的频率、各点的电压、各元件的负荷均处于规定的允许值范围，并且，当系统由于负荷变动或出现故障而引起扰动时，仍不致脱离正常运行状态。由于电能的发、输、用在任何瞬间都必须保证平衡，而用电负荷又是随时变化的，因此，安全状态实际上是一种动态平衡，必须通过正常的调整控制（包括频率和电压——即有功和无功调整）才能得以保持。

2. 警戒状态指系统整体仍处于安全规定的范围，但个别元件或局部网络的运行参数已临近安全范围的阈值。一旦发生扰动，就会使系统脱离正常状态而进入紧急状态。处于警戒状态时，应采取预防控制措施使之返回安全状态

五、电力系统的基本参量

1. 总装机容量。电力系统的总装机容量指该系统中实际安全的发电机组额定有功功率的总和，以千瓦（KW）、兆瓦（MW）、吉瓦（GW）计。

2. 年发电量。电力系统的年发电量指该系统中所欲发电机组全年实际发出电能的总和，以兆瓦时（MW，h）、吉瓦时（GW，h）、太瓦时（TW，h）计。

3. 最大负荷。最大负荷指规定时间（一天、一月或一年）内电力系统总有功功率负荷的最大值，以千瓦（KW）、兆瓦（MW）、吉瓦（GW）计。

4. 年用电量。年用电量指接在系统上所有用户全年所用电能的总和，以兆瓦时（MW，h）计。

5. 额定频率。按国家标准规定，我国所有交流电力系统的额定频率均为50Hz。国外则有额定功率为60Hz或25Hz的电力系统。

6. 最高电压。所谓电力系统的最高电压等级，是指该系统中最高电压等级电力线路的额定电压，以千伏（KV）计。

六、发电厂简介

发电厂又称发电站，是将自然界蕴藏的各种一次能源转换为电能（二次能源）的工厂。19世纪末，随着电力需求的增长，人们开始提出建立电力生产中心的设想。电机制造技术的发展，电能应用范围的扩大，生产对电的需要的迅速增长，发电厂随之应运而生。现在的发电厂有多种发电途径：靠火力发电的称火电厂，靠水力发电的称水电厂，还有些靠太阳能（光伏）和风力与潮汐发电的电厂等。而以核燃料为能源的核电厂已在世界许多国家发挥越来越大的作用。

（一）发展简史

19世纪70年代，欧洲进入了电力革命时代。不仅大企业，就连小企业也都纷纷采用新的动力——电能。最初，一台发动机设备只供应一栋房子或一条街上的照明用电，人们称这种发电站为"住户式"电站，发电量很小。随着电力需求的增长，人们开始提出建立电力生产中心的设想。

爱迪生1882年在美国纽约珍珠街建立拥有6台发动机的发电厂。

发电厂起初是直流发电。美国的著名发明家爱迪生在1881年开始筹建中央发电厂，1882年总共有两座初具规模的发电厂投产。1882年1月，伦敦荷陆恩桥的爱迪生公司开

始发电,供应圣马厂邮局桥西的城市大教堂和桥头旅馆等。当时发电厂利用蒸汽机驱动直流发电机,电压为110伏,电力可供1000个爱迪生灯泡用。同年末,纽约珍珠街爱迪生公司发电厂也装上了同型机组,这是美国的第一座发电厂,内装6台发动机,可供6000个爱迪生灯泡用电。后来俄国彼得堡的芬坦克河上出现了水上发电站,发电站建在驳船上,为涅夫斯基大街照明供电。

在电力的生产和输送问题上,早期曾有过究竟是直流还是交流的长年激烈争论。爱迪生主张用直流,人们也曾想过各种方法,扩大直流电的供电范围,使中小城市的供电情况有了明显改善。但对大城市的供电,经过改进的直流电站仍然无能为力,代之而起的是交流电站的建立,因为要作远程供电,就需增协电压以降低输电线路中的电能损耗,然后又必须用变压器降压才能送至用户。直流变压器十分复杂,而交流变压器则比较简单,没有运动部件,维修也方便。

美国威斯汀豪斯公司的工程师斯坦利研制出了性能优良的变压器。1886年该公司利用变压器进行交流供电试验获得成功,1893年威斯汀豪斯公司承接为尼亚加拉瀑布水力发电计划提供发动机的合同,事实证明必须用高压交流电才可实现远征电力输送,从而结束了长时间的交、直流供电系统之争,交流电成为世界通用的供电系统。

早期发电机靠蒸汽机驱动。1884年发明涡轮机,直接与发电机连接,省去云齿轮装置,既运行平稳,又少磨损。1888年在新建的福斯班克电站安装了一台小涡轮机,转速为每分钟4800转,发电量75千瓦。1900年在德国爱勃菲德设置了一台1000千瓦涡轮机。到1912年芝加哥已有一台25,000千瓦涡轮发电机,如今涡轮发电机最大已超过100万千瓦,而且可以连续多年不停运转。

(二)传统发电

传统发电指的是燃煤电厂,燃煤火力发电厂流程图:

1. 燃烧气体系统——煤:由自动输送带——漏斗、度量计送入磨粉机,粉碎后,与高温蒸汽以一定比例混合,再由喷嘴吹入锅炉内燃烧。构成炉壁内衬的整排水管中的循环纯水被加热而沸腾产生蒸汽。燃烧后灰落入出灰口排出。烟道内烟气驶过热器,再由热器内蒸汽加热,提高再预加热省煤器内的锅炉,用温水和空气加热器内的燃烧用气,最后经沉淀集尘器与烟囱后排至大气中。

2. 蒸汽系统——过热后高压高温蒸汽最初送入高压涡轮,使其旋转,再经再热器,补足热能后,依序送入中压涡轮及低压涡轮,使所有热能消耗殆尽后,送入冷凝器,恢复为原水,此水经加热器、省煤器而循环。

3. 冷却水系统——冷却塔(凉水塔)中的冷却水由河、井、海及自来水系统供给,经由冷凝器的冷却水回到冷却塔冷却。

4. 发电系统——接于涡轮转子上的发动机产生电力,经由变压器提升电压后进入电力系统。

（三）分类

1. 水力发电厂

利用水流的动能和势能来生产电能的工厂，简称水电厂。水流量的大小和水头的高低，决定了水流能量的大小。从能量转换的观点分析，其过程为：水能→机械能→电能。实现这一能量转换的生产方式，一般是在河流的上游筑坝，提高水位以造成较高的水头；建造相应的水工设施，以有效地获取集中的水流。水经引水机沟引入水电厂的水轮机，驱动水轮机转动，水能便被转换为水轮机的旋转机械能。与水轮机直接相连的发电机将机械能转换成电能，并由发电厂电气系统升压送入电网。

建造强大的水力发电厂时，要考虑改善通航和土地灌溉以及生态平衡。水电厂按电厂结构及水能开发方式分类有引水式、堤坝式、混合式水电厂；按电厂性能及水流调节程度分类有径流式、水库式水电厂；按电厂厂房布置位置分类有坝后式、坝内式水电厂；按主机布置方式分类有地面式、地下式水电站。

水力发电厂建设费用高，发电量受水文和气象条件限制，但是电能成本低，具有水利综合效益。水轮机从启动到带满负荷只需几分钟，能够适应电力系统负荷变动，因此水力发电厂可担任系统调频、调峰及负荷备用。

2. 小水电

从容量角度来说处于所有水电站的末端，它一般是指容量5万千瓦以下的水电站。世界小水电在整个水电的比重大体在5%-6%。中国可开发小水电资源如以原统计数7000万kW计，占世界一半左右。而且，中国的小水电资源分布广泛，特别是广大农村地区和偏远山区，适合因地制宜开发利用，既可以发展地方经济解决当地人民用电困难的问题，又可以给投资人带来可观的效益回报，有很大的发展前景，它将成为中国21世纪前20年的发展热点。

世界上，许多发展中国家都制订了一系列鼓励民企投资小水电的政策。由于小水电站投资小、风险低、效益稳、运营成本比较低。在中国各种优惠政策的鼓励下，全国掀起了一股投资建设小水电站的热潮，由于全国缺电严重，民企投资小水电如雨后春笋，悄然兴起。国家鼓励合理开发和利用小水电资源的总方针是确定的，2003年开始，特大水电投资项目也开始向民资开放。根据国务院和水利部的"十一五"计划和2015年发展规划，将对民资投资小水电以及小水电发展给予更多优惠政策。中国小水电可开发量占全国水电资源可开发量的23%，居世界第一位。

3. 火力发电厂

利用可燃物作为燃料生产电能的工厂，简称火电厂。从能量转换的观点分析，其基本过程是：化学能→热能→机械能→电能。世界上多数国家的火电厂以燃煤为主。煤粉和空气在电厂锅炉炉膛空间内悬浮并进行强烈的混合和氧化燃烧，燃料的化学能转化为热能。

热能以辐射和热对流的方式传递给锅炉内的高压水介质，分阶段完成水的预热、汽化和过热过程，使水成为高压高温的过热水蒸气。水蒸气经管道有控制地送入汽轮机，由汽轮机实现蒸气热能向旋转机械能的转换。高速旋转的汽轮机转子通过联轴器拖动发电机发出电能，电能由发电厂电气系统升压送入电网。

4. 垃圾发电厂

垃圾发电作为火力发电的一种，截至2007年年底，中国垃圾焚烧发电厂总数已达75座，其中建成50座，在建25座垃圾焚烧发电厂的收益稳定、运营成本低廉并享有一定的税收优惠政策，能给投资者带来稳定的收益，但是垃圾发电带来的环境问题不容忽视。

5. 核能发电厂

利用核能来生产电能工厂，又称核电厂（核电站）。原子核的各个核子（中子与质子）之间具有强大的结合力。重核分裂和轻核聚合时，都会放出巨大的能量，称为核能。技术已比较成熟，形成规模投入运营的，只是重核裂变释放出的核能生产电能的原子能发电厂从能量转换的观点分析，是由重核裂变核能→热能→机械能→电能的转换过程。

6. 太阳能发电厂

太阳能发电厂是一种可再生能源——太阳能来发电的工厂，它利用把太阳能转换为电能的光电技术来工作的。德国利用太阳能来发电可供55万个家庭用电所需，是利用太阳能发电的世界冠军。

7. 风能发电厂

截止2003年年底，全国风能资源丰富的14个省（自治区）已建成风电场40座，累计运行风力发电机组1042台，总容量达567.02MW（以完成整机吊装作为统计依据）。

8. 地热发电厂

地热能是指贮存在地球内部的可再生热能，一般集中分布在构造板块边缘一带，起源于地球的熔融岩浆和放射性物质的衰变。全球地热能的储量与资源潜量十分巨大，每年从地球内部传到地面的热能相当于100PW·h，但是地热能的分布相对比较分散，因此开发难度很大。由于地热能是储存在地下的，因此不会受到任何天气状况的影响，并且地热资源同时具有其他可再生能源的所有特点，随时可以采用，不带有害物质，关键在于是否有更先进的技术进行开发。地热能在全球很多地区的应用相当广泛，开发技术也在日益完善。对于地热能的利用，包括将低温地热资源用于浴池和空间供热以及用于温室、热力泵和某些热处理过程的供热，同时还可以利用干燥的过热蒸汽和高温水进行发电，利用中等温度水通过双流体循环发电设备发电等，这些地热能的开发应用技术已经逐步成熟，而且对从干燥的岩石中和从地热增压资源及岩浆资源中提取地热能的有效方法进行研究可以进一步提高地热能的应用潜力，但是地热能的勘探和提取技术还有待改进。

9. 太空发电厂

太空发电厂可能是迄今为止人类有望实现的最大规模轨道建筑，如果建造完成，那么太空发电厂面积将达到 6 平方公里，部署在 3.6 万公里的轨道高度上。如此之大的人造建筑甚至可用肉眼察觉到，研究人员称从地面看轨道电站好像一颗恒星高高挂的天空中。把太阳能发电厂转移到太空中的优势很明显，即不会因为昼夜的问题导致能量输出受到影响，而且天气问题也不必去考虑，没有云层会遮挡住电站对阳光的采集。更重要的是，太空发电厂也不占用土地资源。

当然，建造轨道发电站还需要克服几个重大问题，比如如何把能量传递到地球上，目前的方法是用微波或者激光。日本科学家的方案是通过微波远程传递把能量接入地面。但是轨道电站的重量将达到 1 万吨。美国宇航局在研的超级火箭一次仅能将 120 吨的载荷送入轨道。同时太阳能电池板的安装也是个问题，定期也需要更换，这里都涉及庞大的资金供应。

当前在电力系统中起主导作用的仍是火力、水力、核能发电厂。

七、变电所简介

（一）定义

电力网中的线路连接点，用以变换电压、交换功率和汇集、分配电能的设施。变电所中有不同电压的配电装置，电力变压器，控制、保护、测量、信号和通信设施，以及二次回路电源等。有些变电所中还由于无功平衡、系统稳定和限制过电压等因素，装设并联电容器、并联电抗器、静止无功补偿装置、串联电容补偿装置、同步调相机等。

（二）基本要求

变电所基本要求主要有：

1. 根据电力网规划明确变电所的类型和作用，以及远期和近期建设规模（包括线路回路数和变压器容量），使变电所的建设能起到加强电力网的作用和满足供电的需要。

2. 变电所的建设要求少占土地，不占或少占耕地，并尽量利用荒地。在配电装置布置和变电所总平面布置上，都要采取少占土地的措施。

3. 根据变电所的类型、建设规模和在电力网中的作用确定电气主接线，以提高供电可靠性，并要尽量采用简单的电气主接线，以降低建设费用和运行费用。

4. 变电所中的设施须能满足运行安全和检修方便的要求，凡容易发生误操作的电气设备均需装设闭锁装置，以保证人员和设备的安全。

（三）变电所的分类

变电所的分类：

1. 按照作用分类，有：升压变电所、降压变电所或者枢纽变电所、终端变电所等等。

2.按管理形式分类，有：有人值班的变电所、无人值班的变电所。

3.按照结构形式室内外分，有：户外变电所、户内变电所。

4.按照地理条件分，有：地上变电所、地下变电所。变电所的主要设备构成和连接方式，按其功能和环境不同而会有所差异。

在国家标准GB50053-94《10kv及以下变电所设计规范》里面规定的术语定义，按变压器装设位置和环境不同，从室内外、户内外来分，变电所定义为：

变电所："10千伏及以下交流电源经电力变压器变压后对用电设备供电"，符合这个的就是变电所。

1.露天变电所：变压器位于露天地面之上的变电所；

2.半露天变电所：变压器位于露天地面之上的变电所，但变压器上方有顶板或挑檐；

3.附设变电所：变电所的一面或数面墙与建筑物的墙共用，且变压器室的门和通风窗向建筑物外开；

4.车间内变电所：位于车间内部的变电所，且变压器室的门向车间内开；

5.独立变电所：为一独立建筑物；

6.室内变电所：附设变电所，独立变电所和车间内变电所的总称；

7.贮油池：油流入后不致被外部已燃烧的物质延燃的设施；

8.挡油设施：使燃烧的油不致外溢的设施。

此外，国家关于其他名词术语定义还有：

终端变电所：单独建造的终端变电所，是用电单位或者用户前端的第一个变电所，变电所出来的电直接就可以供给用户用电设备使用，而不需再次经过变压的。通常是指10千伏降压至380伏的最末一级变电所。

杆上式变电所：安装在一根或者多根电杆上的户外变电所。

预装式变电所（站）：预装的并经过型式试验的成套设备，通常由高压配电装置、变压器、低压配电装置组成，并组合在一个或数个箱体内。又简称为"箱式变"。

例如：在我国有些农村地区居民用电，用两根电线杆（或台式）架起来的变压器变电，这既是一个小型简易安装的"露天式变电所"，也是一个"杆上式变电所"，同时也是一个"终端变电所"。

（四）主要设施

变电所主要设施包括配电装置、电力变压器、控制设备、保护自动装置、通信设施与补偿装置等。

1.配电装置

交换功率和汇集、分配电能的电气装置的组合设施。它包括有母线、断路器、隔离开关、电压互感器、电流互感器和避雷器等。配电装置是按照变电所电气主接线的要求进行布置的，其布置方式有屋外式和屋内式两种，屋外式布置中又有中型、半高型和高型等不同形式。

6～10 kV 配电装置通常采用屋内式，35 kV 配电装置可以根据具体情况采用屋内式或屋外式，110 kV 及以上配电装置通常采用屋外式。在污秽地区或场地狭窄处，110～220 kV 配电装置则采用屋内式。气体绝缘金属封闭开关设备（GIS）则同时具有占地少和防污秽等优点，它也有屋内式和屋外式两种。

2. 电力变压器

变换电压的设备。它连接着不同电压的配电装置，习惯称为变电所的主变压器。凡降低电压向地区或用户供电的变压器称作降压变压器；凡升高电压向电力网送电的变压器称作升压变压器。变电所中有两种或三种电压的配电装置时，则分别采用双绕组或三绕组降压变压器。在发电厂中，发电机均连接在升压变压器的低压绕组上。当单台发电机容量大于 200 MW 时，需采用双绕组升压变压器；当单台发电机容量小于 100 MW 时，可以采用双绕组变压器或三绕组变压器。当不同电压配电装置之间需交换功率时，可以采用联络变压器。联络变压器一般为自耦变压器或双绕组变压器，如果需要从联络变压器取得自用电电源时，则需采用三绕组变压器，从其低压绕组上引接自用电电源。变电所自用电源也可以直接从自耦变压器的低压绕组上引接。

3. 控制、测量、信号、保护和自动装置

它们是保证电气设备安全运行的监控和保护手段。控制有一对一控制和选线控制等方式，其电源有强电（110～220V）和弱电（48 V 及以下）之分。保护有主设备保护和线路保护、母线保护几类。测量有常规测量和选择测量两类，可显示各种所需的电气计量。信号有声响信号和灯光信号两种，也有强电和弱电之分。当电气设备出现不正常运行情况时，自动装置就能及时自动完成保证安全运行的操作，例如备用电源自动投入装置和自动重合器等。上述各种设施一般设在变电所主控制楼（室）内。330 kV 及以上的变电所一般建有主控制楼，通常为三层建筑物；220 kV 及以下的变电所一般建设单层主控制室；无人值班变电所一般只建设简易的控制小室。控制和保护设施均由变电所二次回路电源供电。二次回路电源包括有蓄电池直流电源、复式整流电源、电容储能电源和交流二次电源几种。220 kV 及以上变电所中采用蓄电池直流电源，110 kV 及以下不重要的变电所中通常采用其他种类的二次回路电源。

4. 通信设施

有微波通信、载波通信和光纤通信几种。330 kV 及以上变电所中通常设置微波通信、载波通信和光纤通信，220 kV 及以下变电所中只设载波通信和光纤通信。在变电所中一般不建单独的通信楼，通信设施放在主控制楼（室）的通信室内。

5. 补偿装置

电力网内无功功率要求就地平衡。为了平衡变电所供电范围内的无功功率，在变电所内装设并联电容器组或同步调相机；为了补偿远距离输电线路的充电功率，需要在变电所内装设并联电抗器；为了增强系统稳定性，提高线路输电能力，有时还需要在变电所中装

设串联电容器组。

（五）维护要点

1. 高压绝缘套管、支柱绝缘子表面的维护

多雾、尘污及积污绝缘子上有积雪，会降低支柱绝缘子的绝缘性能，其表面会发生闪络，严重者还会发生高压电对地的短路事故，直接影响供用电。

维护高压绝缘套管、支柱绝缘子表面的清洁，可用毛巾（绝对禁止采用棉纱纱头）揩擦绝缘子去除尘污，之后再刷涂一层绝缘硅胶油。

2. 隔离开关操作机构的维护

户外式隔离开关经常受到风、霜、雨、雪、雾的影响，工作环境差。因此，对户外式隔离开关的要求较高，一般应具有破冰能力和较高的机械强度。若操作机构不灵活，或操作者在寒冷的天气下操作不利索，将会造成"要断电一时断不了"的危急局面，很可能会使事故进一步蔓延扩大。

操作机构应操作灵活，重视隔离开关日常的维护保养，要做到：

①轴承座密封，座内润滑脂清洁，无杂质侵入，保证良好的润滑状态；

②转轴及其手动操作箱内机构运转灵活，无障碍卡阻；

③交叉连杆联动机构调整适当，联动灵活。

3. 跌落式高压熔断器防止误跌落

冬季风大，对于装配不良、操作马虎、未合紧的熔断器，一遇大风，稍受震动就会造成误跌落。因此，在装配时应注意适当调整熔丝管两端钢套距离，使之能与固定部分的尺寸相配合；操作时应试合数次，观察配合情况，可用绝缘棒触及操作环并轻微晃动数次，检验确定合紧便可。

4. 变压器运行中的正常油位与补油

变压器油枕上装有油位表，用来监视油位是否正常。油位的高低除了与变压器运行温度、负荷轻重、油箱渗漏等情况有关外，还与环境的温度有密切的关系。冬季户外气温低，往往使油位低于油位表的低限刻度，油位不正常时，应及时加油。对运行中的变压器补油，应注意补油前将瓦斯保护改接至信号装置，防止误跳闸；补油后要检查瓦斯继电器，及时放出气体，24 h 无问题才能将瓦斯保护重新投入。禁止从变压器下部放油阀补油，以防止变压器底部污物进入变压器体内。

八、电力系统运行特点和要求

（一）电力系统运行特点

电力系统的运行与其他工业系统的生产过程相比有明显不同的特点，具体如下：

1. 电能不能大量存储。电能的生产、输送、分配和使用必须在同一时刻进行，即要保证电能的生产、输送、分配和使用处于一种动态的平衡状态。如果系统运行中出现供朗口用电的不平衡，就会破坏系统运行的稳定性，甚至发生事故。

2. 电力系统哲态过程非常短暂。正常操作和故障时，从一种运行状态变到另一种运行状态的过渡过程都非常迅速。

3. 电能生产与国民经济、人民生活的关系密切。电能供应不足或中断，不仅会影响人民的生产生沼，严重时可能会酿成社会性灾难。

（二）对电力系统运行的基本要求

1. 保证安全可靠地发电、供电

保证安全可靠地发电、供电是对电力系统运行的首要要求。影响电力系统安全可靠地发电、供电的因素很多，如系统事故、电气设备运行状态不完好、电力系统的结构不合理、缺乏足够的有功功率电源和无功功率电源、运行人员的技术水平不高等。不能安全可靠地发电、供电最直接的结果就是导致供电不连续，即中断供电。提高整个电力系统的安全运行水平，能为保证对用户的不间断供电创造最基本的条件。

目前我国按重要程度将负荷分为三级，以此来决定负荷对供电可靠性的不同要求。

一级负荷。对这类负荷中断供电的后果是极为严重的。例如，会造成人身事故、设备损坏、大量废品，导致生产秩序长期不能恢复，使公共生活发生混乱。

二级负荷。对这类负荷中断供电将造成大量减产，使人民的正常生活受到严重影响。

三级负荷。不属于一、二级负荷，停电影响不大的其他负荷。

一级负荷对供电可靠性的要求最高，理论上，任何情况下都不能中断对一级负荷的供电；二级负荷对供电可靠性的要求较高，只要不发生特殊情况，都要保证对二级负荷的供电不会中断或中断的时间较短；三级负荷对供电可靠性的要求不高，但也不能随意中断对其供电。

2. 保证良好的电能质量

衡量电能质量的基本指标是频率、电压和波形。当系统的频率、电压和波形不符合要求时，往往会影响电气设备的正常工作，造成震动和损坏，使电气设备的绝缘加速老化甚至损坏，危及设备和人身安全，影响用户的产品质量等。

电力系统正常运行时，频率、电压会随负荷的变化而有所波动的；故障情况下，这种波动会较大。所以，电力系统的频率质量和电压质量一般都以允许的偏移是否超过给定值来衡量。对频率，我国规定电力系统的额定频率为50Hz，大容量系统允许频率偏差 ±0. 2Hz，中小容量系统允许频率偏差 ±0. 5Hz。对电压，允许的偏移根据电压等级不同而有所不同，一般为额定值的 ±5%。

对电力系统的电压、电流波形严格要求是正弦波。但由于电力系统中非线性负荷（如换流设备、变频—调速设备、电气机车等）的使用会使波形发生畸变，而使波形中含有大量的谐波分量。会影响电气设备的安全、经济运行，同时也会干扰通信等行业。因此必须限制谐波分量的含量不超过允许值。波形质量以畸变率是否超过给定值来衡量。给定的允许畸变率因供电电压等级而异。要保证波形质性，关键要限制非线性负荷向系统注入谐波电流。

3.保证电力系统运行的经济性

电力系统运行是否经济，主要体现在两个方面。

一方面是生产电能对一次能源的消耗量。针对我国目前主要的发电方式来说，利用水能发电很经济。因此，在这方面主要的考核指标是煤耗牢。所谓煤耗李是指每生产 1kw·h 电能所消耗的标准煤，以 g／（kw·h）为单位。而标准煤是指含热吕为 29.31MJ／kg 的媒。

另一方面是电能在变换、传输和分配时的损耗。在这方面的考核指标是网损率（或线损率）。所谓网损率（或线损率）是指电力网损耗的电能与其输入电能的比值，常用百分比表示。

除上述三点外，环境保护问题也日益为人们所关注。对在电能生产过程中产生的污染物质的排放量的限制，也将成为对电力系统运行的要求。

九、电力系统中性点接地方式

电力系统中性点运行方式有不接地、经电阻接地、经消弧线圈接地或直接接地等多种。

中国电力系统目前所采用的中性点接地方式主要有三种：即不接地、经消弧线圈接地和直接接地。

小电阻接地系统在国外应用较为广泛，中国开始部分应用，并在风电及光伏系统逐步推广。

1.中性点不接地（绝缘）的三相系统

各相对地电容电流的数值相等而相位相差120°，其向量和等于零，地中没有电容电流通过，中性点对地电位为零，即中性点与地电位一致。这时中性点接地与否对各相对地电压没有任何影响。可是，当中性点不接地系统的各相对地电容不相等时，及时在正常运行状态下，中性点的对地电位便不再是零，通常此情况称为中性点位移即中性点不再是地电位了。这种现象的产生，多是由于架空线路排列不对称而又换位不完全的缘故造成的。

在中性点不接地的三相系统中，当一相发生接地时：一是未接地两相的对地电压升高到3倍，即等于线电压，所以，这种系统中，相对地的绝缘水平应根据线电压来设计。二是各相间的电压大小和相位仍然不变，三相系统的平衡没有遭到破坏，因此可继续运行一段时间，这是这种系统的最大优点。但不许长期接地运行，尤其是发电机直接供电的电力系统，因为未接地相对地电压升高到线电压，一相接地运行时间过长可能会造成两相短路。所以在这种系统中，一般应装设绝缘监视或接地保护装置。

当发生单相接地时能发出信号，使值班人员迅速采取措施，尽快消除故障。一相接地系统允许继续运行的时间，最长不得超过 2h。三是接地点通过的电流为电容性的，其大小为原来相对地电容电流的 3 倍，这种电容电流不容易熄灭，可能会在接地点引起弧光解析，周期性的熄灭和重新发生电弧。弧光接地的持续间歇性电弧较危险，可能会引起线路的谐振现场而产生过电压，损坏电气设备或发展成相间短路。故在这种系统中，若接地电流大于 5A 时，发电机、变压器和电动机都应装设动作于跳闸的接地保护装置。

2. 中性点经消弧线圈接地的三相系统

上面所讲的中性点不接地三相系统，在发生单相接地故障时虽还可以继续供电，但在单相接地故障电流较大，如 35kV 系统大于 10A，10kV 系统大于 30A 时，就无法继续供电。为了克服这个缺陷，便出现了经消弧线圈接地的方式。目前在 35kV 电网系统中，就广泛采用了这种中性点经消弧线圈接地的方式。

消弧线圈是一个具有铁芯的可调电感线圈，装设在变压器或发电机的中性点。当发生单相接地故障时，可形成一个与接地电容电流大小接近相等而方向相反的电感电流，这个滞后电压 90° 的电感电流与超前电压 90° 的电容电流相互补偿，最后使流经接地处的电流变得很小以至等于零，从而消除了接地处的电弧以及由它可能产生的危害。

消弧线圈的名称也是这么得来的。当电容电流等于电感电流的时候称为全补偿；当电容电流大于电感电流的时候称为欠补偿；当电容电流小于电感的电流的时候称为过补偿。一般都采用过补偿，这样消弧线圈有一定的裕度，不至于发生谐振而产生过电压。

3. 中性点直接接地

中性点直接接地的系统属于较大电流接地系统，一般通过接地点的电流较大，可能会烧坏电气设备。发生故障后，继电保护会立即动作，使开关跳闸，消除故障。目前我国 110kV 以上系统大都采用中性点直接接地。

对于不通等级的电力系统中性点接地方式也不一样，一般按下述原则选择：220kV 以上电力网，采用中性点直接接地方式；110kV 接地网，大都采用中性点直接接地方式，少部分采用消弧线圈接地方式；20～60kV 的电力网，从供电可靠性出发，采用经消弧线圈接地或不接地的方式。但当单相接地电流大于 10A 时，可采用经消弧线圈接地的方式；3～10kV 电力网，供电可靠性与故障后果是其最主要的考虑因素，多采用中性点不接地方式。但当电网电容电流大于 30A 时，可采用经消弧线圈接地或经电阻接地的方式；1kV 以下，即 220/380V 三相四线制低压电力网，从安全观点出发，均采用中性点直接接地的方式，这样可以防止一相接地时换线超过 250V 的危险（对地）电压。特殊场所，如爆炸危险场所或矿下，也有采用中性点不接地的。这时一相或中性点应有击穿熔断器，以防止高压窜入低压所引起的危险。

4. 中性点接地的优越性

在 220/380V 三相四线制低压配电网络中，配电变压器的中性点大都实行工作接地。这主要是因为这样做具有下述优越性：

（1）正常供电情况下能维持相线的对地电压不变，从而可向外（对负载）提供220/380V这两种不同的电压，以满足单相220V（如电灯、电热）及三相380V（如电动机）不同的用电需要。

（2）若中性点不接地，则当发生单相接地的情况时，另外两相的对地电压便升高为相电压的几倍。中性点接地后，另两相的对地电压便仍为相电压。这样，即能减小人体的接触电压，同时还可适当降低对电气设备的绝缘要求，有利于制造及降低造价。

（3）可以避免高压电窜到低压侧的危险。实行上述接地后，万一高低压线圈间绝缘损坏而引起严重漏电甚至短路时，高压电便可经该接地装置构成闭合回路，使上一级保护动作跳闸而切断电源，从而可以避免低压侧工作人员遭受高压电的伤害或造成设备损坏。所以，低压电网的配电中性点一般都要实行直接接地。

中性点有电源中性点与负载中性点之分。它是在三相电源或负载按 Y 型连接时才出现。对电源而言，凡三相线圈的首端或尾端连接在一起的共同连接点，称电源中性点，简称中点；而由电源中性点引出的导线便称中性线，简称中线，常用 N 表示。三相四线制中性点不接地系统和三相四线制中性点接地系统。一般情况下，当中性点接地时，则称为零线；若不接地时，则称为中线。

配电系统的三点共同接地。为防止电网遭受过电压的危害，通常将变压器的中性点，变压器的外壳，以及避雷器的接地引下线共同于一个接地装置相连接，又称三点共同接地。这样可以保障变压器的安全运行。当遭受雷击时，避雷器动作，变压器外壳上只剩下避雷器的残压，减少了接地体上的那部分电压。

第二节　电力工程的发展

目前我国电力工程的管理方式已经变得比较完善，管理模式也变得越来越先进，但是仍然不能够对电力工业现代化要求进行满足，还需要不断的探究和创新的管理模式，及时地将创新的管理模式运用到电力工程中，从而不断地促进电力工业的发展，满足现代化社会的发展要求。

一、电力工程特征分析

（一）复杂性

众所周知，电力工程是集人力、物力、财力与一体的工程项目，同时它涉及测量工程、生产工程、安装工程、调试工程等各工程分步或同时进行，这就导致电力工程建设具有复杂性。同时，在电力工程施工过程中受外界环境、天气、地质结构等因素的影响，均会给工程建设增加难度，从而增加了电力工程施工的难度。

（二）规范性

为确保电力工程施工质量，需要严格控制施工过程，按照规范施工法进行施工。例如，工程管理人员需严格按照规范要求对施工人员进行管理，尤其是关键工序、施工质量难以控制的部位，需加强规范性操作，从而有效地保障电力工程施工质量。

（三）特殊性

由于电力工程涉及的专业较多，且各专业间要求的施工质量不同，同时各种线路的接口、走向等均具有特殊性。此外，施工中用到的机械设备也因周围环境不同而不同，这就决定了电力工程施工建设中具有特殊性。

二、电力工程管理措施的发展

（一）加大施工进度管理力度

加强施工进度管理的首要步骤是建立工程进程计划表。这个计划表是进度控制的基本依据，是各项计划顺利进行的基础。在初步建立计划表时，应该预料到项目进行过程中可能发生的事情因素，尤其是对进度影响较大的因素一定要列入进度计划中，以便于统筹安排计划目标，而且在工程进行过程中，可以比较方便地进行调整，为调整留足空间，把计划变动带来的影响降到最低。在计划制订过程中，管理人员应该充分地考虑到工程实施过程中可能出现的各种问题，特别是一些对于进度影响较大的因素，要进行重点管控。在具体施工过程中，进度调查专员应该定期将进度情况进行汇总和报告、公开，总结进度实施情况，加强进度计划整改，以降低对整体工程造成的影响。

（二）稳定资金投入，做好成本管理

稳定资金投入，做好成本管理也是电力工程项目管理的主要措施。从电力工程项目建设角度分析，成本管理一直是其易出现问题的环节。为此，项目管理部门一定要严格按照项目概预算内容来对施工成本进行管理，避免各种不必要支出的出现。对于一些不得不进行的设计变更等影响施工成本的重大问题，必须要由项目总工程师亲自批准后，才能得以进行。从根本上避免施工成本浪费情况的出现，争取达到以最低成本建设出最高价值电力工程项目的目标，提升电力工程建设的效益。

（三）科学规划项目，保证项目质量

科学规划电力工程项目，从根本上保证电力项目质量，是提高电力工程项目管理水平的基础措施。为此，在进行电力工程项目规划设计时，一定要做好图纸审核，在完成项目规划设计后，可以借助 3D 模型技术对该项目进行建模，对该项目进行更为全面、透彻的分析，由施工方组织各参建方来对图纸进行审核，保证电力工程项目设计的科学性。在确定项目设计后，要做好施工规划，由项目管理部门予以执行，确保电力工程项目建设行为能够按照计划逐步进行。

（四）加强电力工程施工的全程管理和控制

在电力工程施工阶段，任何一环节出现问题，将会严重影响电力工程施工质量。因此，需要加强对电力工程全过程的质量管理与控制。同时，在工程施工阶段，需明确工程质量控制目标，并根据规范要求制定系统的工程验收标准。同时，在工程实施过程中建立完善的质量监督机构，合理的监督管理是保证电力工程施工质量控制合理、有效进行的有力保障。

（五）加强培训，提升管理人员的专业素质

管理人员的专业技能水平直接决定着电力工程管理工作的成效，电力工程管理工作对于管理人员专业技能水平的要求较高，不仅需要有相关的管理能力，也需要有良好的职业道德与团队协调能力。为此，电力企业必须要加强对管理人员的培训，不断提升管理人员的专业技能水平与责任意识，完善考核制度，建立一支业务水平精良的管理团队，消除由人为因素导致的管理漏洞。

（六）寻求全新合理的创新管理模式

电力工程管理模式需结合现代的发展速度，不断地改革创新，一方面，要学习国外先进的管理理念和管理模式，另一方面也不能完全照搬照抄，否则就会出现管理模式的不适应，只有结合国内电力企业的实际情况，采取适合自己的管理模式，并进行必要的改进，才能达到管理模式的真正创新与应用。如针对流域水电开发建立，可以采用滚动开发模式的管理模式，建立专业化的队伍，分别负责流域水电开发管理不同阶段的工作，使工程管理呈阶梯形推进，这样做既可以加快工作效率，保证工作进度，提高管理水平，而且还可以充分利用人力和物力，使项目管理分工明确，更加专业化；又如在原有的电力工程管理模式中，项目型组织和职能型组织严重分化，给管理带来阻碍，为此，可以采取矩阵式的管理模式，将这两者进行有效的结合，同时，又对其各自的缺陷进行有效的的规避与改正使得电力工程中的各项资源得到了很好的共享，从而减少了工人在工作中的时间消耗，提高了工作效率。

（七）进行安全教育，严格保证安全防护手段的顺利进行

为了降低在施工中安全事故发生的概率，一定要做好保护措施，并进行有效的安全质量管理，同时施工单位要监督安全措施的实施，保证要做到从根本上降低安全事故的威胁；其次，按照规章湿度实行安全措施的执行，最后，要提高现场安全事项的监管，要定期对施工现场进行检查，对施工设备及施工人员进行监管，避免出现不规范性的施工操作。把人民安全放到了首位，将安全生产的意识落实到每个施工企业每个人的工作

意识中，只有这样才能减少安全事故的发生，提高工程施工质量，只有这样才能减少人员伤亡和财产损失。

（八）强化工程管理信息化

加快信息化与项目管理的深度融合，提高项目管理效率。陆续推行了生产指挥系统、办公自动化平台系统、网上采购和招投标系统，覆盖了公司管理各个方面，提高了管理效率。同时，项目管理向三维过渡，三维设计不仅更加立体形象，而且创造丰富的工程及数字信息，有效支持工程项目全生命周期管理，代表了工程管理的发展趋势。

（九）公司治理现代化

制度建设是公司管理现代化的首要任务。加快推进流程一体化改造工作，以满足行业发展要求和国际业务需求，业务流程的再造，最大限度地保持了企业对内外部环境的灵活性和适应性。同时，按照集团要求，积极推进公司制改建、厂办大集体企业改革等工作，创新管理模式和体制机制，大胆破除影响企业发展的体制弊端，更好地发挥企业家和职业经理人作用。

三、电力工程项目发展意义

电力工程项目施工建设发展意义在于是否能够在企业的发展过程中体现出电力工程项目的主要突出点，电力工程项目的施工建设，从宏观角度进行分析可以得出，电力工程建设的发展目标是否能够对当今企业的发展，形成一种相对关系或者企业的发展能否对电力企业的发展形成推进作用，尤其在飞速进行的城镇化、工业化进程中，电力供应是极为重要的基础条件。电力工程建设必须要完善的发展理念以及相对较高的理念，只有这样才能保证项目的施工具有完善的手段。

第二章　供配电一次系统

第一节　电气设备概述

电气设备（Electrical Equipment）是在电力系统中对发电机、变压器、电力线路、断路器等设备的统称。

电力在我们的生活和生产中所发挥的重要作用不容忽视，其带给我们极大的便利，成为我们生产生活中的重要能源。电厂中能够让电力正常运行和输送的最为关键的因素便是电气设备。

一、操作规程

（一）电气操作人员的资格和要求

1. 电气作业必须经过专业培训，考试合格，持有电工作业操作证的人员担任。

2. 电气作业人员因故间断电气工作连续六个月以上者，必须重新考试合格，方能工作。

3. 电气人员必须严格执行国家的安全作业规定。

4. 电气工作人员必须严格熟悉有关消防知识，能正确使用消防用具和设备，熟知人身触电紧急救护方法。

5. 变、配电所及电工班要根据本岗位的实际情况和季节特点，制定完善各项规章制度和相应的岗位责任制。做好预防工作和安全检查，发现问题及时处理。

6. 现场要备有安全用具、防护用具和消防器材等。并定期进行检查试验。

7. 易燃、易爆场所的电气设备和线路的运行及检修，必须按照国家有关标准执行。

8. 电气设备必须有可靠的接地（接零），防雷和防静电设施必须完好，并定期检测。

（二）高压电气安全操作规程

1. 凡是高压设备停电或检修及主要电器设备大、中检修，高低压架空线路，都必须按照《电业局电气安全工作规定》及有关规定办理工作票及各种票证。

2. 工作票签发人必须按工作票内容一项不漏地填写清楚，若发现缺项漏填，字迹潦草难辨或有涂改者，该工作票视为无效，由主管矿长审批，机电矿长负责组织实施。

3. 检修工作人员，接到工作票以后，要认真进行查看，认为没有差错后，按要求严格执行，若不按工作票操作，造成事故，由检修人员负责。

4. 检修人员发现工作票有问题，可当面提出，请求更改，如不更正造成事故由最后指令人负责。

5. 在紧急、特殊情况（如危害人身安全或重大损失）来不及办理工作票，可由业务主管矿长口头命令或电话命令进行倒闸操作，操作人员必须做好记录备查。

（三）电气设备检修操作规程

1. 凡检修的电气设备停电后，必须进行验电，验电器应符合电压等级，高压部分必须戴绝缘手套，确认无电后，打好接地线，手持红外线绝缘棒进行对地放电。

2. 在停电线路的刀闸手柄上，悬挂"禁止合闸，有人工作"的警告牌，在不停电部位的安全围栏外应悬挂"高压有电，禁止入内"的标志牌。

3. 对停电超过 4 小时有保险器装置的关键设备应将保险拔掉。

4. 检修工作结束后，拆除接地线，人员撤离现场，交回工作票，摘掉警告牌后方准恢复送电。

5. 严禁带电检修各种电气设备。

（四）矿区架空线路操作规程

1. 矿区架空线及线杆在检修之前，必须由带班长或负责人全面检查，确实无缺陷，不危及人身安全和作业安全方可进行作业。

2. 架空线路登高作业，必须按照登高作业规定，对登杆器具，要有专人认真检查，是否完好可靠，上下传递物品要用小绳，杆下应设监护人，严禁非工作人员进入作业区，监护人员必须戴安全帽，并要保持一定距离，避免操作人员掉下物品工具，造成伤亡事故。

3. 在高低压同杆线路上作业，在一条线路带电的情况下，由车间采取安全措施，报主管厂长批准后，才能进行作业。

4. 两条或两条以上同杆低压线路在生产抢修时，因停电影响重要岗位生产的情况下进行抢修，必须专业矿长在现场进行监护，才能进行此项作业。

5. 线路巡视每季至少一次，每年登杆检查一次（包括擦拭瓷瓶，巡视检查单位要有记录，以备查）其导线的弧度和线间平行度应符合规定要求。

6. 五级以上大风时，严禁在架空线上作业。

（1）为加强对电气设备的维护，确保其安全运行，合理使用，特制定本规程。

（2）对于电气设备的启动、停止，运行要严格执行停、送电牌制度感和交接班制度。

（3）巡视检查运行中的电气设备，必须严格遵守《电气安装规程》。

（4）值班人员应酌情用量、看、摸、听、嗅的方法，掌握电气设备的运行情况，以便及时发现问题，处理隐患。

（5）电气设备严禁在过载、超温、超速和无保护的情况下强制运行。

（6）值班人员应充分利用停车时间，对电气设备清擦、除尘、检查、维护、专检。

二、安全措施

（一）电气安全

1. 研究并采取各种有效的安全技术措施。

2. 研究并推广先进的电气安全技术，提高电气安全水平。

3. 制定并贯彻安全技术标准和安全技术规程。

4. 建立并执行各种安全管理制度。

5. 开展有关电气安全思想和电气安全知识的教育工作。

6. 分析事故实例，从中找出事故原因和规律。

（二）基础要素

1. 电气绝缘。保持配电线路和电气设备的绝缘良好，是保证人身安全和电气设备正常运行的最基本要素。电气绝缘的性能是否良好，可通过测量其绝缘电阻、耐压强度、泄漏电流和介质损耗等参数来衡量。

2. 安全距离。电气安全距离，是指人体、物体等接近带电体而不发生危险的安全可靠距离。如带电体与地面之间、带电体与带电体之间、带电体与人体之间、带电体与其他设施和设备之间，均应保持一定距离。通常，在配电线路和变、配电装置附近工作时，应考虑线路安全距离，变、配电装置安全距离，检修安全距离和操作安全距离等。

3. 安全载流量。导体的安全载流量，是指允许持续通过导体内部的电流量。持续通过导体的电流如果超过安全载流量，导体的发热将超过允许值，导致绝缘损坏，甚至引起漏电和发生火灾。因此，根据导体的安全载流量确定导体截面和选择设备是十分重要的。

4. 标志。明显、准确、统一的标志是保证用电安全的重要因素。标志一般有颜色标志、标示牌标志和型号标志等。颜色标示表示不同性质、不同用途的导线；标示牌标志一般作为危险场所的标志；型号标志作为设备特殊结构的标志。

（三）安全技术方面对电气设备基本要求

电气事故统计资料表明，由于电气设备的结构有缺陷，安装质量不佳，不能满足安全要求而造成的事故所占比例很大。因此，为了确保人身和设备安全，在安全技术方面对电气设备有以下要求：

1. 对裸露于地面和人身容易触及的带电设备，应采取可靠的防护措施。

2. 设备的带电部分与地面及其他带电部分应保持一定的安全距离。

3. 易产生过电压的电力系统，应有避雷针、避雷线、避雷器、保护间隙等过电压保护装置。

4. 低压电力系统应有接地、接零保护装置。

5. 对各种高压用电设备应采取装设高压熔断器和断路器等不同类型的保护措施；对低压用电设备应采用相应的低电器保护措施进行保护。

6. 在电气设备的安装地点应设安全标志。

7. 根据某些电气设备的特性和要求，应采取特殊的安全措施。

（四）电气事故的分类及基本原因的分类

电气事故按发生灾害的形式，可以分为人身事故、设备事故、电气火灾和爆炸事故等；按发生事故时的电路状况，可以分为短路事故、断线事故、接地事故、漏电事故等；按事故的严重性，可以分为特大性事故、重大事故、一般事故等；按伤害的程度，可以分为死亡、重伤、轻伤三种。

如果按事故的基本原因，电气事故可分为以下几类：

1. 触电事故

人身触及带电体（或过分接近高压带电体）时，由于电流流过人体而造成的人身伤害事故。触电事故是由于电流能量施于人体而造成的。触电又可分为单相触电、两相触电和跨步电压触电三种。

2. 雷电和静电事故

局部范围内暂时失去平衡的正、负电荷，在一定条件下将电荷的能量释放出来，对人体造成的伤害或引发的其他事故。雷击常可摧毁建筑物，伤及人、畜，还可能引起火灾；静电放电的最大威胁是引起火灾或爆炸事故，也可能造成对人体的伤害。

3. 射频伤害

电磁场的能量对人体造成的伤害，亦即电磁场伤害。在高频电磁场的作用下，人体因吸收辐射能量，各器官会受到不同程度的伤害，从而引起各种疾病。除高频电磁场外，超高压的高强度工频电磁场也会对人体造成一定的伤害。

4. 电路故障

电能在传递、分配、转换过程中，由于失去控制而造成的事故。线路和设备故障不但威胁人身安全，而且也会严重损坏电气设备。

以上四种电气事故，以触电事故最为常见。但无论哪种事故，都是由于各种类型的电流、电荷、电磁场的能量不适当释放或转移而造成的。

（五）安全职责

在电气安全方面电工作业人员应熟记并自觉地履行以下各项职责：

1. 无证不准上岗操作；如果发现非电工人员从事电气操作，应及时制止，并报告领导。

2.严格遵守有关安全法规、规程和制度，不得违章作业。

3.对管辖区电气设备和线路的安全负责。

4.认真做好巡视、检查和消除隐患的工作，并及时、准确地填写工作记录和规定的表格。

5.架设临时线路和进行其他危险作业时，应完备审批手续，否则应拒绝施工。

6.积极宣传电气安全知识，有权制止违章作业和拒绝违章指挥。

三、保护接地

所谓接地是指将电气设备的某一部位较好地与土壤进行电气连接。为了保障电气设备正常的工作与安全的防护作用必须进行接地。而电气设备要想成功接地，不得不使用接地装置。接地装置主要包括接地线与接地体两种。接地体是用来直接接触土壤的金属体；接地线是用来连接接地体与电气设备的导线。

（一）接地分类

1. 工作接地

由于电气设备与电力的运行需求，而采取的把电力的某个点接地。例如将电力的中性点采取接地。

2. 重复接地

在低压配电中，为避免中性线出现故障后无法起到接地保护的作用，从而造成设备的损坏或引发电击的危险，将中性线采取重复性接地。重复接地所采用的点：架空线路中合适的点或者线路的终端；架空线或电缆在车间或建筑物的进线处；四芯电缆中性线。

3. 防静电接地

由于静电的存在会对设备或人身带来一定的伤害，为了将静电消除而采取的接地。例如用来输送气体或液体的车辆或是金属管道必须进行接地处理。

4. 防雷接地

雷电会产生过电压，为了避免设备或人身受到伤害，而采取将过电压保护设备接地。例如将避雷器、防雷针进行接地处理。

5. 保护接地

以防损坏电气设备的绝缘性，限定电气设备金属外壳的对地电压在安全值以内，以免产生电击而伤害人体，而把电气设备外漏的相当于导体的部位进行接地。例如照明器具、变压器、移动式或手持式用电设备以及其他电器的外壳与金属底座；控制、保护、配电用的盘的框架；电气设备的一些传动装备；变电所各类电气设备的支架或底座；家用电器的金属外壳；室内外配电装置的钢筋混凝土结构的钢筋或金属构架以及紧接带电部位的金属门或金属遮拦；交直流电力的电缆终端盒与接线盒的金属外壳、电缆的构架、穿线的钢管；

架空线路的钢筋混凝土结构杆塔的钢筋或金属杆塔以及杆塔上设备的支架或外壳、杆塔的架空地线等。

（二）技术标准

对于电压与用途分别不一样的电气设备，在没有特别要求时，通常只需要一个总的接地体，坚持等电位连接的原则，把建筑物的金属管道、构件连接到总接地体上；

1. 为确保设备与人身安全，各个电气设备必须按照国家标准采取保护接地。且保护接地的线仅用于进行规定的保护接地或工作接地外，不可用于其他；

2. 接地中有特别要求的，例如中压系统和弱电，经小电阻或者用中性点接地时，必须按照相应专项的规定来实行；

3. 人工的总接地体千万不可在建筑物内，接地时必须按照接地的最小接地电阻的需求来设置总接地体所具备的接地电阻。

（三）装置分类

1. 关于易燃易爆场地里的设备接地

关于易燃易爆场场地里所有的机械装置、金属管道、电气设备包括建筑物金属结构都必须进行接地，且在各个管道的接头处埋设跨越线；以防测量设备的接地电阻时发生危险事故，应选择不会有爆炸危险的处所测量，或是采取相应措施把测量的端钮拉至无危险的场所测量；连接接地体与接地干线的点至少要有 2 个，且分别在建筑物的两端连接接地体；在小于 1kV 的中性点的接地线路中，线路必须使用电流保护，假设线路需要过的是熔断器，线路采用的保护装置所具有的动作安全系数必须在 4 以上，假设过的是断路器，动作安全系数则必须在 2 以上。

2. 关于变电所设备接地

接地体最好设置于变电所的墙外，与墙相隔 3m 以上的位置，安置接地网的深度必须高出冻土厚度之上，不可薄于 0.6m；对于接地设备的接地体要使用水平敷设的方式。接地体应该是长 2.5m、直径 12mm 以上的圆钢或者厚度 4mm 以上的钢管或角钢，并连接上截面在 25mm×4mm 以上的扁钢构成闭合的环形，边缘角必须呈弧形；将变电所主变压器采取保护接地和工作接地，且都需连接人工接地网；避雷针必须独立设置接地装置。

3. 关于直流线路设备接地

通常金属在直流电流的作用下会被严重地化学腐蚀，导致其接触电阻变得越来越大。所以要想在直流线路上安装接地装置，且让其较好的运行，必须采取这些措施。

（1）直流上的人工接地体的厚度需在 5mm 以上，而且要定期对其侵蚀情况进行检查；

（2）直流线路上的接地装置，既不可使用重复用于接地的接地线与接地体或自然接地体当作 PE 线，也不可直接连接自然接地体。

（四）接地装置

1.检查的项目

检查接地装置的各个连接点是否有损伤、腐蚀、折断现象以及是否接触良好；在雨季前，也就是土壤的电阻率最大时，对接地设备的接地电阻进行测量，并分析比较测量结果。检查土壤呈强酸、碱、盐的地带地下 500mm 以内的接地体是否被腐蚀严重；检查电气设备连接接地线是否正常，接地线连接接地网是否正常，以及接地线连接接地干线是否正常；对于检修过的电气设备，要进一步检查接地线连接是否牢固。

2.检查的周期

对配（变）电所的接地设备通常一年检查一次；用于防雷的接地设备必须每年雷雨季来临前检查一次；视建筑物或车间的具体情况，一年检查 1～2 次接地线的总体运行情况；对安装在腐蚀性土壤下的接地装置，观察具体运行情况以每 3～5 年为周期检查一次地面下的接地体；每 1～3 年测量一次接地设备的接地电阻；对移动式、手持式的电气设备每次使用前都需检查一次接地线。

四、防火措施

（一）措施

电气火灾通常是因为电气设备的绝缘老化、接头松动、过载或短路等因素导致过热而引起的。尤其是在易燃易爆场所，上述电气线路隐患危害更大。为防止电气火灾事故的发生，必须采取防火措施。

1.经常检查电气设备的运行情况，检查接头是否松动，有无电火花发生，电气设备的过载、短路保护装置性能是否可靠，设备绝缘是否良好。

2.合理选用电气设备。有易燃易爆物品的场所，安装使用电气设备时，应选用防爆电器，绝缘导线必须密封敷设于钢管内。应按爆炸危险场所等级选用、安装电器设备。

3.保持安全的安装位置。保持必要的安全间距是电气防火的重要措施之一。为防止电气火花和危险高温引起火灾，凡能产生火花和危险高温的电气设备周围不应堆放易燃易爆物品。

4.保持电气设备正常运行。电气设备运行中产生的火花和危险高温是引起电气火灾的重要原因。为控制过大的工作火花和危险高温，保证电气设备的正常运行，应由经培训考核合格的人员操作使用和维护保养。

5.通风。在易燃易爆危险场所运行的电气设备，应有良好的通风，以降低爆炸性混合物的浓度。其通风系统应符合有关要求。

6.接地。在易燃易爆危险场所的接地比一般场所要求高。不论其电压高低，正常不带电装置均应按有关规定可靠接地。

（二）灭火规则

1.电气设备发生火灾时，着火的电器、线路可能带电，为防止火情蔓延和灭火时发生触电事故，发生电气火灾时应立即切断电源。

2.因生产不能停顿，或因其他需要不允许断电，必须带电灭火时，必须选择不导电的灭火剂，如二氧化碳灭火器、1211灭火器、二氟二溴甲烷灭火器等进行灭火。灭火时救火人员必须穿绝缘鞋和戴绝缘手套。

3.灭火时的最短距离。用不导电灭火剂灭火时，10kV电压，喷嘴至带电体的最短距离不应小于0.4m；35kV电压，喷嘴至带电体的最短距离不应小于0.6m。若用水灭火，电压在110kV及以上，喷嘴与带电体之间必须保持3m以上；220KV及以上者，应不小于5m。

（三）故障应对

1.意义

做好电厂电气设备故障检修不仅可以让电厂始终处于安全运行中，还可以提高用户对电厂工作的满意度。对于电厂电气设备来说，如果出现故障，就不能为用户提供电能，用户生产生活将陷入瘫痪状态。而做好故障检修，就可以及时发现隐藏在电气设备内部的隐患，且将隐患排除，进而为用户提供不间断供电，满足用户需求，社会生产也不会停止，由此可见，做好电气设备故障检修具有非凡意义。

2.设备故障

在电气设备运行一段时间以后，难免会受到磨损或干扰，如果不能及时排除，将威胁到电气设备安全运行。但要解决电气故障，就要了解电气设备常见故障有哪些：

（1）短路

导致电气设备出现短路的最主要原因在于绝缘层不再具有绝缘能力，而引发这种情况产生的原因则在于绝缘层受潮或磨损，有些则是线路使用时间过长出现了绝缘层老化的情况，再加上电气设备年久失修也会发生短路。

（2）温度过高

对电气设备来说，在运行中一定需要导线，但每种导线都有自己的最高承受电流负荷范围，如果电流负荷异常，超出导线原有承受能力，就会瞬间提高导线温度，进而将导线烧毁。之所以会出现这种情况可能与设备长期运行后缺少润滑油有关，同时，也可能是设备运行空间过小，无法及时将热量散发出去，也会出现这种情况。此外，没有及时为设备清理灰尘与杂物，也会导致温度过高，进而威胁到电气设备安全。

（3）电弧与电火花

在电气设备运行中，很容易应导线绝缘层破坏等产生电弧与电火花，一旦发生这种情况，将直接威胁到电厂整体安全，尤其是电火花容易引发电失火，处理难度极大。

（4）谐波引发故障

在电子设备运行中，难免会产生谐波，这些谐波对电子设备的影响很大，更会引发误动作，容易给电气设备安全运行带来威胁，更会威胁到电流运行，不利于电网质量的提升。

（四）解决对策

1. 绝缘层短路故障的解决对策

为防止绝缘层出现短路，就要做好设备与线路布置，防止设备在使用中发生损伤。同时，防腐防潮设计，保护绝缘层，避免绝缘层直接接触外界。为避免设备在使用中突然停止工作诱发火灾，可以采用双电源，且保证两个电源能够随意切换，一旦其中一个电源停止工作，另一个电源能够及时接替其完成工作，这样也可以为抢修人员提供一定时间，顺利完成抢修任务。同时，要避免碰壳因接地导致短路，可以为电气设备增设金属外壳，通过这种方式还可以有效防止高温引发不必要危险。

2. 导线升温的解决对策

为减少导线升温所带来的不利影响，要结合电气设备实际情况选择导线，并计算好导线最大荷载，控制导线负荷量，同时将保护装置应用其中，实时监测电气设备运行情况，随着保护装置的应用，一旦电气设备发生故障，装置就会自动报警，相关工作人员也可以根据提示开展抢修工作。企业相关工作人员还要定期维护电气设备，根据检修计划，清理设备上的杂物与灰尘，给予电气设备足够的运行空间，保证热量能够及时散发出去。此外，相关工作人员还要做好温度检测与记录，检查电气设备是否在使用中出现异常高的情况，如果出现这种情况，就要立即采取措施为其降温，防止温度过高造成不必要的损害。

3. 电弧与电火花的解决对策

由于电气设备运行中容易产生电弧与电火花，所以，应让易产生电弧与电火花的设备远离危险场地，并做好应急措施，配备合适好防护设备。可以将不易点燃的电缆应用其中，且应用不具有燃烧性的导线，同时做好日常检查，这样也可以防止出现绝缘破损的情况，一旦发现存在异常情况，就要立即处理。

4. 谐波的解决对策

由于电气设备在使用中容易受谐波影响，且谐波无法自动消除，这就需要通过改变变流装置构造，应用一定的控制策略将谐波消除。同时，还可以采用抑制谐波产生的方案，如将滤波器应用进来，以此防止电气设备被干扰。

第二节　限流器

限流器属于电器元件领域，是一种特别用于限制电流的装置，其特征在于它有一个标准环型铁芯，在所述的铁芯上缠绕有多芯的铜芯胶包线，在所述的多芯的铜芯胶包线上间隔一定距离分别设置有一个动力电源的接口，一个普通家用电器电源的接口和一个照明电源接口。

一、特点

实用新型结构简单，能够满足大功率的阻流要求，也非常容易满足各种电路的不同的阻流要求，可以阻止超额定电流的电流流过负载，保证了用电电器不会在超额定电流的状态下工作，因此，可以有效地保护用电电器的安全，延长电器的使用寿命。

（一）优点

1. 动作速度快，反应时间小于 20ms（在一个电力周波内）；
2. 可在电力系统故障时自动触发；能将短路电流减少一半以上；
3. 故障线路被断路器开断后，能快速自动复位并在几秒之内多次动作，以配合重合闸；
4. 正常运行时，功耗应接近于零，最大不能高于输送功率的 0.25%；
5. 可靠性应高于与其同时运行的断路器。

（二）缺点

1. 正常运行时功耗大；
2. 动作反应慢；
3. 对电网的稳定性有一定影响。

二、作用

镇流器又叫限流器、扼流圈，是一个自感系数很大的铁心线圈。其作用有两个：一是在日光灯启动时它产生一个很高的感应电压，与电源电压叠加后使灯管点燃；二是灯管工作时限制通过灯管的电流，避免电流过大而烧毁灯丝。

三、工作原理

限流器（英文缩写 CL）是利用可导材料的导态——正常态（S-N）转变特性及一些辅助部件，在线路出现故障时产生一个适当的阻抗来实现限流。当故障线路被断开或故障消失后，限流器自动复位。限流器可在高电位运行，正常运行时表现为零阻抗或极小阻抗，几乎无损耗地通过额定电流；故障时可在几毫秒内做出反应，根据需要把短路电流限制在额定电流的两倍左右。触发、复位均自动，限流效果显著，实现了取样、检测、触发、限流、复位一体化。

根据限流方式，限流器可分为电阻（R）型、电抗（L）型和 R+jwL 型。

电阻型限流器的原理最简单。线路正常运行时，流过限流器的交流电流最大值小于临界电流 Ic。出现短路故障时，短路电流超过 Ic，限流器失超，在线路中表现为一个电阻，起到限流作用。电抗型限流器主要是利用超导体的 S–N 转变改变各个线圈电流的分布，以实现限流功能。正常运行时，限流线圈的磁通被与其耦合的其他线圈的磁通所抵消，表现为低阻抗。发生故障时，超导部件失超，从而改变各线圈电流的分布情况，使限流线圈呈现一个较大阻抗，以实现限流。R 型、L 型限流器结合在一起，可组成 R+jwL 型限流器。据日本电气学会 1999 年介绍：高电阻 R 型限流器效果最好，不仅限制故障电流，还提高电网的稳定性。

四、应用

现有继电保护措施面临瓶颈，常规限流器影响电能质量，限流器向现实生产力的转化显得非常迫切。从应用范围来看，限流器可安装于发电厂、输电网、变电站等场所。

五、超导限流器

全称为超导故障电流限制器（SFCL），主要是利用超导体的超导态，正常态转变的物理特性，实现对故障短路电流的限制，提高电网的暂态稳定性。

六、超导限流器的背景

20 世纪伟大的科学成就之一就是发现了超导现象和制成了高温超导材料。在该领域工作的科学家们曾两度荣获诺贝尔物理奖。

超导是指某些物质在温度下降到某一温度 Tc 以下时，电阻变为零的现象。Tc 称为该物质的转变温度或临界温度。具有超导功能的材料，当其温度 T>Tc 时，处于正常态，电阻不为零且服从一般的电阻规律；当 T<tc 时，电阻为零。

处于超导态的物体具有两个特性：电阻完全为零；完全抗磁性，即超导体内磁感应强度为零。上述特性可稳定保持和重复。这三点是国际上公认的检验物体是否超导的准则。

当超导体内通过的电流超过某一数值 Ic 时，超导体会由超导态变为正常态，Ic 则称为临界电流。当外磁场强度超过某一数值 Hc 时，超导现象也会消失，Hc 称为临界磁场。因此，要使物体处于超导状态，必须使其温度、外磁场强度、通过的电流分别在 Tc、Hc、Ic 以下，任何一个条件不具备，物体就会从超导态变为正常态。这一特性中的 Ic 成为用超导材料制造限流器的极好条件。

自从 1911 年荷兰物理学家昂尼斯发现汞在低温下的超导现象以来,科学家发现的低温超导材料已达 8000 多种。但由于 Tc 过低,实用价值不大。直到 1986 年,美国的柏诺兹和缪勒制造出高温超导材料（中国的赵忠贤等在 1987 年也制造出临界温度为 100K 的高温超导化合物）,才使超导体有了实用的可能。高、低温超导材料临界温度的分界是 77K（-196℃）,低于该温度的超导体用液氦（He）冷却,高于该温度的超导体用液氮（N）冷却。液氦每升 3 美元、液氮每升 6 美分,价格相差 50 倍。高温超导材料的出现,使制造超导限流器的设想变成了现实。

第三节　电力变压器

电力变压器是一种静止的电气设备,是用来将某一数值的交流电压（电流）变成频率相同的另一种或几种数值不同的电压（电流）的设备。

一、简介

变压器是用来变换交流电压、电流而传输交流电能的一种静止的电器设备。它是根据电磁感应的原理实现电能传递的。变压器就其用途可分为电力变压器、试验变压器、仪用变压器及特殊用途的变压器:电力变压器是电力输配电、电力用户配电的必要设备;试验变压器对电器设备进行耐压（升压）试验的设备;仪用变压器作为配电系统的电气测量、继电保护之用（PT、CT）;特殊用途的变压器有冶炼用电炉变压器、电焊变压器、电解用整流变压器、小型调压变压器等。

电力变压器是一种静止的电气设备,是用来将某一数值的交流电压（电流）变成频率相同的另一种或几种数值不同的电压（电流）的设备。当一次绕组通以交流电时,就产生交变的磁通,交变的磁通通过铁芯导磁作用,就在二次绕组中感应出交流电动势。二次感应电动势的高低与一两次绕组匝数的多少有关,即电压大小与匝数成正比。主要作用是传输电能,因此,额定容量是它的主要参数。额定容量是一个表现功率的惯用值,它是表征传输电能的大小,以 kVA 或 MVA 表示,当对变压器施加额定电压时,根据它来确定在规定条件下不超过温升限值的额定电流。较为节能的电力变压器是非晶合金铁心配电变压器,其最大优点是,空载损耗值特低。最终能否确保空载损耗值,是整个设计过程中所要考虑的核心问题。当在产品结构布置时,除要考虑非晶合金铁心本身不受外力的作用外,同时在计算时还须精确合理选取非晶合金的特性参数。

二、发展历史

在过去十年的发展中,我国电力建设快速发展,成绩斐然。其中,发电装机容量高速增长,电网建设速度突飞猛进,电源结构调整不断优化,技术装备水平大幅提升,节能减排降耗效果显著，电力建设实现了跨越式发展。这为我国经济社会平稳较快发展提供了强大动力，对改善人民生活起到了重要支撑和保障作用。

国家统计局数据显示，2007-2011年，电力变压器制造行业的销售规模不断扩大，销售收入每年以13%以上的速度增长，2011年销售收入达到1784.36亿元，同比增长16.53%；实现利润总额102.14亿元，同比减少5.43%。总体来看，2011年，中国电力变压器制造行业发展稳定，但盈利能力有所下滑。出于全球经济环境的考虑，我国未来可能会加大可再生能源的比例。国网、南网都在研究轻型直流，这些都是新的趋势，将为变压器行业带来新的发展领域。并且电力变压器在市场上的发展和使用越来越广泛，在技术上和质量上其中一些知名企业也脱颖而出例如一开投资集团多年来公司一直致力于民族电气工业的发展，与众多科研院所、高校及国际行业巨头建立紧密的合作，设立了"上海一开电器科学研究所"，专业研发、生产输配电控制设备、高低压电器元件、智能电气等产品，先后开发了"智能型PLC控制总屏"及"智能型成套开关总控"等各种高、低压电器元件；与沈阳变压器研究所合作，研发、生产高低压变压器产品，先后开发了S（B）H15-M、S（B）H16-M型非晶合金卷铁芯电力变压器，SC9、SCB9、SC10、SCB10系列树脂绝缘干式变压器，SG10型H级绝缘干式电力变压器，SGB11-R卷铁芯H级非包封线圈干式电力变压器，10kV级S9、S11系列油浸式电力变压器，35kV级S9系列油浸式电力变压器等系列产品并同时研发生产了变压器生产用箔式绕线机、非晶合金剪切机、高低压绕线机等专用机械设备；与美国通用公司（GE）强强联手，打造亚太地区最大、最专业的船用开关设备及低压电气设备，先后开发了GEA plus2.0、Modula plus、Modula 630k、船用变压器、船用箱式变电站、船用电气自动化设备、隧道专用配电柜等系列产品。

三、作用

电力变压器是发电厂和变电所的主要设备之一。变压器的作用是多方面的不仅能升高电压把电能送到用电地区，还能把电压降低为各级使用电压，以满足用电的需要。总之，升压与降压都必须由变压器来完成。在电力系统传送电能的过程中，必然会产生电压和功率两部分损耗，在输送同一功率时电压损耗与电压成反比，功率损耗与电压的平方成反比。利用变压器提高电压，减少了送电损失。

变压器是由绕在同一铁芯上的两个或两个以上的线圈绕组组成，绕组之间是通过交变磁场而联系着并按电磁感应原理工作。变压器安装位置应考虑便于运行、检修和运输，同时应选择安全可靠的地方。在使用变压器时必须合理地选用变压器的额定容量。变压器空载运行时，需用较大的无功功率。这些无功功率要由供电系统供给。变压器的容量若选择过大，不但增加了初投资，而且使变压器长期处于空载或轻载运行，使空载损耗的比重增大，功率因数降低，网络损耗增加，这样运行既不经济又不合理。变压器容量选择过小，会使变压器长期过负荷，易损坏设备。因此，变压器的额定容量应根据用电负荷的需要进行选择，不宜过大或过小。

四、分类

电力变压器按用途分类：升压（发电厂 6.3kV/10.5kV 或 10.5kV/110kV 等）、联络（变电站间用 220kV/110kV 或 110kV/10.5kV）、降压（配电用 35kV/0.4kV 或 10.5kV/0.4kV）。

电力变压器按相数分类：单相、三相。

电力变压器按绕组分类：双绕组（每相装在同一铁心上，原、副绕组分开绕制、相互绝缘）、三绕组（每相有三个绕组，原、副绕组分开绕制、相互绝缘）、自耦变压器（一套绕组中间抽头作为一次或二次输出）。三绕组变压器要求一次绕组的容量大于或等于二、三次绕组的容量。三绕组容量的百分比按高压、中压、低压顺序有：100/100/100、100/50/100、100/100/50，要求二、三次绕组均不能满载运行。一般三次绕组电压较低，多用于近区供电或接补偿设备，用于连接三个电压等级。自耦变压器：有升压或降压二种，因其损耗小、重量轻、使用经济，为此在超高压电网中应用较多。小型自耦变压器常用的型号为 400V/36V（24V），用于安全照明等设备供电。

电力变压器按绝缘介质分类：油浸变压器（阻燃型、非阻燃型）、干式变压器、110kVSF6 气体绝缘变压器。

电力变压器铁芯均为芯式结构。

一般通信工程中所配置的三相电力变压器为双绕组变压器。

五、供电方式

10KV 高压电网采用三相三线中性点不接地系统运行方式。

用户变压器供电大都选用 Yyn0 结线方式的中性点直接接地系统运行方式，可实现三相四线制或五线制供电，如 TN-S 系统。

六、主要部件

普通变压器的原、副边线圈是同心地套在一个铁芯柱上，内为低压绕组，外为高压绕组。（电焊机变压器原、副边线圈分别装在两个铁芯柱上）。

变压器在带负载运行时，当副边电流增大时，变压器要维持铁芯中的主磁通不变，原边电流也必须相应增大来达到平衡副边电流。

变压器二次有功功率一般 = 变压器额定容量（KVA）× 0.8（变压器功率因数）=KW。

电力变压器主要有：

1. 吸潮器（硅胶筒）：内装有硅胶，储油柜（油枕）内的绝缘油通过吸潮器与大气连通，干燥剂吸收空气中的水分和杂质，以保持变压器内部绕组的良好绝缘性能；硅胶变色、变质易造成堵塞。

2. 油位计：反映变压器的油位状态，一般在 +200 左右，过高需放油，过低则加油；冬天温度低、负载轻时油位变化不大，或油位略有下降；夏天，负载重时油温上升，油位也略有上升；二者均属正常。

3. 油枕：调节油箱油量，防止变压器油过速氧化，上部有加油孔。

4. 防爆管：防止突然事故对油箱内压力骤增造成爆炸危险。

5. 信号温度计：监视变压器运行温度，发出信号。指示的是变压器上层油温，变压器线圈温度要比上层油温高 10℃。国标规定：变压器绕组的极限工作温度为 105℃；（即环境温度为 40℃时），上层温度不得超过 95℃，通常以监视温度（上层油温）设定在 85℃及以下为宜。

6. 分接开关：通过改变高压绕组抽头，增加或减少绕组匝数来改变电压比。

7. 瓦斯信号继电器：（气体继电器）轻瓦斯、重瓦斯信号保护。上接点为轻瓦斯信号，一般作用于信号报警，以表示变压器运行异常；下接点为重瓦斯信号，动作后发出信号的同时使断路器跳闸、掉牌、报警；一般瓦斯继电器内充满油说明无气体，油箱内有气体时会进入瓦斯继电器内，达到一定程度时，气体挤走贮油使触点动作；打开瓦斯继电器外盖，顶上有二调节杆，拧开其中一帽可放掉继电器内的气体；另一调节杆是保护动作试验纽；带电操作时必须戴绝缘手套并强调安全。

七、送电

1. 新变压器除厂家进行出厂试验外，安装竣工投运前均应现场吊芯检查；大修后也一样。（短途运输没有颠簸时可不进行，但应作耐压等试验）。

2. 变压器停运半年以上时，应测量绝缘电阻，并做油耐压试验。

3. 变压器初次投入应作 ≤5 次全电压合闸冲击试验，大修后为 ≤3 次同时应空载运行 24h 无异常，才能逐步投入负载；并做好各项记录。目的是为了检查变压器绝缘强度能否承受额定电压或运行中出现的操作过电压，也是为了考核变压器的机械强度和继电保护动作的可靠程度。

4. 新装和大修后的变压器绝缘电阻，在同一温度下，应不低于制造厂试验值的 70%。

5. 为提高变压器的利用率，减少变损，变压器负载电流为额定电流的 75% ~ 85% 时较为合理。

八、巡检

变配电所有人值班时，每班巡检一次，无人值班可每周一次，负荷变化激烈、天气异常、新安装及变压器大修后，应增加特殊巡视，周期不定。

1. 负荷电流是否在额定范围之内，有无剧烈的变化，运行电压是否正常。

2. 油位、油色、油温是否超过允许值，有无渗漏油现象。

3. 瓷套管是否清洁，有无裂纹、破损和污渍、放电现象，接触端子有否变色、过热现象。

4. 吸潮器中的硅胶变色程度是否已经饱和，变压器运行声音是否正常。

5. 瓦斯继电器内有否空气，是否充满油，油位计玻璃有否破裂，防爆管的隔膜是否完整。

6. 变压器外壳、避雷器、中性点接地是否良好，变压器油阀门是否正常。

7. 变压器间的门窗、百叶窗铁网护栏及消防器材是否完好，变压器基础有否变形。

九、运行维护

变压器的运行维护主要包括四方面的内容：基本要求、设备倒闸操作、巡视检查及事故处理。

（一）基本要求

1. 高压维护人员必须持证上岗，无证者无权操作。

2. 需停电检修时，应报主管部门批准，并通知用户后进行。

3. 室外油浸变压器应每年检测绝缘油一次，室内油浸变压器应每二年检测绝缘油一次。

（二）变压器倒闸操作顺序

停电时先停负荷侧，后停电源侧；送电时与上述操作顺序相反。

1. 从电源侧逐级向负荷侧送电，如有故障便于确定故障范围，及时作出判断和处理，以免故障蔓延扩大。

2. 多电源的情况下，先停负荷侧可以防止变压器反充电。若先停电源侧，遇有故障可能造成保护装置误动。

（三）巡视检查

根据变电安全运行规程要求，运行值班人员除交接班需要进行巡视检查外，一次变电所每班应巡视检查 5 次。巡视检查项目如下。

1. 变压器温度及声音是否正常，有无异味、变色、过热及冒烟等现象。油浸变压器的上层油温根据生产厂家的规定最高不超过 95℃（允许温升 55℃），为防止变压器油过快劣化，上层油温不宜超过 85℃。

2. 保持瓷瓶、套管、磁质表面清洁，观察有无裂纹破损、放电现象。油浸变压器的油位应合乎标准、颜色正常、无漏油喷油现象。

3. 干式变压器的风机运转声音及温控器指示是否正常。

4. 变压器高、低压、接地的接线处是否接触良好，有无变色现象。

（四）变压器的事故处理

1. 发现下列情况之一者应立即停止运行

（1）内部异音很大，并有爆裂声。

（2）正常冷却情况下，温度急剧上升。

（3）油枕和防爆桶喷油、冒烟（油浸变压器）。

（4）严重漏油，已看不到油位（油浸变压器）。

（5）变压器冒烟、着火。

（6）套管有严重破裂及放电现象。

（7）接线端子熔断，出现断相运行。

2. 处理步骤

（1）首先按照倒闸操作顺序，断开变压器高、低压侧开关，并做好安全措施。

（2）变压器上盖着火时，打开底部油门，使其低于着火处。

3. 允许向主管部门联系后再处理的事故及其处理步骤

（1）变压器负荷超过运行规程规定时，应及时报告上级负责人，并注意监测负荷及温度。

（2）声音异常、端子过热或发红熔化，应及时报告上级负责人，以便及时采取措施。

（3）变压器温度超过允许温升，应尽快查明原因。检查三相负荷是否平衡（是否有匝间短路现象），变压器的冷却装置是否正常，有载调压器分接开关是否接触不良，变压器铁芯硅钢片间是否短路。

4. 油浸变压器轻瓦斯动作，发出告警信号及信号继电器掉牌时的处理

（1）首先查明原因：是否漏油导致油面降低，变压器故障而产生少量气体，变压器内部短路故障引起油温升高，瓦斯继电器内部有无气体，二次回路和瓦斯保护装置。

（2）处理方法：立即关闭告警信号，恢复信号牌并将开关把手转向开闸位置，并断开瓦斯保护的跳闸压板。若是瓦斯继电器内部故障，则应及时更换。

十、定期保养

1. 油样化验——耐压、杂质等性能指标每三年进行一次，变压器长期满负荷或超负荷运行者可缩短周期。

2. 高、低压绝缘电阻不低于原出厂值的 70%（10MΩ），绕组的直流电阻在同一温度下，三相平均值之差不应大于 2%，与上一次测量的结果比较也不应大于 2%。

3. 变压器工作接地电阻值每二年测量一次。

4. 停电清扫和检查的周期，根据周围环境和负荷情况确定，一般半年至一年一次；

主要内容有清除巡视中发现的缺陷、瓷套管外壳清扫、破裂或老化的胶垫更换、连接点检查拧紧、缺油补油、呼吸器硅胶检查更换等。

十一、电力变压器的接地

1. 变压器的外壳应可靠接地，工作零线与中性点接地线应分别敷设，工作零线不能埋入地下。

2. 变压器的中性点接地回路，在靠近变压器处，应做成可拆卸的连接螺栓。

3. 装有阀式避雷器的变压器其接地应满足三位一体的要求；即变压器中性点、变压器外壳、避雷器接地应连接在一处共同接地。

4. 接地电阻应 ≤4 欧姆。

十二、故障解决

1. 焊接处渗漏油

主要是焊接质量不良，存在虚焊，脱焊，焊缝中存在针孔，砂眼等缺陷，电力变压器出厂时因有焊药和油漆覆盖，运行后隐患便暴露出来，另外由于电磁振动会使焊接振裂，造成渗漏。对于已经出现渗漏现象的，首先找出渗漏点，不可遗漏。针对渗漏严重部位可采用扁铲或尖冲子等金属工具将渗漏点铆死，控制渗漏量后将治理表面清理干净，大多采用高分子复合材料进行固化，固化后即可达到长期治理渗漏的目的。

2. 密封件渗漏油

密封不良原因，通常箱沿与箱盖的密封是采用耐油橡胶棒或橡胶垫密封的，如果其接头处处理不好会造成渗漏油故障。有的是用塑料袋绑扎，有的直接将两个端头压在一起，由于安装时滚动，接口不能被压牢，起不到密封作用，仍是渗漏油。可用福世蓝材料进行粘接，使接头形成整体，渗漏油现象得到很大的控制；若操作方便，也可以同时将金属壳体进行粘接，达到渗漏治理目的。

3. 法兰连接处渗漏油

法兰表面不平，紧固螺栓松动，安装工艺不正确，使螺栓紧固不好，而造成渗漏油。先将松动的螺栓进行紧固后，对法兰实施密封处理，并针对可能渗漏的螺栓也进行处理，达到完全治理目的。对松动的螺栓进行紧固，必须严格按照操作工艺进行操作。

4. 螺栓或管子螺纹渗漏油

出厂时加工粗糙，密封不良，电力变压器密封一段时间后便产生渗漏油故障。采用高分子材料将螺栓进行密封处理，达到治理渗漏的目的。另一种办法是将螺栓（螺母）旋出，表面涂抹福世蓝脱模剂后，再在表面涂抹材料后进行紧固，固化后即可达到治理目的。

5.铸铁件渗漏油

渗漏油主要原因是铸铁件有砂眼及裂纹所致。针对裂纹渗漏，钻止裂孔是消除应力避免延伸的最佳方法。治理时可根据裂纹的情况，在漏点上打入铅丝或用手锤铆死。然后用丙酮将渗漏点清洗干净，用材料进行密封。铸造砂眼则可直接用材料进行密封。

6.散热器渗漏油

散热器的散热管通常是用有缝钢管压扁后经冲压制成在散热管弯曲部分和焊接部分常产生渗漏油，这是因为冲压散热管时，管的外壁受张力，其内壁受压力，存在残余应力所致。将散热器上下平板阀门（蝶阀）关闭，使散热器中油与箱体内油隔断，降低压力及渗漏量。确定渗漏部位后进行适当的表面处理，然后采用福世蓝材料进行密封治理。

7.瓷瓶及玻璃油标渗漏油

通常是因为安装不当或密封失效所制。高分子复合材料可以很好地将金属、陶瓷、玻璃等材质进行粘接，从而达到渗漏油的根本治理。

十三、保护选择

1. 变压器一次电流 =S/（1.732×10），二次电流 =S/（1.732×0.4）。

2. 变压器一次熔断器选择 =1.5 ~ 2 倍变压器一次额定电流（100KVA 以上变压器）。

3. 变压器二次开关选择 = 变压器二次额定电流。

4.800KVA 及以上变压器除应安装瓦斯继电器和保护线路，系统回路还应配置相适应的过电流和速断保护；定值整定和定期校验。

十四、并行条件

应同时满足以下条件：连接组别应相同、电压比应相等（允许有 ±0.5% 的误差）、阻抗电压应相等（允许有 ±10% 的差别）、容量比不应大于 3 ：1。

三相变压器是 3 个相同的容量单相变压器的组合，它有三个铁芯柱，每个铁芯柱都绕着同一相的 2 个线圈，一个是高压线圈，另一个是低压线圈。

十五、工作原理

用于国内变压器的高压绕组一般联成 Y 接法，中压绕组与低压绕组的接法要视系统情况而决定。所谓系统情况就是指高压输电系统的电压相量与中压或低压输电系统的电压相量间关系。如低压系配电系统，则可根据标准规定决定。

高压绕组常联成 Y 接法是由于相电压可等于线电压的 57.7%，每匝电压可低些。

1. 国内的 500、330、220 与 110kV 的输电系统的电压相量都是同相位的，所以，对下列电压比的三相三绕组或三相自耦变压器，高压与中压绕组都要用星形接法。当三相三铁心柱铁心结构时，低压绕组也可采用星形接法或角形接法，它决定于低压输电系统的电压相量是与中压及高压输电系统电压相量为同相位或滞后30°电气角。

500/220/LVkV — YN，yn0，yn0 或 YN，yn0，d11

220/110/LVkV — YN，yn0，yn0 或 YN，yn0，d11

330/220/LVkV — YN，yn0，yn0 或 YN，yn0，d11

330/110/LVkV — YN，yn0，yn0 或 YN，yn0，d11

2. 国内60与35kV的输电系统电压有二种不同相位角。

如220/60kV变压器采用YNd11接法，与220/69/10kV变压器用YN，yn0，d11接法，这二个60kV输电系统相差30°电气角。

当220/110/35kV变压器采用YN，yn0，d11接法，110/35/10kV变压器采用YN，yn0，d11接法，以上两个35kV输电系统电压相量也差30°电气角。

所以，决定60与35kV级绕组的接法时要慎重，接法必须符合输电系统电压相量的要求。根据电压相量的相对关系决定60与35kV级绕组的接法。否则，即使容量对，电压比也对，变压器也无法使用，接法不对，变压器无法与输电系统并网。

3. 国内10、6、3与0.4kV输电与配电系统相量也有两种相位。在上海地区，有一种10kV与110kV输电系统电压相量差60°电气角，此时可采用110/35/10kV电压比与YN，yn0，y10接法的三相三绕组电力变压器，但限用三相三铁心柱式铁心。

4. 但要注意：单相变压器在联成三相组接法时，不能采用YNy0接法的三相组。三相壳式变压器也不能采用YNy0接法。

三相五柱式铁芯变压器必须采用YN，yn0，yn0接法时，在变压器内要有接成角形接法的第四绕组，它的出头不引出（结构上要做电气试验时引出的出头不在此例）。

5. 不同联结组的变压器并联运行时，一般的规定是联结组别标号必须相同。

6. 配电变压器用于多雷地区时，可采用Yzn11接法，当采用z接法时，阻抗电压算法与Yyn0接法不同，同时z接法绕组的耗铜量要多些。Yzn11接法配电变压器的防雷性能较好。

7 三相变压器采用四个卷铁心框时也不能采用YNy0接法。

8. 以上都是用于国内变压器的接法，如出口时应按要求供应合适的接法与联结组标号。

9. 一般在高压绕组内都有分接头与分接开关相连。因此，选择分接开关时（包括有载调压分接开关与无励磁调压分接开关），必须注意变压器接法与分接开关接法相配合（包括接法、试验电压、额定电流、每级电压、调压范围等）。对YN接法的有载调压变压器所用有载调压分接开关而言，还要注意中点必须能引出。

十六、防火防爆

电力变压器是电力系统中输配电力的主要设备。电力变压器主要是将电网的高压电降低为可以直接使用的6000伏（V）或380伏（V）电压，给用电设备供电。

如变压器内部发生过载或短路，绝缘材料或绝缘油就会因高温或电火花作用而分解，膨胀以至气化，使变压器内部压力急剧增加，可能引起变压器外壳爆炸，大量绝缘油喷出燃烧，油流又会进一步扩大火灾危险。

运行中防火爆炸要注意：

1. 不能过载运行：长期过载运行，会引起线圈发热，使绝缘逐渐老化，造成短路。

2. 经常检验绝缘油质：油质应定期化验，不合格油应及时更换，或采取其他措施。

3. 防止变压器铁芯绝缘老化损坏，铁芯长期发热造成绝缘老化。

4. 防止因检修不慎破坏绝缘，如果发现擦破损伤，就及时处理。

5. 保证导线接触良好，接触不良产生局部过热。

6. 防止雷击，变压器会因击穿绝缘而烧毁。

7. 短路保护：变压器线圈或负载发生短路，如果保护系统失灵或保护定值过大，就可能烧毁变压器。为此要安装可靠的短路保护。

8. 保护良好的接地。

9. 通风和冷却：如果变压器线圈导线是 A 级绝缘，其绝缘体以纸和棉纱为主。温度每升高 8℃其绝缘寿命要减少一半左右；变压器正常温度 90℃以下运行，寿命约 20 年；若温度升至 105℃，则寿命为 7 年。变压器运行，要保持良好的通风和冷却。

十七、发展前景

1. 中频变压器产量大、价格低，并以出口为主，出口带动其快速发展。目前我国电子系统内企业中频变压器的行业平均价格为 0.626 元 / 只，但多数企业的平均出厂价在 0.20 ~ 0.30 元 / 只之间，高者在 1 元 / 只左右。

2. 电源变压器市场需求旺盛。电源变压器是劳动密集型产品，并以用户定制生产为主，近几年来国内外市场需求旺盛，成为发展迅速的热门产品。而印度将增长 25%。通信、计算机、消费类电子产品是其三大主力市场，其中通信需求的增长将起很大的推动作用，现全球电源变压器年需求已超过百亿美元，并向表面安装、高功率和高压方面发展。

非晶合金变压器若能完全替代新 S9 系列配变，如 10kV 级配电变压器年需求量按 5000 万 kVA 计算时，那么，一年便可节电 100 亿 kW?h 以上。同时，还可带来少建电厂的良好的环保效益，少向大气排放温室气体，这样会大大地减轻对环境的直接污染，使其成为新一代名副其实的绿色环保产品。总之，国家在城乡电力网系统发展与改造中，若能大量推广采用三相非晶铁芯配电变压器产品，其最终会获得节能与环保两方面的效益。

第四节　互感器

互感器又称为仪用变压器，是电流互感器和电压互感器的统称。能将高电压变成低电压、大电流变成小电流，用于量测或保护系统。其功能主要是将高电压或大电流按比例变换成标准低电压（100V）或标准小电流（5A或1A，均指额定值），以便实现测量仪表、保护设备及自动控制设备的标准化、小型化。同时互感器还可用来隔开高电压系统，以保证人身和设备的安全。

一、工作原理

在供电用电的线路中，电流相差从几安到几万安，电压相差从几伏到几百万伏。线路中电流电压都比较高，如直接测量是非常危险的。为便于二次仪表测量需要转换为比较统一的电流电压，使用互感器起到变流变压和电气隔离的作用。显示仪表大部分是指针式的电流电压表，所以电流互感器的二次电流大多数是安培级的（如5等）。随着时代发展，电量测量大多已经达到数字化，而计算机的采样的信号一般为毫安级（0-5V、4-20mA等）。微型电流互感器二次电流为毫安级，主要起大互感器与采样之间的桥梁作用。微型电流互感器称之为"仪用电流互感器"。（"仪用电流互感器"有一层含义是在实验室使用的多电流比精密电流互感器，一般用于扩大仪表量程。）

电流互感器原理线路图微型电流互感器与变压器类似也是根据电磁感应原理工作，变压器变换的是电压而微型电流互感器变换的是电流罢了。绕组N1接被测电流，称为一次绕组（或原边绕组、初级绕组）；绕组N2接测量仪表，称为二次绕组（或副边绕组、次级绕组）。

微型电流互感器一次绕组电流I1与二次绕组I2的电流比，叫实际电流比K。微型电流互感器在额定工作电流下工作时的电流比叫电流互感器额定电流比，用Kn表示。

二、结构原理

普通电流互感器结构原理：电流互感器的结构较为简单，由相互绝缘的一次绕组、二次绕组、铁心以及构架、壳体、接线端子等组成。其工作原理与变压器基本相同，一次绕组的匝数（N_1）较少，直接串联于电源线路中，一次负荷电流（I_1）通过一次绕组时，产生的交变磁通感应产生按比例减小的二次电流（I_2）；二次绕组的匝数（N_2）较多，与仪表、继电器、变送器等电流线圈的二次负荷（Z）串联形成闭合回路，由于一次绕组与二次绕组有相等的安培匝数，$I_1N_1=I_2N_2$，电流互感器额定电流比电流互感器实际运行中负荷阻抗很小，二次绕组接近于短路状态，相当于一个短路运行的变压器。

穿心式电流互感器其本身结构不设一次绕组，载流（负荷电流）导线由 L_1 至 L_2 穿过由硅钢片撺卷制成的圆形（或其他形状）铁心起一次绕组作用。二次绕组直接均匀地缠绕在圆形铁心上，与仪表、继电器、变送器等电流线圈的二次负荷串联形成闭合回路，由于穿心式电流互感器不设一次绕组，其变比根据一次绕组穿过互感器铁心中的匝数确定，穿心匝数越多，变比越小；反之，穿心匝数越少，变比越大，额定电流比 I_1/n：式中 I_1——穿心一匝时一次额定电流；n——穿心匝数。

多抽头电流互感器。这种型号的电流互感器，一次绕组不变，在绕制二次绕组时，增加几个抽头，以获得多个不同变比。它具有一个铁心和一个匝数固定的一次绕组，其二次绕组用绝缘铜线绕在套装于铁心上的绝缘筒上，将不同变比的二次绕组抽头引出，接在接线端子座上，每个抽头设置各自的接线端子，这样就形成了多个变比。此种电流互感器的优点是可以根据负荷电流变比，调换二次接线端子的接线来改变变比，而不需要更换电流互感器，给使用提供了方便。

不同变比电流互感器。这种型号的电流互感器具有同一个铁心和一次绕组，而二次绕组则分为两个匝数不同、各自独立的绕组，以满足同一负荷电流情况下不同变比、不同准确度等级的需要，例如在同一负荷情况下，为了保证电能计量准确，要求变比较小一些（以满足负荷电流在一次额定值的2/3左右），准确度等级高一些（如 $1K_1.1K_2$ 为 200/5.0.2 级）；而用电设备的继电保护，考虑到故障电流的保护系数较大，则要求变比较大一些，准确度等级可以稍低一点（如 $2K_1.2K_2$ 为 300/5.1 级）。

一次绕组可调，二次多绕组电流互感器。这种电流互感器的特点是变比量程多，而且可以变更，多见于高压电流互感器。其一次绕组分为两段，分别穿过互感器的铁心，二次绕组分为两个带抽头的、不同准确度等级的独立绕组。一次绕组与装置在互感器外侧的连接片连接，通过变更连接片的位置，使一次绕组形成串联或并联接线，从而改变一次绕组的匝数，以获得不同的变比。带抽头的二次绕组自身分为两个不同变比和不同准确度等级的绕组，随着一次绕组连接片位置的变更，一次绕组匝数相应改变，其变比也随之改变，这样就形成了多量程的变比。带抽头的二次独立绕组的不同变比和不同准确度等级，可以分别应用于电能计量、指示仪表、变送器、继电保护等，以满足各自不同的使用要求。

组合式电流电压互感器。组合式互感器由电流互感器和电压互感器组合而成，多安装于高压计量箱、柜，用作计量电能或用作用电设备继电保护装置的电源。组合式电流电压互感器是将两台或三台电流互感器的一次、二次绕组及铁心和电压互感器的一、二次绕组及铁心，固定在钢体构架上，浸入装有变压器油的箱体内，其一、二次绕组出线均引出，接在箱体外的高、低压瓷瓶上，形成绝缘、封闭的整体。一次侧与供电线路连接，二次侧与计量装置或继电保护装置连接。根据不同的需要，组合式电流电压互感器分为 V/V 接线和 Y/Y 接线两种，以计量三相负荷平衡或不平衡时的电能。

三、主要作用

电力系统为了传输电能，往往采用交流电压、大电流回路把电力送往用户，无法用仪表进行直接测量。互感器的作用，就是将交流电压和大电流按比例降到可以用仪表直接测量的数值，便于仪表直接测量，同时为继电保护和自动装置提供电源。电力系统用互感器是将电网高电压、大电流的信息传递到低电压、小电流二次侧的计量、测量仪表及继电保护、自动装置的一种特殊变压器，是一次系统和二次系统的联络元件，其一次绕组接入电网，二次绕组分别与测量仪表、保护装置等互相连接。互感器与测量仪表和计量装置配合，可以测量一次系统的电压、电流和电能；与继电保护和自动装置配合，可以构成对电网各种故障的电气保护和自动控制。互感器性能的好坏，直接影响到电力系统测量、计量的准确性和继电器保护装置动作的可靠性。

四、基本特点

1. 一次线圈串联在电路中，并且匝数很少，因此，一次线圈中的电流完全取决于被测电路的负荷电流，而与二次电流无关；

2. 电流互感器二次线圈所接仪表和继电器的电流线圈阻抗都很小，所以正常情况下，电流互感器在近于短路状态下运行。

电流互感器一、二次额定电流之比，称为电流互感器的额定互感比：$kn=I_{1n}/I_{2n}$。

因为一次线圈额定电流 I_{1n} 已标准化，二次线圈额定电流 I_{2n} 统一为 5（1 或 0.5）安，所以电流互感器额定互感比亦已标准化。kn 还可以近似地表示为互感器一、二次线圈的匝数比，即 $kn≈kN=N_1/N_2$ 式中 N_1、N_2 为一、二线圈的匝数。

五、主要分类

互感器分为电压互感器和电流互感器两大类。电压互感器可在高压和超高压的电力系统中用于电压和功率的测量等。电流互感器可用在交换电流的测量、交换电度的测量和电力拖动线路中的保护。

（一）电压互感器

1. 按用途分

测量用电压互感器或电压互感器的测量绕组：在正常电压范围内，向测量、计量装置提供电网电压信息；

保护用电压互感器或电压互感器的保护绕组：在电网故障状态下，向继电保护等装置提供电网故障电压信息。

2. 按绝缘介质分

干式电压互感器：由普通绝缘材料浸渍绝缘漆作为绝缘，多用在及以下低电压等级；

浇注绝缘电压互感器：由环氧树脂或其他树脂混合材料浇注成型，多用在及以下电压等级；

油浸式电压互感器：由绝缘纸和绝缘油作为绝缘，是我国最常见的结构形式，常用于及以下电压等级；

气体绝缘电压互感器：由气体作主绝缘，多用在较高电压等级。

通常专供测量用的低电压互感器是干式，高压或超高压密封式气体绝缘（如六氟化硫）互感器也是干式。浇注式适用于35kV及以下的电压互感器，35kV以上的产品均为油浸式。

3. 按相数分

绝大多数产品是单相的，因为电压互感器容量小，器身体积不大，三相高压套管间的内外绝缘要求难以满足，所以只有3-15kV的产品有时采用三相结构。

4. 按电压变换原理分

电磁式电压互感器：根据电磁感应原理变换电压，原理与基本结构和变压器完全相似，我国多在及以下电压等级采用；

电容式电压互感器：由电容分压器、补偿电抗器、中间变压器、阻尼器及载波装置防护间隙等组成，用在中性点接地系统里作电压测量、功率测量、继电防护及载波通讯用；

光电式电压互感器：通过光电变换原理以实现电压变换，还在研制中。

5. 按使用条件分

户内型电压互感器：安装在室内配电装置中，一般用在及以下电压等级；

户外型电压互感器：安装在户外配电装置中，多用在及以上电压等级。

6. 按一次绕组对地运行状态分

一次绕组接地的电压互感器：单相电压互感器一次绕组的末端或三相电压互感器一次绕组的中性点直接接地；

一次绕组不接地的电压互感器：单相电压互感器一次绕组两端子对地都是绝缘的；三相电压互感器一次绕组的各部分，包括接线端子对地都是绝缘的，而且绝缘水平与额定绝缘水平一致。

7. 按磁路结构分

单级式电压互感器：一次绕组和二次绕组（根据需要可设多个二次绕组同绕在一个铁芯上，铁芯为地电位。我国在及以下电压等级均用单级式；

串级式电压互感器：一次绕组分成几个匝数相同的单元串接在相与地之间，每一单元有各自独立的铁芯，具有多个铁芯，且铁芯带有高电压，二次绕组（根据需要可设多个二次绕组）处在最末一个与地连接的单元。我国在电压等级常用此种结构形式；

组合式互感器：由电压互感器和电流互感器组合并形成一体的互感器称为组合式互感器，也有把与组合电器配套生产的互感器称为组合式互感器。

（二）电流互感器

1. 按用途分

测量用电流互感器（或电流互感器的测量绕组。在正常工作电流范围内，向测量、计量等装置提供电网的电流信息）；

保护用电流互感器（或电流互感器的保护绕组。在电网故障状态下，向继电保护等装置提供电网故障电流信息）。

2. 按绝缘介质分

干式电流互感器：由普通绝缘材料经浸漆处理作为绝缘；

浇注式电流互感器：用环氧树脂或其他树脂混合材料浇注成型的电流互感器；

油浸式电流互感器：由绝缘纸和绝缘油作为绝缘，一般为户外型。目前我国在各种电压等级均为常用；

气体绝缘电流互感器：主绝缘由气体构成。

3. 按电流变换原理分

电磁式电流互感器：根据电磁感应原理实现电流变换的电流互感器；

光电式电流互感器：通过光电变换原理以实现电流变换的电流互感器，还在研制中。

4. 按安装方式分

贯穿式电流互感器：用来穿过屏板或墙壁的电流互感器；

支柱式电流互感器：安装在平面或支柱上，兼做一次电路导体支柱用的电流互感器；

套管式电流互感器：没有一次导体和一次绝缘，直接套装在绝缘的套管上的一种电流互感器；

母线式电流互感器：没有一次导体但有一次绝缘，直接套装在母线上使用的一种电流互感器。

有源型电子式电流互感器特点是一次传感器为空心线圈，高压侧电子器件需要由电源供电方能工作。无源磁光玻璃型电子式电流互感器特点是一次传感器为磁光玻璃，无需电源供电。

六、发展历程

互感器最早出现于 19 世纪末。随着电力工业的发展，互感器的电压等级和准确级别都有很大提高，还发展了很多特种互感器，如电压、电流复合式互感器、直流电流互感器，高准确度的电流比率器和电压比率器，大电流激光式电流互感器，电子线路补偿互感器，超高电压系统中的光电互感器，以及 SF6 全封闭组合电器（GIS）中的电压、电流互感器。

在电力工业中，要发展什么电压等级和规模的电力系统，必须发展相应电压等级和准确度的互感器，以供电力系统测量、保护和控制的需要。

随着很多新材料的不断应用，互感器也出现了很多新的种类，电磁式互感器得到了比较充分的发展，其中铁心式电流互感器以干式、油浸式和气体绝缘式多种结构适应了电力建设的发展需求。然而随着电力传输容量的不断增长，电网电压等级的不断提高及保护要求的不断完善，一般的铁芯式电流互感器结构已逐渐暴露出与之不相适应的弱点，其固有的体积大、磁饱和、铁磁谐振、动态范围小，使用频带窄等弱点，难以满难以满足新一代电力系统自动化、电力数字网等的发展需要。

随着光电子技术的迅速发展，许多科技发达国家已把目光转向利用光学传感技术和电子学方法来发展新型的电子式电流互感器，简称光电电流互感器。国际电工协会已发布电子式电流互感器的标准。电子式互感器的含义，除了包括光电式的互感器，还包括其他各种利用电子测试原理的电压、电流传感器。

七、常见种类

1. 电子式互感器

变频功率传感器是一种电子式互感器，变频功率传感器通过对输入的电压、电流信号进行交流采样，再将采样值通过电缆、光纤等传输系统与数字量输入二次仪表相连，数字量输入二次仪表对电压、电流的采样值进行运算，可以获取电压有效值、电流有效值、基波电压、基波电流、谐波电压、谐波电流、有功功率、基波功率、谐波功率等参数。

互感器分为电压互感器和电流互感器两大类，其主要作用有：将一次系统的电压、电流信息准确地传递到二次侧相关设备；将一次系统的高电压、大电流变换为二次侧的低电压（标准值）、小电流（标准值），使测量、计量仪表和继电器等装置标准化、小型化，并降低了对二次设备的绝缘要求；将二次侧设备以及二次系统与一次系统高压设备在电气方面很好地隔离，从而保证了二次设备和人身的安全。

2. 电压互感器

测量用电流互感器主要与测量仪表配合，在线路正常工作状态下，用来测量电流、电压、功率等。测量用微型电流互感器主要要求：

（1）绝缘可靠；

（2）足够高的测量精度；

（3）当被测线路发生故障出现的大电流时互感器应在适当的量程内饱和（如500%的额定电流）以保护测量仪表。

保护用电流互感器主要与继电装置配合，在线路发生短路过载等故障时，向继电装置提供信号切断故障电路，以保护供电系统的安全。保护用微型电流互感器的工作条件与测量用互感器完全不同，保护用互感器只是在比正常电流大几倍几十倍的电流时才开始有效

第二章 供配电一次系统

的工作。

3. 电流互感器

利用变压器原、副边电流成比例的特点制成。其工作原理等值电路也与一般变压器相同，只是其原边绕组串联在被测电路中，且匝数很少；副边绕组接电流表、继电器电流线圈等低阻抗负载，近似短路。原边电流（即被测电流）和副边电流取决于被测线路的负载，而与电流互感器的副边负载无关。由于副边接近于短路，所以原、副边电压 U_1 和都很小，励磁电流 I_0 也很小。电流互感器运行时，副边不允许开路。因为一旦开路，原边电流均成为励磁电流，使磁通和副边电压大大超过正常值而危及人身和设备安全。因此，电流互感器副边回路中不许接熔断器，也不允许在运行时未经旁路就拆下电流表、继电器等设备。电流互感器的接线方式按其所接负载的运行要求确定。最常用的接线方式为单相，三相星形和不完全星形。

4. 组合互感器

组合互感器是将电压互感器、电流互感器组合到一起的互感器。组合互感器可将高电压变化为低电压，将大电流变化为低电流，从而起到对电能计量的目的。

5. 钳形互感器

钳形电流互感器是一款精密电流互感器（直流传感器），是专门为电力现场测量计量使用特点设计的。该系列互感器选用高导磁材料制成，精度高。线性优。抗干扰能力强等。使用时可以直接夹住母线或母排上无须截线停电其使用十分方便。它可配合多种测量仪器，电能表现场校验仪、多功能电能表、示波器、数字万用表、双钳式接地电阻测试仪、双钳式相位伏安表等，可在电力不断电状态下，对多种电参量进行测量和比对。

6. 零序互感器

零序电流保护的基本原理是基于基尔霍夫电流定律：流入电路中任一节点的复电流的代数和等于零。在线路与电气设备正常的情况下，各相电流的矢量和等于零，因此，零序电流互感器的二次侧绕组无信号输出，执行元件不动作。当发生接地故障时的各相电流的矢量和不为零，故障电流使零序电流互感器的环形铁芯中产生磁通，零序电流互感器的二次侧感应电压使执行元件动作，带动脱扣装置，切换供电网络，达到接地故障保护的目的。作用：当电路中发生触电或漏电故障时，保护动作，切断电源。使用：可在三相线路上各装一个电流互感器，或让三相导线一起穿过一零序电流互感器，也可在中性线 N 上安装一个零序电流互感器，利用其来检测三相的电流矢量和。零序电流互感器采用 ABS 工程塑料外壳、全树脂浇注成密封，有效避免了互感器在长期使用过程中的锈蚀。绝缘性能好，外形美观。具有灵敏度高、线性度好运行可靠，安装方便等特点。其性能优于一般的零序电流互感器，使用范围广泛，不仅适用于电磁型继电保护，还能适用于电子和微机保护装置。

47

八、误差测量

1. 直流法

用 1.5～3V 干电池将其正极接于互感器的一次线圈 L₁，L₂ 接负极，互感器的二次侧 K₁ 接毫安表正极，负极接 K₂，接好线后，将 K 合上毫安表指针正偏，拉开后毫安表指针负偏，说明互感器接在电池正极上的端头与接在毫安表正端的端头为同极性。

2. 交流法

（1）补偿量如下：

$$\Delta f = Nx / (N_2 - Nx) \times 100\%$$

（2）匝数补偿

只对比差起到补偿作用，补偿量与二次负荷和电流大小无关。补偿匝数一般只有几匝，匝数补偿应计算电流低端二次阻抗最大时，和电流高端二次阻抗最小时误差。对于高精度的微型电流互感器匝数补偿哪怕只补偿 1 匝，就会补偿过量。这时可以采用半匝或分数匝补偿。但是电流互感器的匝数是以通过铁芯窗口的封闭回路计算的，电流互感器的匝数是一匝一匝计算的，不存在半匝的情况。采用半匝或分数匝补偿必须采用辅助手段如：双绕组、双铁芯等。辅助铁芯补偿对比差、

角差都起到补偿作用，但辅助铁芯补偿的方法制作工艺比较复杂。电容补偿，直接在二次绕组两端并联电容就可以。其对比差起正补偿作用，补偿大小与二次负荷 Z=RiX 中 X 分量成正比，与补偿电容大小成正比；对角差都起到负补偿，补偿大小与二次负荷 Z=RiX 中 R 分量成正比，与补偿电容大小成正比。电容补偿是一种比较理想的补偿方法。在微型精密电流互感器中，一般二次绕组直接接运放的电流/电压变换，其二次阻抗基本为 0，此时电容补偿的作用就比较小。一般可以在电流/电压变换阶段增加移相电路可以解决角差问题。用户可以根据电流互感器出厂时所带的该互感器的检验报告中检验误差数据进行调整计算移相电路。

九、种类对比

电压互感器（PT）和电流互感器（CT）是电力系统重要的电气设备，它承担着高、低压系统之间的隔离及高压量向低压量转换的职能。其接线的正确与否，对系统的保护、测量、监察等设备的正常工作有极其重要的意义。在新安装 PT、CT 投运或更换 PT、CT 二次电缆时，利用极性试验法检验 PT、CT 接线的正确性，已经是继电保护工作人员必不可少的工作程序。

避免其极性接反就是要找到互感器输入和输出的"同名端"，具体的方法就是"点极性"。这里以电流互感器为例说明如何点极性。具体方法是将指针式万用表接在互感器二次输出

绕组上，万用表打在直流电压挡；然后将一节干电池的负极固定在电流互感器的一次输出导线上；再用干电池的正极去"点"电流互感器的一次输入导线，这样在互感器一次回路就会产生一个+（正）脉冲电流；同时观察指针万用表的表针向哪个方向"偏移"，若万用表的表针从0由左向右偏移，j即表针"正启"，说明接入的"电流互感器一次输入端"与"指针式万用表正接线柱连接的电流互感器二次某输出端"是同名端，而这种接线就称为"正极性"或"减极性"；若万用表的表针从0由右向左偏移，即表针"反启"，说明接入的"电流互感器一次输入端"与"指针式万用表正接线柱连接的电流互感器二次某输出端"不是同名端，而这种接线就称为"反极性"或"加极性"。

（一）每个产品都有自己的注意事项，应用互感器时应注意以下几个方面

1. 电流互感器的额定一次电流一般按线路的 1.2~1.4 倍电流选用电流互感器，这主要是考虑线路过载时不至于烧毁电流互感器和电流表或电能表等用电设备。

2. 电流互感器的额定一次电流也不能选得比线路的实际工作电流相差太大，这将影响电流互感器的计量 精度。

3. 互感器是在额定的二次输出负载范围内才能保证互感器精度。因此包括二次线路负载以及计量装置的负载都为互感器实际工作的负载，当互感器二次实际输出负载大于互感器二次额定输出负载时，互感器精度将降低，严重过载时将烧毁互感器。

4. 当互感器二次实际输出负载低于互感器额定二次输出负载时，互感器的精度将降低。

5. 根据不同的使用场合选用适宜的互感器产品。

6. 户外用互感器和户内用互感器莫混用。

（二）烧坏原因

1. 电压互感器低压侧匝间和相间短路时，低压保险尚未熔断，由于激磁电流迅速增大，使高压熔管熔丝 熔断或烧坏互感器。

2. 当 10kV 出线发生单相接地时，电压互感器一次侧非故障相对地电压为正常电压值的根号 3 倍。电压互感器的铁芯很快饱和，激磁电流急剧增强，使熔丝熔断。

3. 由于电力网络中含有电容性和电感性参数的元件，特别是带有铁芯的铁磁电感元件，在参数组合不利时引起铁磁谐振。

4. 流过电压互感器一次绕组的零序电流增大（相对于接地电流超标的系统而言），长时间运行时，该零序互感器产生的热效应将使电压互感器的绝缘损坏、炸裂；

5. 系统中存在非线性的振荡（弧光接地过电压），大大加剧了系统中电压互感器的损坏进程；

6. 电压互感器自身的散热条件较差。

（三）类型区别

最重要区别是在正常运行时其工作状态的不同，主要表现在以下几个方面：

1. 电压互感器正常工作时的磁通密度接近饱和值，故障时候磁通密度下降；电流互感器正常工作时磁通密度很低，而短路时由于一次侧短路电流变得很大，使磁通密度大大增加，有时甚至远远超过饱和值。

2. 电压互感器是用来测量电网高电压的特殊变压器，它能将高电压按规定比例转换为较低的电压后，再连接到仪表上去测量。电压互感器，原边电压无论是多少伏，而副边电压一般均规定为 100 伏，以供给电压表、功率表及千瓦小时表和继电器的电压线圈所需要的电压。

3. 电流互感器二次可以短路，但是不得开路；电压互感器二次可以开路，但是不得短路，把大电流按规定比例转换为小电流的电气设备，称为电流互感器。电流互感器副边的电流一般规定为 5 安或 1 安，以供给电流表、功率表、千瓦小时表和继电器的电流线圈电流。

4. 对于二次侧的负荷来说，电压互感器的一次内阻抗较小甚至可以忽略不计，大可以认为电压互感器是一个电压源；而电流互感器的一次却内阻很大，以致可以认为是一个内阻无穷大的电流源。

第五节　配电装置及高低压成套配电装置

一、配电装置

配电装置的功能是正常运行时用来接受和分配电能，发生故障时通过自动或手动操作，迅速切除故障部分，恢复正常运行。可以说，配电装置是具体实现电气主接线功能的重要装置。

（一）简介

配电装置是发电厂与变电所的重要组成部分，是发电厂与变电所电气主接线的具体实现。配电装置是根据电气主接线的连接方式，由开关设备、保护设备、测量设备、母线以及必要的辅助设备组成，辅助设备包括安装布置电气设备的构架、基础、房屋和通道等。

带地区负荷的发电厂，有发电机电压配电装置、经升高电压后的高电压配电装置及发电厂用电配电装置。区域性火力发电厂有升高电压配电装置和厂用电配电装置。变电所有两个或三个电压等级的配电装置。

配电装置电压等级有 0.38 ~ 10kV、35kV、110kV、220kV、330kV、500kV 等几种。

电压为 0.38 ~ 10kV 的配电装置建在屋内，称为屋内配电装置。电压为 35 ~ 220kV 的配电装置一般建于屋外，称为屋外配电装置。但当周围有化工厂、水泥厂、盐湖及在海岸附近产生的含有酸、碱、盐的气体和粉尘等时，也可以将 35 ~ 220kV 电压等级的配电装置建于屋内。330 ~ 500kV 电压等级的配电装置则建于屋外。

（二）配电装置的分类

按照安装位置的不同，配电装置可分为屋内式配电装置和屋外式配电装置两种，另外还有装配式配电装置和成套开关式配电装置。装配式配电装置是指配电装置中的电气设备在现场组装，而成套开关式配电装置是指制造厂家先按照电气接线要求把开关电器、互感器等安装在柜中，然后成套运至安装地点。成套装置的特点是：

①结构紧凑，占地面积小；

②可减少现场安装工作量、缩短建设周期；

③运行可靠、维护方便、便于建设和搬迁；

④消耗钢材较多，造价较高。

成套开关柜式配电装置分为低压配电屏、高压开关柜、箱式变电站和SF6全封闭组合电器（GIS）等。

究竟采用何种配电装置要根据电压等级、设备类型、地理位置、周围环境条件等各种因素，通过技术经济比较后确定。

1. 屋外配电装置

屋外配电装置通常适用于35kV及以上的电压等级，其结构形式与电气主接线的形式、电压等级、主变容量、重要程度、母线和构架的形式、断路器和隔离开关形式等有着密切关系。根据电气设备和母线布置的高度，屋外配电装置通常可分为普通中型、分相中型、半高型和高型等类型。

普通中型布置配电装置是最普遍的一种布置方式，具有较成熟的运行经验。普通中型布置配电装置是将所有的开关电气设备安装在同一水平面内，并安装在一定高度的基础支架上，使带电部分对地保持必要的高度，让工作人员能安全地在地面上进行操作和维护。中型配电装置的汇流母线所在的水平面都稍高于开关电器所在的水平面。这种配电装置布置清晰明了、运行可靠、不易误操作、运行维护方便、架构高度较低、消耗钢材较少、造价低，它的最大缺点是占地面积过大。

普通中型布置配电装置的断路器布置有单列、双列之分。单列布置是将进出线断路器排成一列，它缩短了纵向（与母线垂直方向）尺寸，便于进线参加旁路，但引线跨数较多，给施工和检修带来不便；双列布置是将进出线断路器分成两列，分别布置在母线两侧，它减少了跨越，缩短了横向（沿母线方向）尺寸。单列布置和双列布置各有其特点和适用条件，要结合具体工程实际情况综合比较确定。

分相中型配电装置是将母线隔离开关直接布置在各相母线的下方，有的仅一组母线隔离开关采用分相布置，有的所有母线隔离开关均采用分相布置。隔离开关选用单柱式隔离开关，母线引线直接自分相隔离开关支持和棒式绝缘子引至断路器，这样避免了普通中型复杂的双层构架。分相中型可采用软母线或硬管型母线。

分相中型配电装置较普通中型配电装置的占地面积约减少20%~30%，尤其采用铝管母线配合单柱式隔离开关的布置方案，布置清晰、美观，可省去大量构架。在220500kV 配电装置中，分相中型布置被广泛应用。

高型和半高型布置配电装置的母线和电器分别重叠布置在几个不同高度的水平面上。凡是将一组母线与另一组母线重叠布置的就称为高型布置。如果仅将母线与其他电气设备重叠布置的就称为半高型布置。高型布置的配电装置最大优点是节省占地面积，一般为普通中型布置配电装置的一半，相应还减少了绝缘子串和导线，布置显得紧凑。

高型和半高型布置的最主要缺点是消耗钢材多，尤其是高型布置，其钢材耗量为中型布置的 1 ~ 2 倍。另外，采用高型和半高型布置时，设备的维护、操作和检修都没有中型布置时方便。

110 ~ 500kV 配电装置若采用空气绝缘一般都是中型布置，如果为了节省占地或建于污秽严重的地区，一般都采用 GIS 或全户内站的形式。

2. 屋内配电装置

屋内配电装置通常运用于 35kV 及以下的电压等级，但若在繁华城市或污秽严重地区，也有用于 110kV 和 220kV 电压等级以上的，如上海世博变压器是 500kV 的地下式全屋内配电装置。

屋内配电装置的结构形式与电气设备的类型和电气主接线的形式、出线回路数多少及有无电抗器等因素有着密切关系，同时还与施工、检修、运行经验和生活习惯等因素有关。

变电站 10kV 配电装置因多采用少油断路器或真空断路器，体积较小，又多为屋内型，因此，配电装置结构形式主要与有无电抗器有关。当出线不带电抗器时，一般采用单层布置的成套开关柜，即将各种标准的开关柜按照电气接线要求在单层屋内进行配置组合。当出线带电抗器时，一般采用装配式的两层布置，即将较轻的母线和隔离开关布置在最上层，断路器、电抗器和出线隔离开关布置在最下层。

二层二通道双母线带电抗器的 6 ~ 10kV 屋内配电装置的断面图。第一层中间部分为操作维护走廊，两边分别为布置电抗器和断路器等笨重设备的小间，出线采用电缆隧道引出，小间下边有通风道以改善冷却条件。第二层布置母线和母线隔离开关。两组汇流母线用墙隔开便于一组母线工作、另一组母线检修，三相母线垂直布置。第二层有两个维护通道，为便于巡视和操作，母线隔离开关靠走廊一侧设有网状遮拦。这种配电装置层数和走廊较少，巡视线路短，断路器又集中布置在第一层，操作运行维护方便，因此应用较广。

3. 成套配电装置

成套配电装置是由制造厂按照电气主接线设计要求将同一电路的开关电器、测量仪表、保护电器和辅助设备装在封闭或半封闭柜中，在工厂组装好成套供应。成套配电装置按用途可分为低压配电屏、高压开关柜和 SF6 全封闭组合电器。按照开关是否可以移动，高压开关柜又分为固定式和手车式，变电站 10kV 配电装置多采用固定式开关柜，发电厂用电多采用手车式开关柜。

SF6 全封闭组合电器 GIS 是根据电气主接线要求将断路器、隔离开关、快速或慢速接地开关、电流互感器、电压互感器、避雷器、母线、电缆终端等元件依次连接组成一整体，并且全部封闭于接地的金属外壳中的配电装置，壳内充以高抗电性能的 SF6 气体作为良好的绝缘介质和灭弧介质。

为了便于支撑和检修，汇流母线布置在下部，断路器（双断口）水平布置在上部（也有采用立式布置以减小占地面积的），出线用电缆，整个回路按照电路顺序成Ⅱ形布置，使装置结构紧凑；两组汇流母线分别采用三相共体的结构，置于底部的圆筒内，三相母线分别用支持绝缘子固定在壳体上。这种母线结构与分相式母线结构相比，可以缩小安装场地，但它的电场分布没有分相式均匀，且相间电动力大，结构较复杂。其余元件采用分箱式。盆式绝缘子用于支撑带电导体和将装置分隔成不漏气的隔离室；隔离室具有便于监视、易于发现故障点、限制故障范围以及检修或扩建时减少停电范围的作用；在两组汇流母线汇合处设有伸缩节，以减少由温差和安装误差引起的附加应力。此外，装置外壳上还设有检查孔、窥视孔和防爆盘等设备。

（三）配电装置的要求

厂用配电装置一般用高压、低压开关柜组成成套配电装置是发电厂或变电所的重要组成部分，它的设计和选型是否合理，直接影响到整个发电厂、变电所的安全经济运行。因此，对配电装置必须满足以下基本要求：

①确保工作人员人身安全；
②工作可靠并符合防爆要求；
③便于操作、维护和检修；
④尽量节省占地面积；
⑤便于施工、便于扩建。

整个配电装置的结构及其设备的布置和安装情况，通常采用平面图、断面图和配置图来说明，并作为施工图纸。

所谓平面图，是按比例绘出的配电装置电气间隔、房屋、走廊、出口等处的布置俯视图。所谓断面图，是按比例表示出的配电装置所取断面间隔中，各设备相互连接及其具体布置的结构图。所谓配置图是根据电气设备布置的实际情况，把进出线、断路器、隔离开关、互感器、避雷器等设备合理地分配在各层间隔中，并且用代表图形表示出导线和电气设备在各间隔中布置轮廓的示意图。

配电装置形式的选择，应考虑所在地区的地理情况及环境条件，因地制宜，节约用地，并结合运行及检修要求，通过技术经济比较确定。一般情况下，在大中型发电厂和变电站中，110kV 及以上电压等级一般多采用户外配电装置。35kV 及以下电压等级的配电装置多采用户内配电装置。但 110kV 装置有特殊要求（如变电站深入城市中心）或处于严重污秽地区（如海边或化工区）时，经过技术经济比较，也可以采用户内配电装置。

二、高低压成套配电装置

（一）成套配电装置的相关概念

1. 配电装置的定义

按电气主接线的要求，把一、二次电气设备如开关设备、保护电器、监测仪表、母线和必要的辅助设备组装在一起构成的在供配电系统中接受、分配和控制电能的总体装置称为配电装置。

2. 配电装置的类型

（1）按安装的地点分为户内配电装置和户外配电装置。

（2）按安装形式分为装配式配电装置和成套配电装置。装配式配电装置为电气设备在现场组装的配电装置；成套配电装置是制造厂成套供应的设备，在制造厂按照一定的线路接线方案预先把电器组装成柜再运到现场安装。

3. 高压成套配电装置的分类

（1）按主要设备的安装方式分为固定式和移开式（手车式）。

（2）按开关柜隔室的构成形式分为铠装式、间隔式、箱型、半封闭型等。

（3）按母线系统分为单母线型、单母线带旁路母线型和双母线型。

（4）根据一次电路安装的主要元器件和用途分为断路器柜、负荷开关柜、高压电容器柜、电能计量柜、高压环网柜、熔断器柜、电压互感器柜、隔离开关柜、避雷器柜等。

4. 固定式高压开关柜的特点

（1）固定式高压开关柜的特点

固定式高压开关柜有构造简单、制造成本低、安装方便等优点；缺点是内部主要设备发生故障或需要检修时，必须中断供电，直到故障消失或检修结束后才能恢复供电。

（2）固定式高压开关柜的应用

一般用在工矿企业的中小型变配电所和负荷不是很重要的场所。

5. 手车式高压开关柜特点和应用

（1）结构特点。手车式高压开关柜能将成套高压配电装置中的某些主要电气设备（如高压断路器等）固定在可移动的手车，另一部分电气设备则装置在固定的台架上。

（2）使用特点。相对于固定式开关柜，手车式高压开关柜的停电时间大大缩短，检修方便安全，恢复供电快，供电可靠性高；但价格较高。主要用于大中型变配电所和负荷较重要、供电可靠性要求较高的场所。手车式高压开关柜的主要新产品有 KYN、JYN 等系列。

（二）低压配电装置的结构及检查

1.低压成套配电装置的相关概念

所谓的低压成套配电装置是按一定的线路方案将有关的低压一、二次设备组装在一起的一种成套配电装置，在低压配电系统中作控制、保护和计量之用。包括安装在低压配电室的低压配电屏（柜）和各种场所的配电箱。

2.低压成套配电装置的类型

（1）低压配电柜

①抽屉式，电器元件安装在各个抽屉内，再按一、二次线路方案将有关功能单元的抽屉叠装在封闭的金属柜体内，可按需要推入或抽出；

②固定式，所有电器元件都为固定安装、固定接线；

③混合式，安装方式为固定和插入混合安装。

（2）低压配电箱

低压配电箱主要包括两种类型：动力配电箱和照明配电箱。

（三）高低压配电装置的选择原则及方法

1.高、低压配电装置的选择原则

（1）按使用环境选择电气设备的类型

（2）按正常工作参数选择电气设备

（3）用短路条件校验电气设备

2.高、低压配电装置的选择方法

（1）高压开关与熔断器的选择

1）隔离开关的选择

隔离开关应按其额定电压、额定电流及使用的环境条件选择出合适的规格和型号，然后按短路电流的动，热稳定性进行校验。

按环境条件选择隔离开关时，可根据安装地点和环境条件选择户内式、户外式、普通型或防污型等类型，防污型用于污染严重的地方。工矿企业 35kV 变电所户外多选用 V 型结构。此外隔离开关还有带接地刀闸和不带接地刀闸之分，带接地刀闸的一般用于变电所进线。在选择隔离开关的同时还必须选定配套的操作机构。

2）断路器的选择

一般情况下可选择油断路器，户外使用的多油断路器除 DW8-35 型外已逐渐被淘汰，新建的变电所应使用少油断路器。户内使用的都是少油断路器，它一般安装在高压开关柜中。对断流能力要求高的地方或操作十分频繁的地方，应选用真空断路器。

断路器操作机构的选择应与断路器的控制方式，安装情况及操作电源相适应。选择断路器的技术参数时，应按额定电压和额定电流选择，按断流能力和短路时的动稳定性和热稳定性进行校验。

（2）低压开关与熔断器的选择

1）刀开关的选择

低压刀开关，分为不带熔断器和带熔断器的及不带灭弧装置和带灭弧装置的等多种类型，刀开关除按规定的项目选择和校验外，对允许带负荷操作的刀开关，还应按断开电流选择和校验。

2）自动空气断路器选择

3）低压熔断器选择

3. 成套配电装置的选择

（1）确定配电装置的型号

1）高压成套配电装置型号的选择

2）低压成套配电装置型号的选择

（2）成套配电装置一次电路方案的选择

1）高压开关柜一次电路方案的确定

2）低压配电系统一次电路方案的选择

第六节　电气主接线

电气主接线主要是指在发电厂、变电所、电力系统中，为满足预定的功率传送和运行等要求而设计的、表明高压电气设备之间相互连接关系的传送电能的电路。电气主接线以电源进线和引出线为基本环节，以母线为中间环节构成的电能输配电路。

一、定义

电路中的高压电气设备包括发电机、变压器、母线、断路器、隔离刀闸、线路等。它们的连接方式对供电可靠性、运行灵活性及经济合理性等起着决定性作用。一般在研究主接线方案和运行方式时，为了清晰和方便，通常将三相电路图描绘成单线图。在绘制主接线全图时，将互感器、避雷器、电容器、中性点设备以及载波通信用的通道加工元件（也称高频阻波器）等也表示出来。

对一个电厂而言，电气主接线在电厂设计时就根据机组容量、电厂规模及电厂在电力系统中的地位等，从供电的可靠性、运行的灵活性和方便性、经济性、发展和扩建的可能性等方面，经综合比较后确定。它的接线方式能反映正常和事故情况下的供送电情况。

电气主接线又称电气一次接线图。

二、基本要求

电气主接线应满足以下几点要求：

1. 安全性

必须保证在任何可能的运行方式和检修状态下人员及设备的安全。

2. 可靠性

主接线系统应保证对用户供电的可靠性，特别是保证对重要负荷的供电。

3. 灵活性

主接线系统应能灵活地适应各种工作情况，特别是当一部分设备检修或工作情况发生变化时，能够通过倒闸操作，做到调度灵活，不中断向用户供电。在扩建时应能很方便地从初期建设到最终接线。

4. 经济性

主接线系统还应保证运行操作的方便以及在保证满足技术条件的要求下，做到经济合理，尽量减少占地面积，节省投资。比如，简化接线，减少电压层级等。

三、基本形式

（一）有母线接线

1. 单母线接线

所有电源进线和引出线都连接于同一组母线上。单母线接线适于出线回路少的小型变配电所，一般供三级负荷，两路电源进线的单母线可供二级负荷。

2. 分段单母线接线

（1）两路电源一用一备时，分段断路器接通运行。

（2）两路电源同时工作互为备用时，分段断路器则断开运行。

3. 双母线接线

（1）特点

每个回路经断路器和两组隔离开关分别接到两组母线上。

（2）应用

仅用于有大量一、二级负荷的大型变配电所。

（二）无母线的主接线

1. 线路－变压器组单元接线

接线简单，设备少，经济性好，适于只有一台主变压器的小型变电所。

2. 桥式接线

能实现电源线路和变压器的充分利用。

3. 多角形接线

多角形接线就是将断路器和隔离开关相互连接，且每一台断路器两侧都有隔离开关，由隔离开关之间送出回路一种电气主接线的连接方式。

四、设 计 要 求

电气主接线应满足下列基本要求：

1. 牵引变电所、铁路变电所电气主接应综合考虑电源进线情况（有无穿越通过）、负荷重要程度、主变压器容量和台数，以及进线和馈出线回路数量、断路器备用方式和电气设备特点等条件确定，并具有相应的安全可靠性、运行灵活和经济性。

2. 具有一级电力负荷的牵引变电所，向运输生产、安全环卫等一级电力负荷供电的铁路变电所，城市轨道交通降压变电所（见电力负荷、电力牵引负荷）应有两回路相互独立的电源进线，每路电源进线应能保证对全部负荷的供电。没有一级电力负荷的铁路变、配电所，应有一回路可靠的进线电源，有条件时宜设置两回路进线电源。

3. 主变压器的台数和容量能满足规划期间供电负荷的需要，并能满足当变压器故障或检修时供电负荷的需要。在三相交流牵引变电所和铁路变电所中，当出现三级电压且中压或低压侧负荷超过变压器额定容量的15%时，通常应采用三绕组变压器为主变压器。

4. 按电力系统无功功率就地平衡的要求，交流牵引变电所和铁路变、配电所需分层次装设并联电容补偿设备与相应主接线配电单元。为改善注入电力系统的谐波含量，交流牵引变电所牵引电压侧母线，还需要考虑接入无功、谐波综合并联补偿装置回路（见并联综合补偿装置）。对于直流制干线电气化铁路，为减轻直流12相脉动电压牵引网负荷对沿线平行通信线路的干扰影响，需在牵引变电所直流正、负母线间设置550 Hz、650Hz等谐波的并联滤波回路。

5. 电源进（出）线电压等级及其回路数、断路器备用方式和检修周期，对电气主接线形式的选择有重大影响。当交、直流牵引变电所35kV ~ 220kV电压的电源进线为两回路时，宜采用双T形分支接线或桥形接线的主接线，当进（出）线不超过四回路及以上时，可采用单母线或分段单母线的主接线；进（出）线为四回路及以上时，宜采用带旁路母线的分段单线的主接线。对于有两路电源并联运行的6kV ~ 10kV铁路地区变、配电所，宜采用带断路器分段的单母线接线；电源进线为一主一备时，分段开关可采用隔离开关。无地方电源的铁路(站、段)发电所,装机容量一般在2000 kVA以下,额定电压定为400V或6.3kV,其电气主接线宜采用单母线或隔离开关分段的单母线接线。

6.交、直流牵引变电所牵引负荷侧电气接线形式,应根据主变压器类型(单相、三相或其他)及数量、断路器或直流快速开关类型和备用方式、馈线数目和线路的年运输量或者客流量因素确定。一般宜采用单母线分段的接线,当馈线数在四回路以上时,应采用单母线分段带旁路母线的接线。

第三章　电力系统继电保护

第一节　继电保护的基本知识

一、概念

电力系统故障和危及安全运行的异常工况，以探讨其对策的反事故自动化措施。因在其发展过程中曾主要用有触点的继电器来保护电力系统及其元件（发电机、变压器、输电线路等），使之免遭损害，所以也称继电保护。基本任务是：当电力系统发生故障或异常工况时，在可能实现的最短时间和最小区域内，自动将故障设备从系统中切除，或发出信号由值班人员消除异常工况根源，以减轻或避免设备的损坏和对相邻地区供电的影响。

二、基本原理

继电保护装置必须具有正确区分被保护元件是处于正常运行状态还是发生了故障，是保护区内故障还是区外故障的功能。保护装置要实现这一功能，需要根据电力系统发生故障前后电气物理量变化的特征为基础来构成。

电力系统发生故障后，工频电气量变化的主要特征是：

1. 电流增大。短路时故障点与电源之间的电气设备和输电线路上的电流将由负荷电流增大至大大超过负荷电流。

2. 电压降低。当发生相间短路和接地短路故障时，系统各点的相间电压或相电压值下降，且越靠近短路点，电压越低。

3. 电流与电压之间的相位角改变。正常运行时电流与电压间的相位角是负荷的功率因数角，一般约为20°，三相短路时，电流与电压之间的相位角是由线路的阻抗角决定的，一般为60°～85°，而在保护反方向三相短路时，电流与电压之间的相位角则是180°＋（60°～85°）。

4. 测量阻抗发生变化。测量阻抗即测量点（保护安装处）电压与电流之比值。正常运行时，测量阻抗为负荷阻抗；金属性短路时，测量阻抗转变为线路阻抗，故障后测量阻抗显著减小，而阻抗角增大。

不对称短路时，出现相序分量，如两相及单相接地短路时，出现负序电流和负序电压分量；单相接地时，出现负序和零序电流和电压分量。这些分量在正常运行时是不出现的。

利用短路故障时电气量的变化，便可构成各种原理的继电保护。

此外，除了上述反应工频电气量的保护外，还有反应非工频电气量的保护，如瓦斯保护。

三、基本要求

继电保护装置为了完成它的任务，必须在技术上满足选择性、速动性、灵敏性和可靠性四个基本要求。对于作用于继电器跳闸的继电保护，应同时满足四个基本要求，而对于作用于信号以及只反映不正常的运行情况的继电保护装置，这四个基本要求中有些要求可以降低。

1. 选择性

选择性就是指当电力系统中的设备或线路发生短路时，其继电保护仅将故障的设备或线路从电力系统中切除，当故障设备或线路的保护或断路器拒动时，应由相邻设备或线路的保护将故障切除。

2. 速动性

速动性是指继电保护装置应能尽快地切除故障，以减少设备及用户在大电流、低电压运行的时间，降低设备的损坏程度，提高系统并列运行的稳定性。

一般必须快速切除的故障有：

（1）使发电厂或重要用户的母线电压低于有效值（一般为 0.7 倍额定电压）。

（2）大容量的发电机、变压器和电动机内部故障。

（3）中、低压线路导线截面过小，为避免过热不允许延时切除的故障。

（4）可能危及人身安全、对通信系统造成强烈干扰的故障。

故障切除时间包括保护装置和断路器动作时间，一般快速保护的动作时间为 0.04s ～ 0.08s，最快的可达 0.01s ～ 0.04s，一般断路器的跳闸时间为 0.06s ～ 0.15s，最快的可达 0.02s ～ 0.06s。

对于反应不正常运行情况的继电保护装置，一般不要求快速动作，而应按照选择性的条件，带延时地发出信号。

3. 灵敏性

灵敏性是指电气设备或线路在被保护范围内发生短路故障或不正常运行情况时，保护装置的反应能力。

能满足灵敏性要求的继电保护，在规定的范围内故障时，不论短路点的位置和短路的类型如何，以及短路点是否有过渡电阻，都能正确反应动作，即要求不但在系统最大运行方式下三相短路时能可靠动作，而且在系统最小运行方式下经过较大的过渡电阻两相或单相短路故障时也能可靠动作。

系统最大运行方式：被保护线路末端短路时，系统等效阻抗最小，通过保护装置的短路电流为最大运行方式。

系统最小运行方式：在同样短路故障情况下，系统等效阻抗为最大，通过保护装置的短路电流为最小的运行方式。

保护装置的灵敏性是用灵敏系数来衡量。

4. 可靠性

可靠性包括安全性和信赖性，是对继电保护最根本的要求。

安全性：要求继电保护在不需要它动作时可靠不动作，即不发生误动。

信赖性：要求继电保护在规定的保护范围内发生了应该动作的故障时可靠动作，即不拒动。

继电保护的误动作和拒动作都会给电力系统带来严重危害。

即使对于相同的电力元件，随着电网的发展，保护不误动和不拒动对系统的影响也会发生变化。

以上四个基本要求是设计、配置和维护继电保护的依据，又是分析评价继电保护的基础。这四个基本要求之间是相互联系的，但往往又存在着矛盾。因此，在实际工作中，要根据电网的结构和用户的性质，辩证地进行统一。

四、组成

一般情况而言，整套继电保护装置由测量元件、逻辑环节和执行输出三部分组成。

1. 测量比较部分

测量比较部分是测量通过被保护的电气元件的物理参量，并与给定的值进行比较，根据比较的结果，给出"是""非"性质的一组逻辑信号，从而判断保护装置是否应该启动。

2. 逻辑部分

逻辑部分使保护装置按一定的逻辑关系判定故障的类型和范围，最后确定是应该使断路器跳闸、发出信号或是否动作及是否延时等，并将对应的指令传给执行输出部分。

3. 执行输出部分

执行输出部分根据逻辑传过来的指令，最后完成保护装置所承担的任务。如在故障时动作于跳闸，不正常运行时发出信号，而在正常运行时不动作等。

五、工作回路

要完成继电保护任务，除了需要继电保护装置外，必须通过可靠的继电保护工作回路的正确工作，才能完成跳开故障元件的断路器、对系统或电力元件的不正常运行发出警报、正常运行状态不动作的任务。

继电保护工作回路一般包括：将通过一次电力设备的电流、电压线性地转变为适合继电保护等二次设备使用的电流、电压，并使一次设备与二次设备隔离的设备，如电流、电压互感器及其与保护装置连接的电缆等；断路器跳闸线圈及与保护装置出口间的连接电缆，指示保护动作情况的信号设备；保护装置及跳闸、信号回路设备的工作电源等。

六、分类

继电保护可按以下 4 种方式分类。

1. 按被保护对象分类，有输电线保护和主设备保护（如发电机、变压器、母线、电抗器、电容器等保护）。

2. 按保护功能分类，有短路故障保护和异常运行保护。前者又可分为主保护、后备保护和辅助保护；后者又可分为过负荷保护、失磁保护、失步保护、低频保护、非全相运行保护等。

3. 按保护装置进行比较和运算处理的信号量分类，有模拟式保护和数字式保护。一切机电型、整流型、晶体管型和集成电路型（运算放大器）保护装置，它们直接反映输入信号的连续模拟量，均属模拟式保护；采用微处理机和微型计算机的保护装置，它们反应的是将模拟量经采样和模/数转换后的离散数字量，这是数字式保护。

4. 按保护动作原理分类，有过电流保护、低电压保护、过电压保护、功率方向保护、距离保护、差动保护、纵联保护、瓦斯保护等。

七、用途

1. 当电网发生足以损坏设备或危及电网安全运行的故障时，使被保护设备快速脱离电网；

2. 对电网的非正常运行及某些设备的非正常状态能及时发出警报信号，以便迅速处理，使之恢复正常；

3. 实现电力系统自动化和远动化，以及工业生产的自动控制。

八、异常

发现继电保护运行中有异常或存在缺陷时，除了加强监视外，对能引起误动的保护退其出口压板，然后联系继保人员处理。如有下列异常情况，均应及时退出：

1. 母差保护。在发出"母差交流断线""母差直流电压消失"信号时；母差不平衡电流不为零时；无专用旁路母线的母联开关串代线路操作及恢复倒闸操作中。

2. 高频保护。当直流电源消失时；定期通道试验参数不符合要求时；装置故障或通道异常信号发出无法复归时；旁母代线路开关操作过程中。

3. 距离保护。当采用的 PT 退出运行或三相电压回路断线时；正常情况下助磁电流过大、过小时；负荷电流超过保护允许电流相应段时。

4. 微机保护。总告警灯亮，同时四个保护（高频、距离、零序、综重）之一告警灯亮时，退出相应保护；如果两个 CPU 故障，应退出该装置所有保护；告警插件所有信号灯不亮，如果电源指示灯熄灭，说明直流消失，应退出出口压板，在恢复直流电源后再投入；总告警灯及呼唤灯亮，且打印显示 CPU×ERR 信号，如 CPU 正常，说明保护与接口 CPU 间通讯回路异常，退出 CPU 巡检开关处理，若信号无法复归，说明 CPU 有致命缺陷，应退出保护出口压板并断开巡检开关处理。

5. 瓦斯保护。在变压器运行中加油、滤油或换硅胶时；潜油泵或冷油器（散热器）放油检修后投入时；需要打开呼吸系统的放气门或放油塞子，或清理吸湿器时；有载调压开关油路上有人工作时。

九、系统保护

实现继电保护功能的设备称为继电保护装置。虽然继电保护有多种类型，其装置也各不相同，但都包含着下列主要的环节：

①信号的采集，即测量环节；

②信号的分析和处理环节；

③判断环节；

④作用信号的输出环节。

以上所述仅限于组成电力系统的各元件（发电机、变压器、母线、输电线等）的继电保护问题，而各国电力系统的运行实践已经证明，仅仅配置电力系统各元件的继电保护装置，还远不能防止发生全电力系统长期大面积停电的严重事故。为此必须从电力系统的全局和整体出发，研究故障元件被相应继电保护装置动作而切除后，系统将呈现何种工况，系统失去稳定时将出现何种特征，如何尽快恢复系统的正常运行。这些正是系统保护所需研究的内容。系统保护的任务就是当大电力系统正常运行被破坏时，尽可能将其影响范围限制到最小，负荷停电时间减小到最短。

大电力系统的安全稳定运行，首先必须建立在电力系统的合理结构布局上，这是系统规划设计和运行调度工作中必须重视的问题。在此基础上，系统保护的合理配置和正确整定，同时配合系统安全自动装置（如解列装置、自动减负荷、切水轮发电机组、快速压汽轮发电机出力、自动重合闸、电气制动等），达到电力系统安全运行的目的。

鉴于机、炉、电诸部分构成电力生产中不可分割的整体，任一部分的故障均将影响电力生产的安全，特别是大机组的不断增加和系统规模的迅速扩大，使大电力系统与大机组的相互影响和协调问题成为电能安全生产的重大课题。电力系统继电保护和安全自动装置的配置方案应考虑机、炉设备的承受能力，机、炉设备的设计制造也应充分考虑电力系统安全经济运行的实际需要。

为了巨型发电机组的安全，不仅应有完善的继电保护装置，还应积极研究和推广故障预测技术，以期实现防患于未然，进一步提高大机组的安全可靠性。

十、发展历程

继电保护是随着电力系统的发展而发展起来的。20 世纪初随着电力系统的发展，继电器开始广泛应用于电力系统的保护，这时期是继电保护技术发展的开端。最早的继电保护装置是熔断器。从 20 世纪 50 年代到 90 年代末，在 40 余年的时间里，继电保护完成了发展的 4 个阶段，即从电磁式保护装置到晶体管式继电保护装置、到集成电路继电保护装置、再到微机继电保护装置。

随着电子技术、计算机技术、通信技术的飞速发展，人工智能技术如人工神经网络、遗传算法、进化规模、模糊逻辑等相继在继电保护领域的研究应用，继电保护技术向计算机化、网络化、一体化、智能化方向发展。

19 世纪的最后 25 年里，作为最早的继电保护装置熔断器已开始应用。电力系统的发展，电网结构日趋复杂，短路容量不断增大，到 20 世纪初期产生了作用于断路器的电磁型继电保护装置。虽然在 1928 年电子器件已开始被应用于保护装置，但电子型静态继电器的大量推广和生产，只是在 50 年代晶体管和其他固态元器件迅速发展之后才得以实现。静态继电器有较高的灵敏度和动作速度、维护简单、寿命长、体积小、消耗功率小等优点，但较易受环境温度和外界干扰的影响。1965 年出现了应用计算机的数字式继电保护。大规模集成电路技术的飞速发展，微处理机和微型计算机的普遍应用，极大地推动了数字式继电保护技术的开发，目前微机数字保护正处于日新月异的研究试验阶段，并已有少量装置正式运行。

十一、研究现状

随着电力系统容量日益增大，范围越来越广，仅设置系统各元件的继电保护装置，远不能防止发生全电力系统长期大面积停电的严重事故。为此必须从电力系统全局出发，研究故障元件被相应继电保护装置的动作切除后，系统将呈现何种工况，系统失去稳定时将出现何种特征，如何尽快恢复其正常运行等。系统保护的任务就是当大电力系统正常运行被破坏时，尽可能将其影响范围限制到最小，负荷停电时间减到最短。此外，机、炉、电任一部分的故障均影响电能的安全生产，特别是大机组和大电力系统的相互影响和协调正成为电能安全生产的重大课题。因此，系统的继电保护和安全自动装置的配置方案应考虑机、炉等设备的承变能力，机、炉设备的设计制造也应充分考虑电力系统安全经济运行的实际需要。为了巨型发电机组的安全，不仅应有完善的继电保护，还应研究、推广故障预测技术。

十二、发展趋势

微机保护经过近 20 年的应用、研究和发展，已经在电力系统中取得了巨大的成功，并积累了丰富的运行经验，产生了显著的经济效益，大大提高了电力系统运行管理水平。近年来，随着计算机技术的飞速发展以及计算机在电力系统继电保护领域中的普遍应用，新的控制原理和方法被不断应用于计算机继电保护中，以期取得更好的效果，从而使微机继电保护的研究向更高的层次发展，继电保护技术未来趋势是向计算机化，网络化，智能化，保护、控制、测量和数据通信一体化发展。

1. 计算机化

随着计算机硬件的迅猛发展，微机保护硬件也在不断发展。电力系统对微机保护的要求不断提高，除了保护的基本功能外，还应具有大容量故障信息和数据的长期存放空间，快速的数据处理功能，强大的通信能力，与其他保护、控制装置和调度联网以共享全系统数据、信息和网络资源的能力，高级语言编程等。这就要求微机保护装置具有相当于一台 pc 机的功能。继电保护装置的微机化、计算机化是不可逆转的发展趋势。但对如何更好地满足电力系统要求，如何进一步提高继电保护的可靠性，如何取得更大的经济效益和社会效益，尚需进行具体深入的研究。

2. 网络化

计算机网络作为信息和数据通信工具已成为信息时代的技术支柱，它深刻影响着各个工业领域，也为各个工业领域提供了强有力的通信手段。到目前为止，除了差动保护和纵联保护外，所有继电保护装置都只能反应保护安装处的电气量。继电保护的作用主要是切除故障元件，缩小事故影响范围。因继电保护的作用不只限于切除故障元件和限制事故影响范围，还要保证全系统的安全稳定运行。这就要求每个保护单元都能共享全系统的运行和故障信息的数据，各个保护单元与重合闸装置在分析这些信息和数据的基础上协调动作，确保系统的安全稳定运行。显然，实现这种系统保护的基本条件是将全系统各主要设备的保护装置用计算机网络连接起来，亦即实现微机保护装置的网络化。

3. 智能化

随着智能电网的发展，分布式发电、交互式供电模式对继电保护提出了更高要求，另一方面通信和信息技术的长足发展，数字化技术及应用在各行各业的日益普及也为探索新的保护原理提供了条件，智能电网中可利用传感器对发电、输电、配电、供电等关键设备的运行状况进行实时监控，然后把获得的数据通过网络系统进行收集、整合，最后对数据进行分析。利用这些信息可对运行状况进行监测，实现对保护功能和保护定值的远程动态监控和修正。另外，对保护装置而言，保护功能除了需要本保护对象的运行信息外，还需要相关联的其他设备的运行信息。一方面保证故障的准确实时识别，另一方面保证在没有或少量人工干预下，能够快速隔离故障、自我恢复，避免大面积停电的发生。

保护、控制、测量、数据通信一体化在实现继电保护的计算机化和网络化的条件下，保护装置实际上就是一台高性能、多功能的计算机，是整个电力系统计算机网络上的一个智能终端。它可从网上获取电力系统运行和故障的任何信息和数据，也可将它所获得的被保护元件的任何信息和数据传送给网络控制中心或任一终端。因此，每个微机保护装置不但可完成继电保护功能，而且在无故障正常运行情况下还可完成测量、控制、数据通信功能，亦即实现保护、控制、测量、数据通信体化。

十三、常用保护

（一）传统保护

1. 电流保护。多用于配电网中（110kv 及以下），分为：电流速断保护、限时电流速断保护和定时限过电流保护。

2. 距离保护。

3. 差动保护。

4. 纵联保护。

5. 瓦斯保护

（二）新兴保护

基于暂态的保护，如行波保护等。

十四、继电器厂家及保护设备

国外知名品牌有 ABB、GE、SWEL、SEL、西门子、欧姆龙、阿海珐、施耐德、菲尼克斯、魏德米勒等，国内知名品牌有南瑞、长园深瑞、南自、四方、许继等。

继电保护设备是指对一次设备的工作进行监测、控制、调节、保护以及为运行、维护人员提供运行工况或生产指挥信号所需的低压电气设备。如熔断器、控制开关、继电器、控制电缆、仪表、信号设备、自动装置等。

继电保护设备主要包括：

1. 仪表

2. 控制和信号元件

3. 继电保护装置

4. 操作、信号电源回路

5. 控制电缆及连接导线

6. 发出音响的信号元件

7. 接线端子排及熔断器等

十五、基本任务

电力系统继电保护的基本任务是：

1. 自动、迅速、有选择性地将故障元件从电力系统中切除，使故障元件免于继续遭到破坏，保证其他无故障部分迅速恢复正常运行。

2. 反应电气元件的不正常运行状态，并根据运行维护的条件（如有无经常值班人员）而动作于信号，以便值班员及时处理，或由装置自动进行调整，或将那些继续运行就会引起损坏或发展成为事故的电气设备予以切除。此时一般不要求保护迅速动作，而是根据对电力系统及其元件的危害程度规定一定的延时，以免短暂地运行波动造成不必要的动作和干扰而引起的误动。

3. 继电保护装置还可以与电力系统中的其他自动化装置配合，在条件允许时，采取预定措施，缩短事故停电时间，尽快恢复供电，从而提高电力系统运行的可靠性。

第二节　常用保护继电器

供电系统的继电保护装置由各种继电器构成，其种类非常繁多，通常情况下，有如下几种分类方式：

1. 按继电器的结构原理分：电磁式继电器、感应式继电器、数字式继电器和微机式继电器。其中，在保护装置中使用最广泛的是电磁式继电器和感应式继电器。

2. 按继电器反应的物理量分：电流继电器、电压继电器、功率方向继电器和气体继电器等。

3. 按继电器反应的物理量变化分：过量继电器、欠量继电器。所谓过量继电器指的是当物理量大于某个数值时，继电器得电、动作，而欠量继电器指的是当物理量小于某个数值时，继电器得电、动作。

4. 按继电器在保护装置中的功能分：起动继电器、时间继电器、信号继电器、中间继电器等。

本节主要讲讲电磁式继电器，即电磁式电流继电器、电磁式电压继电器、电磁式时间继电器、电磁式信号继电器、电磁式中间继电器。

一、电磁式电流继电器

在电磁式继电器中，最长使用的是电磁式电流继电器，其文字符号：KA。

工作原理：对于电磁式电流继电器而言，其内部通常会有一组常开触点，当线圈通电，铁芯产生磁通时，内部产生电磁吸力，一旦电磁吸力大于弹簧作用力，则常开触头闭合，从而使继电器得电。

在工作过程中，我们将继电器动作时的最小电流定义为动作电流，Iop.KA，而当电流逐渐减少，继电器所受的电磁力小于弹簧作用力的时候，继电器将返回起始位置，其返回起始位置的最大电流称之为返回电流，Ire.KA，对于动作电流和返回电流，由于所处弹簧位置的不同，其数值是有所不同的，对于过量继电器而言，其返回电流是小于动作电流的，我们将返回电流与动作电流的比值定义为返回系数 Kre。

对于动作电流的调节，有两种基本方法：

1. 细调：通过改变调整杆的位置改变弹簧的反作用力，进行平滑调节，通常可以在某个特定区间内进行调节，如 2.5~5A，5~10A 之间

2. 粗调：通过改变继电器线圈的连接方式。当线圈由串联改为并联时，继电器的动作电流会增大一倍，这种方法可以进行激进调节。例如串联最大相为 5A 时，通过线圈的并联可以使其变为最大相 10A。

电磁式电流继电器的动作极为迅速，通常情况下动作时间只有百分之几秒，可以认为是瞬时动作的继电器。

二、电磁式电压继电器

根据采集物理量的不同，还有一类继电器是电磁式电压继电器文字符号：KV。

其结构和工作原理与电流继电器基本相同，不同之处仅在于电压继电器的线圈为电压线圈，匝数多，导线细，与电压互感器的二次绕组并联。

电磁式电压继电器由过电压和欠电压两种，过电压继电器的返回电压显然是小于动作电压的，它的返回系数通常为 0.8；欠电压继电器相反，其返回系数通常为 1.25。

三、电磁式时间继电器

时间继电器的文字符号为 KT，通常情况下，时间继电器由电磁系统、传动系统、钟表机构、触头系统和时间调整系统等共同组成，这就意味着时间继电器得电之后，其内部的延时开关并不是立刻闭合的，需通过一定的延时使其主动触点与主静触点闭合，才能实现最终的通电。其动作时限调整可以通过改变主静触头的位置，即改变主动触头的行程来实现。

四、电磁式信号继电器

第四类常见的电磁式继电器是电磁式信号继电器，其文字符号：KS，信号继电器在继电保护装置中用于发出指示信号，表示保护动作，同时接通信号回路，发出灯光或者音响信号。

信号继电器动作后要解除信号通常需要手动复位。信号继电器常见有电流式和电压式两种，前者串联接入二次电路，后者则并联接入二次电路。

五、电磁式中间继电器

在继电保护装置中，有可能需要更多的触点和更大的触头容量，此时可能需要电磁式中间继电器，其文字符号：KM，它可以提供多组触点，弥补继电器触头容量或触头数量的不足。

第三节 电力变压器的保护

变压器在电力系统中广泛地用来升高或降低电压，是电力系统不可缺少的重要电气设备。现代生产的变压器，虽然在设计和材料方面有所改进，结构上比较可靠，相对于输电线路和发电机来说，变压器故障机会也比较少；但在实际运行中，仍有可能发生备种类型的故障和异常运行情况，为了保证电力系统安全连续地供电，并将故障和异常运行情况对电力系统的影响限限制最小范围，应根据变压器的容量等级和重要程度的不同，装设必要的，性能良好及动作可靠的继电保护装置。

变压器的故障可分为内部故障和外部故障，内部故障是指变压器油箱里面发生的故障，大致可分为两类：

一、电气故障

电气故障将对变压器立即产生严重的损伤作用。在这种情况下，可通过检测其不平衡的电流和电压进行分析．通常故障原因如下：

1. 高压或低压绕组相间短路，

2. 中性点直接接地侧的单相接地短路；

3. 高压或低压绕组的匝间短路；

4. 第三绕组上的接地故障或匝间短路，内部短路故障产生的电弧，不仅会损坏绕组的绝缘、烧毁铁芯，而且南于绝缘材料和变压器油困受热分解而产生大量的气体，有可能引起变压器油箱爆炸。同时，短路故障还将引起系统电压降低，如延长低电压的时间，能造成旋转电机之间失去同步，失步电机引起的过渡电流将造成其他继电器动作而误跳闸，因此，在变压器内部发生电气故障时，应迅速将变压器切除。

二、"初始"故障

"初始"故障即初始局部的故障。它将对变压器产生缓慢发展的损害作用，但一般不能检测其不平衡的电量。故障原因有：

1. 导体之间电气连接接触不良或铁芯故障，在变压器油中可能产生间歇性电弧；

2. 冷却媒介不足将使变压器油温升高，如油位过低或油路阻塞，容易在绕组上产生局部热点；

3. 分接开关故障，并联运行变压器之间产生环流和负荷分配不合理，造成变压器的绕组过热。

这种故障在初始阶段是不严重的，不会对变压器立即产生损伤，但在发展过程中可能产生各种故障，扩大事故的范围，因此，应尽可能快地消除。变压器最常见的外部故障，是油箱外部绝缘套管及引出线上的故障，可能导致引出线的相间短路或单相接地短路。

实践证明，变压器引出线上的相间短路，单相接地短路和绕组的匝间短路是比较常见的故障形式。三台单相变压器组成的变压器组，发生内部相间短路是不可能的，在兰相变压器中发生内部相间短路的可能性也很小。

变压器的不正常工作状态主要是：由于外部短路和过负荷引起的过电流；中性点直接接地电力网中，外部接地短路引起的过电流及中性点过电压；冷却系统故障；变压器的温度升高等。

变压器保护可以分为短路保护和异常运行保护两类。短路保护用以反应被保护范围内发生的各种类型的短路故障，作用予断路器跳闸，为了防止保护装置或断路器拒动，又有主保护和后备保护之分。异常运行保护用以反应各种可能给机组造成危害的异常工况，此保护作用予发信号，这类保护一般只装设一套专用继电器，不设后备保护。

大型变压器的造价昂贵，一旦发生故障遭到损坏，其检修难度大、时间长，要造成很大的经济损失。特别是在单台容量占系统容量比例很大的情况下，发生故障后突然切除变压器，将给电力系统造成很大的扰动。因此，在考虑大型变压器继电保护的总体配置时，除了保证其安全运行外，还应最大限度地缩小故障影响范围，特别要防止保护装置误动作或拒绝动作。这样，不仅要求有性能良好的保护继电器，还要求在继电保护的总体配置上尽量做到完善、合理。对大型主变压器保护，根据加强主保护、简化后备保护的原则，其主保护除瓦斯保护以外，可实现快速保护双重化；后备保护除零序保护应与线路保护配合外，相间保护只保证对变压器各侧母线短路有灵敏度，允许不作为相邻线路故障的后备保护。

三、电力变压器保护种类

（一）反应变压器油箱内部故障和油面降低的瓦斯保护

容量为800kVA及以上的油浸式变压器和400kVA及以上的车间内油浸式变压器，均应装设瓦斯保护，当油箱内部故障产生轻微瓦斯或油面下降时，保护装置应瞬时动作于信号；当产生大量瓦斯时，保护装置应动作于跳闸，断开变压器各侧的断路器。对于高压侧未装设断路器的线路—变压器组，当来采取使瓦斯保护能切除变压器内部故障的技术措施时，瓦斯保护可仅动作于信号。

（二）反应变压器绕组、引出线的相间短路，中性点直接接地侧绕组、引出线和套管的接地短路，以及绕组匝间短路的电流速断保护或纵联差动保护

1. 对于6300kVA以下厂用工作变压器和并联运行的变压器，10000kVA以下厂用备用变压器和单独运行的变压器（通常是中、小型发电机组的配套设备），当后备保护的动作时限大于0.5s时，应装设电流速断保护。

2. 对于6300kVA及以上厂用工作变压器和并列运行的变压器，l0000kVA及以上厂用备用变压器和单独运行的变压器（是大型发电机组配套设备），以及2000kVA及以上用电流速断保护灵敏度不符合要求（Km<2）的变压器应装设纵联差动保护。

3. 对于高压侧电压为330kV及以上的变压器，可装设快速双重差功保护。

为满足电力系统稳定方面的要求，当变压器发生故障时，要求保护装置快速切除故障，通常变压器的瓦斯保护和纵差保护已构成了双重化快速保护，但对变压器外部引出线上的故障只有一套快速保护，当变压器故障差动保护拒动时，将由带延时的后备保护切除，为了保证在任何情况下都能快速切除故障，对高压侧电压为330kV及以上的变压器，应装设双重差动保护。

4. 对于发电机变压器组，当发电机与变压器之间有断路器时，变压器应装设单独的纵联差动保护；当发电机与变压器之间没有断路器时，100000kW及以下的机组，可只装设发电机变压器组共用的差动保护；100000kW以上的机组，除共用差动保护外，发电机还应装设单独的差动保护；对200000kW及以上的机组，还应在变压器上增设单独的差动保护，以实现完全双重化快速保护方式。

5. 当变压器纵联差动保护对单相接地短路灵敏度不符合要求时，可增设零序差动保护。

（三）反应外部相间短路的过电流保护

复台电压起动的过电流保护，负序电流保护和阻抗保护这些保护可作为变压器主保护的后备保护，又可作相邻母线或线路保护的后备，过电流保护宜用于降压变压器，对于升压变压器，系统联络变压器和过电流保护不符合灵敏度要求（Km<1.25）的降压变压器，一般采用复合电压起动的过电流保护。对于63000kvA及以上的升压变压器，采用负序电流和单相式低电压起动的过电流保护。

对于升压变压器和系统联络变压器，当采用以上保护不能满足灵敏性和选择性要求时，可采用阻抗保护，各项保护装置动作后，应带时限动作于跳闸。

（四）反应中性点直接接地的电力网中，外部单相接地短路的零序电流保护

1.在中性点直接接地的电力网中如变压器的中性点直接接地运行，对外部单相接地引起的过电流，应装设零序电流保护。

零序电流保护可由两段组成，每段各设两个时限，并均以较短的时限动作于母线联络断路器，以较长的时限有选择性地动作于断开变压器各侧断路器。

2.在中性点直接接地的电力网中如低压侧有电源的变压器中性点可能接地运行或不接地运行时，对外部单相接地引起的过电流，以及对因失去接地中性点引起的电压升高，应按下列规定装设保护装置：

（1）全绝缘变压器。按规定装设零序电流保护。并增设零序过电压保护。当电力网发生单相接地短路且失去接地中性点时，零序过电压保护经延时动作于断开变压器各侧断路器。

（2）分级绝缘变压器。变压器中性点装设放电间隙时，装设零序电流保护，并增设反应零序电压和间隙放电电流的零序电流电压保护。当电力网发生单相接地短路且失去接地中性点时，零序电流电压保护经延时动作于断开变压器各侧断路器。

变压器中性点不装设放电间隙时，应装设两段零序电流保护和一套零序电流电压保护。零序电流保护以较短的时限断开母线联络断路器，以较长的时限动作于切除中性点接地的变压器。零序电流电压保护用于保护中性点不接地运行的变压器，应先切除中性点不接地变压器，后切除中性点接地变压器。

（五）反应对称过负荷的保护

对于 400kVA 及以上变压器，当数台并列运行或单独运行并作为其他负荷的备用电源时，应装设过负荷保护。对自耦变压器和多绕组变压器，保护装置应能反应公共绕组及各侧过负荷的情况。过负荷保护经延时动作于信号。

第四节　电网相间短路的电流保护

一、电流，电压继电器及辅助继电器

（一）电磁型电流，电压继电器

构成继电保护的继电器，动作与返回干脆、迅速，不会停留在某一中间位置。这种特性称为继电器的继电特性。

1. 电磁型继电器的工作原理

（1）电磁型继电器的分类

主要有螺管线圈、吸引衔铁、转动舌片式三种类型。

（2）电磁型继电器的工作原理

电磁型继电器线圈 N 中通入电流 Im（Im 又称为测量电流）时，产生电磁力矩 Me，克服反作用弹簧力矩 Mth，使可动衔铁向电磁铁运动，带动可动接点向静止接点闭合，继电器动作。由于 MKc = KΦ²，而，

$$\Phi = \frac{I_m N}{R_m}, M_{dc} = K(\frac{I_m N}{R_m})^2 \propto I_m^2$$

因此，可制成交流或直流继电器。

2. 电磁型电流继电器

以吸引衔铁式为例分析说明继电器的继电特性及动作电流、返回电流、返回系数的定义。

（1）作用在继电器上的三种力矩

1）电磁力矩：$M_e = K(\frac{I_m N}{R_m})^2 = K'(\frac{I_m N}{\delta})^2 \propto \frac{1}{\delta^2}$

（Im、N 为参变量），Me 与磁路气隙 δ 函数关系 Me=f（δ）为指数关系，当加入继电器的电流 Im 改变时，曲线上下平移。

2）弹簧力矩：Mth=Mth.1+K1（δ1- δ），其中 Mth.1、δ1 为原始状态弹簧力矩和继电器磁路气隙，δ 为终止态的磁路气隙，弹簧力矩与磁路气隙 Mth=f(δ)成线性反比关系。

（2）摩擦力矩：Mf 为常数。

1）动作电流

当 Im≥Iop 时，继电器刚好动作，常开触点闭合时，作用在继电器上的三个力矩满足：MKc≥Mth+Mm 即

$$K'(\frac{I_m N}{\delta})^2 \geq M_{th} + M_f \quad （动作方程）$$

或

$$I_m \geq \frac{\delta}{N}\sqrt{\frac{M_{th} + M_f}{K'}} = I_{op}$$

Im 为继电器刚好动作时加入继电器的最小电流，称为继电器的动作电流，用 Iop 表示。

当气隙为 δ1 继电器处于动作边界时，$M_e = M_{th} + M_f$；保持 Im=Iop 不变，继电器动作时，气隙由 δ1→ δ 减小，电磁力矩 M_e 随 δ 以指数关系增加较快、反作用力矩

$M_{th} + M_f$ 随 δ 线性增加，增加的速度较慢，使 $M_e > M_{th} + M_f$；而且随着 δ 的进一步减小，电磁力矩 M_e 与反作用弹簧力矩 $M_{th} + M_f$ 的差距越来越大，在电磁力矩 M_e 的作用下，继电器迅速动作到底，满足继电特性。到达终止位置 δ 时，存在剩余力矩 M_{sh}，可以保持触点压力。

2）返回电流

当 Im≤Ir 时，继电器刚好返回，常开触点打开时，作用在继电器上的三个力矩满足：

Me≤Mth − Mf　即 $K'(\dfrac{I_m N}{\delta})^2 \le M_{th} - M_f$　（动作方程）

或

$$I_m \le \frac{\delta}{N} \sqrt{\frac{M_{th} - M_f}{K'}} = I_r$$

Im 为继电器刚好返回时加入继电器的最大电流，称为继电器的返回电流，用 Ir 表示。当气隙为 δ 继电器处于返回边界时，$M_{th} = M_e - M_f$，保持 Im=Ir 不变，继电器返回时，气隙 δ 增大；反作用弹簧力矩 $M_{th} + M_f$、电磁力矩 M_e 由 $\delta \to \delta 1$ 变化，使 $M_{th} > M_{dc} - M_m$，随着 δ 的增大，反作用弹簧力矩 $M_{th} + M_f$ 与电磁力矩 M_e 的差距越来越大；在弹簧力矩 $M_{th} + M_f$ 的作用下，继电器迅速返回，同样满足继电特性。

3）返回系数

返回系数定义为返回电流与动作电流之比，以 $K_r = \dfrac{I_r}{I_{op}}$ 表示。

对于过量保护 Kr<1，一般电磁型过量保护应为 0.85 ~ 0.9，静止型保护（如集成型、微机型保护）应为 0.9 ~ 0.95。对于欠量保护 Kr>1。

4）继电器的调整

通过调整继电器线圈匝数和弹簧力矩来调整继电器的动作值;通过调整继电器磁路(气隙)和调整摩擦力矩来调整返回系数。

电磁型电压继电器的工作原理与电磁型电流继电器的工作原理相同，只是比电流继电器绕组匝数较多，绕组导线较细。

电磁型辅助继电器有中间继电器、信号继电器等，其工作原理与电磁型电流继电器的工作原理相同。

二、无时限电流速断保护

无时限电流速断保护的接线由测量部分电流继电器 KA、逻辑部分为中间继电器 KM，执行部分跳闸回路、信号继电器 KS 组成。电流互感器 TA 装在母线的出口。电流继电器 KA 测量系统电流并与整定值比较，确定电流继电器动作与否。当保护范围内发生短路时，KA 动作，中间继电器 KM 励磁（KM 可增大触点容量，有 0.06 ~ 0.08s 延时，防止管型避雷器放电造成保护误动作）经信号继电器 KS 线圈，接通跳闸线圈 YT，断开断路器。KS 动作后，发出信号表示保护已经动作。跳闸回路中 QF 的辅助触点能改善 KM 接点的工作条件。

最大运行方式下，当线路上任一点 K 发生三相短路时，最大短路电流为

$$I_{K.\max}^{(3)} = \frac{E/\sqrt{3}}{X_{S.\min} + X_K}$$

最小运行方式下，当线路上任一点 K 发生两相短路时，最小短路电流为

$$I_{K.\min}^{(2)} = \frac{\sqrt{3}}{2} \times \frac{E/\sqrt{3}}{X_{S.\max} + X_K}$$

为使保护 1 既能保护线路 AB 全长，又具有选择性，其动作值 $I_{OP.1}^{\mathrm{I}}$ 应选取 B 母线短路时的最大短路电流 $I_{KB.\max}^{(3)}$，即 $I_{OP.1}^{\mathrm{I}} = I_{KB.\max}^{(3)}$。但是，短路电流的计算值是没有考虑暂态过程影响的稳态值，存在误差；线路参数不是实测参数，因而短路电流的计算值也存在误差；此外，一次短路电流通过电流互感器变换到二次加入继电器时，互感器还存在 10% 的误差。为了保证选择性，防止由于上述因素影响，导致下一线路出口发生短路时实际的短路电流超过保护 1 的动作值 $I_{OP.1}^{\mathrm{I}}$，引起保护越级误动作，因此保护的动作值 $I_{OP.1}^{\mathrm{I}}$ 必须满足：$I_{OP.1}^{\mathrm{I}} > I_{KB.\max}^{(3)}$。考虑上述因素，根据运行经验，引入取值 1.2 ~ 1.3 的可靠系数 K_{rel}^{I}，则无时限电流速断保护的动作值按躲开下一线路出口，最大运行方式下，发生三相短路时的短路电流整定。即

$$I_{OP.1}^{\mathrm{I}} = K_{rel}^{\mathrm{I}} I_{KB.\max}^{(3)}$$

当线路长度小于 20kM 时，可靠系数 K_{rel}^{I} 取 1.5；线路长度大于 20kM 小于 50kM 时，K_{rel}^{I} 取 1.4；线路长度大于 50kM 时，K_{rel}^{I} 取 1.3。

无时限电流保护是依靠整定动作值来保证选择性的。为了保证选择性，提高动作值，使保护范围缩小，降低保护的灵敏性，因此无时限电流速断保护不能够保护线路全长。又因为保护的动作具有选择性，可以瞬时动作，因而称为无时限电流速断保护或电流 I 段。

无时限电流速断保护只能保护线路全长的一部分。保护配置图形用 ｜ I ｜ 表示。

无时限电流速断保护的灵敏性校验用最小保护范围衡量。规程规定，最小保护范围不

应小于线路全长的 15% ~ 20%。当系统在最小运行方式下，本线路某点 K 发生两相短路时，短路电流 $I_{K.\min}^{(2)}$ 刚好达到保护的动作值 I_{OP}^{I}，即

$$I_{OP}^{I} = I_{K.\min}^{(2)} = \frac{\sqrt{3}}{2} \times \frac{E/\sqrt{3}}{X_{S.\min} + X_K}$$

可得最小保护范围对应的阻抗值

$$X_K = \frac{1}{2} \times \frac{E}{I_{OP}^{I}} - X_{S.\min}$$

要求 $\dfrac{X_K}{X_{AB}} = \dfrac{Z_1 L_{\min}}{Z_1 L_{AB}} = \dfrac{L_{\min}}{L_{AB}} \geq 15\% \sim 20\%$

当上一级线路保护采用距离保护时，为了上、下两级保护的配合，此时应考虑下一级电流保护的最大保护范围。

三、限时电流速断保护

电流 I 段保护只能保护线路全长 80% 左右，对线路剩余部分还应增设第二部分保护，即限时电流速断保护，也称为电流 II 段，其保护范围必然延伸下到一线路，与下一线路电流保护范围部分重叠。当下一线路出口发生短路时，保护 2 的电流 I 段能够起动，保护 1 的电流 II 段也能够起动，为了保证选择性，并力求降低保护的动作速度，因此，保护 1 的电流 II 段首先应与下一线路电流保护 I 段进行配合整定，即保护范围不能超出下一线路电流 I 段的保护范围，动作时限比下一线路电流 I 段保护大一个时限等级 Δt。Δt 的大小应保证在下一线路出口短路时，保护 2 的电流 I 段有足够的跳闸时间。即

$$\Delta t = t_{2QF(+)} + t_{2QF(-)} + t_{2QF} + t_r$$

式中 $t_{2QF(+)}$ 为下一线路断路器跳闸的正误差时间；$t_{1QF(-)}$ 为本线路断路器跳闸的负误差时间；t_{2QF} 为下一线路断路器跳闸后主触头的熄弧去游离时间；t_r 为裕度时间。

Δt 一般取 0.5s。

以公式表示为

$$\begin{cases} I_{OP.1}^{II} = K_{rel}^{II} I_{OP.2}^{I} \\ t_{OP.1}^{I} = t_{OP.2}^{I} + \Delta t \end{cases}$$

当本线路末端发生短路时，保护 1 的电流 II 段只能以 Δt 的延时来切除故障。因而为了保证选择性牺牲了保护动作的速动性。

保护 1 电流 II 段灵敏性校验：

限时电流速断保护范围是线路全长，在最不利情况下，均应有足够的反应能力，要求

$K_{sen} \geq 1.3 \sim 1.5$。即

$$K_{sen} = \frac{I_{KB.\min}^{(2)}}{I_{OP.1}^{II}} \geq 1.3 \sim 1.5$$

若 $K_{sen} \leq 1.3 \sim 1.5$，则保护 1 电流 II 段应与下一线路电流保护 II 段配合整定。即

$$\begin{cases} I_{OP.1}^{II} = K_{rel}^{II} I_{OP.2}^{II} \\ t_{OP.1}^{1} = t_{OP.2}^{II} + \Delta t \end{cases}$$

以求灵敏度满足要求，如仍不能满足要求，应采用其他保护。

在线路 AB 范围内发生故障，限时电流速断保护延时 $\Delta t = 0.5 \sim 1$ s 切除故障，并作为电流 I 段的后备。保护配置图形以 岸 表示。

四、定时限过电流保护

电流 I、II 段保护可在 0.5 ~ 1 s 的时间内切除全线路范围内的故障，在满足线路的"四性"要求时，作为线路的主保护，但不具有后备作用，因此，线路还应设置定时限过电流保护（称为电流 III 段）作为电流 I、II 段主保护的后备保护。

电流 III 段的动作值是躲负荷电流整定，其动作值较低，保护范围较大，因而既可以作为本线路全长的后备保护（近后备），也可以作为下一线路（元件）全长的后备保护（远后备）。

电流 III 段保护的原理接线与电流 II 段保护的原理接线相同。

（一）定时限过电流保护的时限特性

电流 III 段保护的动作值按躲开本线路的最大负荷电流整定，因此线路发生短路时，短路电流将超过各线路的动作电流值。如在线路 WL1 上发生 K1 点短路时，为保证选择性，保护 1、2 的动作时限 t1、t2 应大于保护 3 的动作时限 t3；同理在线路 WL2 上 K2 点短路时，t1 应大于 t2，形似阶梯，故称为阶梯时限特性。

（二）定时限过电流保护动作值整定

电流 III 段保护必须保证被保护线路通过最大负荷电流 $I_{L.\max}$ 时可靠不动作，在外部故障切除后能可靠返回。其动作电流值整定应按以下两种情况考虑：

1. 输电线路无自启动负荷

相邻线路故障切除后，保护应可靠返回，即返回电流 I_r 应满足

$$I_r \geq I_{L.\max}$$

引入可靠系数 Krel=1.1 ～ 1.15

$$I_r = K_{rel} I_{L.\max}$$

考虑到，因此，保护整定值 I_{OP} 为

$$I_{OP} = \frac{I_r}{K_r} = \frac{K_{rel}}{K_r} I_{L.\max}$$

2. 输电线路有自启动负荷

线路出口 K3 点短路时，B 母线电压下降，电机负荷制动，此时保护 1、2 起动，保护 2 动作时限小，动作于断路器 2QF 跳闸；而在故障切除后，B 母线电压恢复，制动的电机负荷处于自起动状态，流过保护 1 的是自起动电流 IMs，为了使保护 1 可靠返回，应保证继电器的返回电流 $I_r \geq I_{Ms}$，其中 $I_{Ms} = K_{Ms} \times I_{L.\max}$。引入可靠系数 Krel = 1.1 ～ 1.2，则，

$$I_r = K_{rel} K_{Ms} I_{L.\max}$$

考虑到 $K_r = \dfrac{I_r}{I_{OP}} = 0.85 \sim 0.9$，

因此，保护整定值 I_{OP} 为

$$I_{OP} = \frac{I_r}{K_r} = \frac{K_{rel}}{K_r} I_{L.\max}$$

IL.max 应考虑双回线路、备用电源自投入等使电流变大的情况，自起动系数 KMs 大于 1，由网络具体接线和负荷性质确定。

3. 动作时限的整定

电流Ⅲ段保护的动作时限按阶梯形时限原则整定，即 tA=｛tB｝max+Δt，tB=｛tC｝max+Δt，以此类推，并保证每段线路后备保护动作时限大于主保护动作时限。

4. 过电流保护灵敏度系数校验

要求电流Ⅲ段的灵敏度满足：

$$K_{sen(近)} = \frac{I_{KB.\min}^{(2)}}{I_{OP}} \geq 1.3 \sim 1.5$$

$$K_{sen(远)} = \frac{I_{K.C.\min}^{(2)}}{I_{OP}} \geq 1.2$$

注意：远后备应校验 K_1、K_2、K_3 点短路时的情况。

当电流Ⅲ段作为本线路的主保护时，要求 $K_{sen} \geq 2$。

五、电流保护接线方式

（一）接线方式

电流保护的接线方式是指电流继电器线圈和电流互感器二次绕组间的连接方式。常用的接线方式有完全星形接线（三相三继电器式接线）和 B 相不装设电流互感器及相应继电器的不完全星形接线（两相两继电器式接线）两种。

两种接线方式均能反应各种相间故障，而不完全星形接线（B 相不装设电流互感器）不能反映 B 相电流。

1.两种接线的适用范围

（1）对于 35KV 及以下单电源辐射形网络

为了提高供电的可靠性，35KV 及以下系统，其中性点处于不接地运行状态。当发生一点单相接地时，产生的电流很小，系统仍然对称，允许继续运行一段时间；当不同地点，同时发生不同相别的两点接地时，为了使系统保持对称状态继续运行，只要求切除远离电源的一点，以保证选择性。

当发生不同地点、不同相别两点同时接地时，采用完全星形接线和不完全形接线方式。正确动作用"√"表示；误动作用"×"表示。

表 3-3-1 保护动作情况

	串行线路 WL₁ 与 WL₂ 或 WL₃ （ ）											
完全星 形接线	WL$_1$	WL$_2$	WL$_1$	WL$_2$	WL$_1$	WL$_2$	WL$_1$	WL$_2$	WL$_1$	WL$_2$	WL$_1$	WL$_2$
	K$^{(A)}$	K$^{(B)}$	K$^{(A)}$	K$^{(C)}$	K$^{(B)}$	K$^{(A)}$	K$^{(B)}$	K$^{(C)}$	K$^{(C)}$	K$^{(A)}$	K$^{(C)}$	K$^{(B)}$
	√		√		√		√		√		√	
不完全 星形 接线	WL$_1$	WL$_2$	WL$_1$	WL$_2$	WL$_1$	WL$_2$	WL$_1$	WL$_2$	WL$_1$	WL$_2$	WL$_1$	WL$_2$
	K$^{(A)}$	K$^{(B)}$	K$^{(A)}$	K$^{(C)}$	K$^{(B)}$	K$^{(A)}$	K$^{(B)}$	K$^{(C)}$	K$^{(C)}$	K$^{(A)}$	K$^{(C)}$	K$^{(B)}$
	×		√		√		√		√		×	

	并行线路 WL₂、WL₃ （t₂=t₃）											
完全 星形 接线	WL$_1$	WL$_2$	WL$_1$	WL$_2$	WL$_1$	WL$_2$	WL$_1$	WL$_2$	WL$_1$	WL$_2$	WL$_1$	WL$_2$
	K$^{(A)}$	K$^{(B)}$	K$^{(A)}$	K$^{(C)}$	K$^{(B)}$	K$^{(A)}$	K$^{(B)}$	K$^{(C)}$	K$^{(C)}$	K$^{(A)}$	K$^{(C)}$	K$^{(B)}$
	×		×		×		×		×		×	
不完 全星 形接 线	WL$_1$	WL$_2$	WL$_1$	WL$_2$	WL$_1$	WL$_2$	WL$_1$	WL$_2$	WL$_1$	WL$_2$	WL$_1$	WL$_2$
	K$_{(A)}$	K$_{(B)}$	K$_{(A)}$	K$_{(C)}$	K$_{(B)}$	K$_{(A)}$	K$_{(B)}$	K$_{(C)}$	K$_{(C)}$	K$_{(A)}$	K$_{(C)}$	K$_{(B)}$
	√		×		√		√		×		√	

由表 3-3-1 可见：对于串行线路，发生不同相别的两点接地时，采用完全星形接线方式，保护能 100% 正确动作，只切除远离电源的一点，而采用不完全星形接线方式，保护正确动作的可能性有 2/3；对于并行线路，当动作时限相同时，发生不同相别的两点接地，采用完全星形接线方式，保护 100% 误动作切除两点，而采用不完全星形接线方式，保护正确动作的可能性仍有 2/3。

由于不同地点、不同相别同时发生两点接地的可能性很小，继电保护一般不考虑故障的重叠，加之 35KV 及以下电网线路、元件较多，为了减少投资成本，35KV 及以下电网通常采用不完全星形接线方式。

对于中性点直接接地电网发生接地时，短路电流很大，系统处于不对称状态，不能正常工作，电流保护为反应各种单相短路，应采用完全星形接线，以确保故障点的切除。

（2）对于 Y，K 接线变压器

35KV 及以下电压等级的降压变压器和配电变压器一般采用电流保护作为主保护或后备保护，即便是大中型变压器也常常采用电流保护作为后备保护。因此，应分析采用两种接线方式对保护工作性能的影响。

35KV 及以下电压等级的降压变压器和配电变压器大多采用 Y，K 接线，当变压器一侧发生短路时，由于变压器一次与二次的电磁联系，使另一侧保护安装处的非故障相也有故障电流流过，该电流将对保护的工作性能产生影响。

当变压器 Δ 侧 AB 相间短路时，可利用对称分量法进行分析，可知，故障点特殊相为 C 相，边界条件为 $\dot{I}_{C\Delta} = 0$，则

$$\begin{cases} \dot{I}_{A\Delta} = \dot{I}_{A1\Delta} + \dot{I}_{A2\Delta} \\ \dot{I}_{B\Delta} = \dot{I}_{B1\Delta} + \dot{I}_{B2\Delta} \\ \dot{I}_{C\Delta} = \dot{I}_{C1\Delta} + \dot{I}_{C2\Delta} = 0 \end{cases}$$

$\dot{I}_{C\Delta} = \dot{I}_{C1\Delta} + \dot{I}_{C2\Delta} = 0$，$\dot{I}_{C1\Delta} = -\dot{I}_{C2\Delta}$

由此边界条件，即可确定各序分量的相对位置，$\dot{I}_{A\Delta} = -\dot{I}_{B\Delta}$。

由于变压器采用 Y，K11 接线，Y 侧正序分量落后 Δ 侧同名相正序分量 30º，Y 侧负序分量超前 Δ 侧同名相负序分量 30º，有

$$\begin{cases} \dot{I}_{AY} = \dot{I}_{A1Y} + \dot{I}_{A2Y} = \dot{I}_{CY} \\ \dot{I}_{BY} = \dot{I}_{B1Y} + \dot{I}_{B2Y} = -2\dot{I}_{AY} = -2\dot{I}_{CY} \\ \dot{I}_{CY} = \dot{I}_{C1Y} + \dot{I}_{C2Y} = \dot{I}_{AY} \end{cases}$$

$$I_{BY} = 2I_{AY} = 2I_{CY}$$

可见，变压器 Y 侧 B 相电流是其他相电流的 2 倍。

采用完全星形接线时，能反应 B 相电流，保护的灵敏度比采用不完全星形接线提高一倍。在采用不完全星形接线时，为了提高保护动作的灵敏度，通常采用不完全星形接线方式，即两相三继电器式接线方式，在不完全星形接线的中线上接入第三只继电器，以此来反应 B 相电流，提高保护的灵敏度。

六、阶段式电流保护

在靠近电源的线路上，为了快速切除故障，应装设无时限电流速断保护，以在线路全长的大部分范围内瞬时切除故障；同时装设限时电流速断保护，以较小的动作时限（满足速动性要求）切除全线范围内的故障，并作为无时限电流速断保护的后备；无时限电流速断保护和限时电流速断保护具备"四性"时，作为线路的主保护。为了防止主保护拒动时，故障不能切除，还应装设定时限过电流保护，作为主保护的后备保护。如此，构成了无时限电流速断保护和限时电流速断保护以及定时限过电流保护方式的三段式电流保护。

一般线路上，也可以采用两段式电流保护，即无时限电流速断保护和定时限过电流保护，或限时电流速断保护和定时限过电流保护。

末端线路上，一般采用无时限电流速断保护和 0.5s 过电流保护两段式。

末端线路考虑到系统的发展，也可以采用三段式或两段式保护，其 Ⅱ 段动作值可按定灵敏系数法确定，即按线路末端短路有灵敏度确定：

$$I_{OP}^{\mathrm{II}} = \frac{I_{\mathrm{K.min}}^{(2)}}{K_{\mathrm{sen}}}$$

七、对电流保护的评价和应用

电流保护 Ⅰ、Ⅱ 段在 0.5 ~ 1s 可以切除线路全长的故障，动作速度较快；电流保护 Ⅰ 段的保护范围和电流 Ⅱ 段的灵敏度受系统运行方式变化的影响较大，且电流 Ⅱ 段在与下一短线路的保护配合时，灵敏度往往不能满足要求。

电流保护 Ⅲ 段可以切除线路全长范围内的故障，但靠近电源端的保护动作时限太长，可能长达到几秒，且在重负荷线路上，灵敏度也难以满足要求。

灵敏度较差是电流保护的主要缺点。

电流保护原理、接线简单，运行、维护、检修、调试及整定计算不易出现错误，因此，可靠性高是电流保护的主要优点。

电流保护主要应用于 35KV 及以下单侧电源辐射形电网。

第五节 高压电动机的保护

在工厂以及企业选择电动机时，如果要求的额定功率须在 200kW 以上，通常最合适的是选用高压电动机。笔者所在的企业为离心压缩机制造企业，在冶金、煤化工、石油石化行业中，离心压缩机的使用非常广泛，而作为动力来源的高压电动机的应用是非常普遍的，通常采用的高压电动机的电压等级为 10kV。通过高压电动机的应用，能够满足工艺生产要求的必备条件，保障生产稳定的进行。但是高压电动机功率较大且有着较高的电压，一旦高压电动机发生事故或问题，将直接影响到安全生产，甚至还能够造成极大的危害。然而在使用过程中造成电动机烧毁损坏或者引发重大事故的情况还是在不断地发生着。

一、高压电动机的保护

1. 电流速断保护

电流速断保护是电动机绕组及引出线发生相间短路时的主保护。在通常的情况中，如果电动机的容量小于 2000kW（规程规定电动机容量为 2000kW 及以上，需装设纵联差动保护），通过采用电流速断的方式一般能够达到对于其相间短路情况的保护。电流速断保护一般有两种方式，第一种是采用两相两继电器式，第二种是采用接于相电流之差的二相一继电器式接线。对于负荷较小的高压电动机，可以采用 DL-11 型电流继电器来构成和实现电流速断保护；对于负荷较大的高压电动机，需要采用有限反时限电流继电器来构成和实现电流速断保护。

2. 单相接地保护（零序过流保护）

为了保护高压电动机内部，避免单相接地产生故障，在单相接地的电流超过 5A 的情况下，需要装配单项接地保护装置，进行单相接地保护。通过此装置的应用，能够对电动机做到很好的保护，在接地电流超过 10A 时，保护装置能够实现瞬间的跳闸来切断电流，避免对电动机的内部造成伤害或损坏。而当接地电流在 5A 到 10A 之间时，保护装置能够给出一定的信号提醒或进行自动的跳闸。

3. 过负荷保护

在生产工作的进行过程之中，有很多高压电动机都存在着超出负荷的情况。对于存在此类情况的电动机需要对其进行过负荷的保护。通过负荷装置的应用能够在超出负荷的情况下给予一定的信号，或进行跳闸或自动减轻负荷的操作。对于那些启动和自启动条件非常严格的高压电动机，需要对其启动和自启动的时间进行一定的限制，避免时间过长，此种情况下，需对此类电动机进行过负荷的保护，保护装置上还应带时限动作于跳闸。对于那些在工作生产进行过程中过负荷情况发生概率比较小的高压电动机，以及启动和自启动条件不是很严格的不需要对其进行设过负荷保护。

4.低电压保护

在高压电动机组的运行和工作中，会存在电源电压短时间内下降或者电源在中断后又恢复的情况，在此种情况下，为了能够对重要的电动机的自启动做到一定的保障，需要将次要的高压电动机进行断开处理，因此需要对次要的高压电动机进行低电压保护。当电源的电压值在短时间内降低或中断的情况下，是否对高压电动机进行低电压保护需要根据在生产中此高压电动机是否需要或被允许自启动来决定。

对于那些在生产中需要做到自启动，但是为了对人身安全和设备的安全做到一定的保障，在电源电压中断时间比较长的情况中需要从电网中自动断开的高压电动，也需要对其进行低电压保护。不需要对自启动的Ⅰ类电动机进行低电压的保护。但是在装有自动投入装置的备用机械设备的情况中，需要对其进行低电压保护，时限为10s，动作于断路器跳闸。

二、高压电动机的维护

1.电动机的清理。在电动机的使用阶段必须要注意保持它的清洁度。杜绝水油以及其他物质进入电动机里面。为了清洁电动机内部的灰尘等，可以用压缩空气吹的方式清洁灰尘，冰洁频率要在每月1次或以上。

2.高压电动机多为油润滑，因此，必须选用合适的润滑油。另外在电动机运转过程中要注意对滑动轴承不能发生漏油的情况，因为一旦滑动轴承漏油，当油滴落在绕组或集电环上时，很容易将绕组的绝缘物质造成损坏，或者损坏集电环的导电性能。在新电动机的使用中，使用一周后需要进行润滑油的更换，以后的使用过程中定期对油进行抽样检测，一旦发现油色发暗或者油中含有水分的情况，及时的更换润滑油。此外，在电动机的运转过程中，要将右面控制在油位观察窗的1/2至2/3之间。

3.滚动轴承的润滑周期及每次加润滑脂的量取决于转速和运行情况。速度3000r/min的电动机润滑周期是360h，速度小于1500r/min的电动机润滑周期是720h。

4.要注意电动机的通风冷却，确保冷却空气温度不超过40℃，且干燥、清洁。因为如果通风冷却空气不清洁或潮湿时，很容易造成风道的堵塞，玷污绕组，使得风量了降低，造成电动机过热影响其安全稳定的运行。

5.经常的对所有的螺栓进行检查，确保它的紧固程度，在检查时对于转动不同的螺栓要特别的注意。另外要重点注意检查电动机是否负载，避免或减少因较长时间的负载导致电动机寿命缩短的情况出现。对电动机的运行情况做好详细的数据记录。

第六节 微机保护

微机保护是用微型计算机构成的继电保护，是电力系统继电保护的发展方向，它具有高可靠性，高选择性，高灵敏度，微机保护装置硬件包括微处理器（单片机）为核心，配以输入、输出通道，人机接口和通信接口等。该系统广泛应用于电力、石化、矿山冶炼、铁路以及民用建筑等。

一、基础知识

微机保护是用微型计算机构成的继电保护，是电力系统继电保护的发展方向（现已基本实现，尚需发展），它具有高可靠性，高选择性，高灵敏度。微机保护装置硬件包括微处理器（单片机）为核心，配以输入、输出通道，人机接口和通信接口等。该系统广泛应用于电力、石化、矿山冶炼、铁路以及民用建筑等。微机的硬件是通用的，而保护的性能和功能是由软件决定。

二、运行原理

微机保护装置的数字核心一般由 CPU、存储器、定时器/计数器、Watchdog 等组成。目前数字核心的主流为嵌入式微控制器（MCU），即通常所说的单片机；输入输出通道包括模拟量输入通道（模拟量输入变换回路（将 CT、PT 所测量的量转换成更低的适合内部 A/D 转换的电压量，±2.5V、±5V 或 ±10V、低通滤波器及采样、A/D 转换）和数字量输入输出通道（人机接口和各种告警信号、跳闸信号及电度脉冲等）。

三、基本组成

传统的继电保护装置是使输入的电流、电压信号直接在模拟量之间进行比较和运算处理，使模拟量与装置中给定的机械量（如弹簧力矩）或电气量（如门槛电压）进行比较和运算处理，决定是否跳闸。

计算机系统只能作数字运算或逻辑运算，因此微机保护的工作过程大致是：当电力系统发生故障时，故障电气量通过模拟量输入系统转换成数字量，然后送入计算机的中央处理器，对故障信息按相应的保护算法和程序进行运算，且将运算的结果随时与给定的整定值进行比较，判别是否发生故障。一旦确认区内故障发生，根据开关量输入的当前断路器和跳闸继电器的状态，经开关量输出系统发出跳闸信号，并显示和打印故障信息。

微机保护由硬件和软件两部分组成。

微机保护的软件由初始化模块、数据采集管理模块、故障检出模块、故障计算模块、自检模块等组成。

通常微机保护的硬件电路由六个功能单元构成，即数据采集系统、微机主系统、开关量输入输出电路、工作电源、通信接口和人机对话系统。

四、保护类型

（一）主要应用

1. 微机型零序电流保护

2. 微机距离保护

3. 变压器微机纵差保护

还有进线保护、出线保护、母联分段保护、进线或母联备自投保护、厂用变压器保护、高压电动机保护、高压电容器保护、高压电抗器保护，差动保护，后备保护，PT测控装置等。

（二）保护功能

定时限/反时限保护、后加速保护、过负荷保护、负序电流保护、零序电流保护、单相接地选线保护、过电压保护、低电压保护、失压保护、负序电压保护、风冷控制保护、零序电压保护、低周减载保护、低压解列保护、重合闸保护、备自投保护、过热保护、过流保护、逆功率保护、差动保护、启动时间过长保护、非电量保护等。

五、特点

微机保护与传统的反应模拟量的保护相比较，主要优点如下：

1. 可靠性高

2. 灵活性大

3. 保护性能得到改善

4. 易于获得扩充功能

5. 维护调试方便

6. 有利于实现综合自动化技术

7. 成本下降

六、优点

1. 微机保护集测量、控制、监视、保护、通信等多种功能于一体的电力自动化高新技术产品，是构成智能化开关柜的理想电器单元。

2. 多种功能的高度集成，灵活的配置，友好的人机界面，使得该通用型微机综合保护装置可作为35KV及以下电压等级的不接地系统、小电阻接地系统、消弧线圈接地系统、直接接地系统的各类电器设备和线路的保护及测控，也可作为部分 66KV、110KV 电压等级中系统的电压电流的保护及测控。

3. 采用 32 位数字信号处理器（DSP）具有先进的内核结构，高速运算能力和实时信号处理等优点。

4. 支持常规的 RS485 总线和及 CAN（DEVICENET）现场总线通信，CAN 总线具有也错帖自动重发和故障节点自动脱离等纠错机制，保护信息的实施性和可靠性。

5. 完善的自检能力，发现装置异常自动报警；具有自保护能力，有效防止接线错误和非正常运行引起的装置永久性损坏；免维护设计，无需在现场调整采样精度，测量精度不会因为环境改变和长期运行引起误差增大。

八、区　别

微机保护可靠性高，灵活性大，动作迅速，易于获得附加功能，维护调试方便，有利于实现电力自动化。

九、发　展

随着计算机技术的高速发展，其广泛而深入的应用为工程技术各领域带来了深刻的影响。微机保护在电力系统的研究开发是计算机技术在线应用的重要组成部分，微机保护的应用与推广已经成为继电保护的发展方向。

早在 20 世纪 60 年代末，G·D·Rockefiler 等人提出了用计算机构成继电保护装置，当时的研究工作以小型计算机为基础，试图用一台小型计算机来实现多个电气设备或整个变电所的保护功能，这为计算机保护算法和软件的研究的发展奠定了理论基础，是继电保护领域的一个重大转折。

20 世纪 70 年代，关于计算机保护各种算法原理和保护构成形式的论文大量发表，同时，随着大规模集成电路技术的发展，特别是微处理器的问世和价格逐年下降，计算机保护进入到实用阶段，出现了一批功能足够强的微机，并很快形成产品系列。1977 年，日本投入了一套以微处理机为基础的控制与继电保护装置，1979 年，美国电气与电子工程师协会（IEEE）的教育委员会组织了一次世界性的计算机继电保护研究班。1987 年，日本继电保护设备的总产值中已有 70% 是微机保护产品。

国内微机保护的研究始于 1979 年，虽然起步较晚，但是进展很快。1984 年，华北电力学院和南京自动化设备总厂研制的第一套以 6809（CPU）为基础的微机距离保护装置样机通过鉴定并投入试运行。1984 年年底在华中工学院召开了我国第一次计算机继电保护学术会议，这标志着我国计算机保护的开发开始进入了重要的发展阶段。进入 20 世纪 90 年代，各厂家几乎每年都有新的产品面世，已经陆续推出了不少成型的微机保护产品。到目前，国内每年生产的微机型线路保护和主设备保护已达数千套，在输电线路保护、元件保护、变电所综合自动化、故障录波和故障测距等领域，微机继电保护都取得了引人瞩目的成果，具有高可靠性、高抗干扰水平和网络通信能力的第三代微机继电保护装置已经在电力系统中投入使用，我国微机继电保护的研究和制造水平都已经达到国际水平。

第四章 防雷、接地

（一）一般规定

1. 在施工现场专用变压器供电的 TN-S 接零保护系统中，电气设备的金属外壳必须与保护零线连接。保护零线应由工作接地线、配电室（总配电箱）电源侧零线或总漏电保护器电源侧零线处引出。

2. 当施工现场与外电线路共用同一供电系统时，电气设备的接地、接零保护应与原系统保持一致。不得一部分设备做保护接零，另一部分设备做保护接地。

采用 TN 系统做保护接零时，工作零线（N 线）必须通过总漏电保护器，保护零线（PE 线）必须由电源进线零线重复接地处或总漏电保护器电源侧零线处，引出形成局部 TN-S 接零保护系统。

3. 在 TN 接零保护系统中，通过总漏电保护器的工作零线与保护零线之间不得再做电气连接。

4. 在 TN 接零保护系统中，PE 零线应单独敷设。重复接地线必须与 PK 线相连接，严禁与 N 线相连接。

5. 使用一次侧由 50V 以上电压的接零保护系统供电，二次侧为 50V 及以下电压的安全隔离变压器时，二次侧不得接地，并应将二次线路用绝缘管保护或采用橡皮护套软线。

当采用普通隔离变压器时，其二次侧一端应接地，且变压器正常不带电的外露可导电部分应与一次回路保护零线相连接。

以上变压器尚应采取防直接接触带电体的保护措施。

6. 施工现场的临时用电电力系统严禁利用大地做相线或零线。

7. 接地装置的设置应考虑土壤干燥或冻结等季节变化的影响，并应符合规定，接地电阻值在四季中均应符合本规范的要求。但防雷装置的冲击接地电阻值只考虑在雷雨季节中土壤干燥状态的影响。

8. PE 线所用材质与相线、工作零线（N 线）相同时，其最小截面应符合规定。

9. 保护零线必须采用绝缘导线。

配电装置和电动机械相连接的 PE 线应为截面不小于 2.5mm^2 的绝缘多股铜线。手持式电动工具的 PE 线应为截面不小于 1.5mm^2 的绝缘多股铜线。

10. PE 线上严禁装设开关或熔断器，严禁通过工作电流，且严禁断线。

11.相线、N线、PE线的颜色标记必须符合以下规定：相线 L₁（A）、L₂（B）、L3（C）相序的绝缘颜色依次为黄、绿、红色；N线的绝缘颜色为淡蓝色；PE线的绝缘颜色为绿／黄双色。任何情况下上述颜色标记严禁混用和互相代用。

（二）保护接零

1.在 TN 系统中，下列电气设备不带电的外露可导电部分应做保护接零：

（1）电机、变压器、电器、照明器具、手持式电动工具的金属外壳；

（2）电气设备传动装置的金属部件；

（3）配电柜与控制柜的金属框架；

（4）配电装置的金属箱体、框架及靠近带电部分的金属围栏和金属门；

（5）电力线路的金属保护管、敷线的钢索、起重机的底座和轨道、滑升模板金属操作平台等；

（6）安装在电力线路杆（塔）上的开关、电容器等电气装置的金属外壳及支架。

2.城防、人防、隧道等潮湿或条件特别恶劣施工现场的电气设备必须采用保护接零。

3.在 TN 系统中，下列电气设备不带电的外露可导电部分，可不做保护接零：

（1）在木质、沥青等不良导电地坪的干燥房间内，交流电压 380V 及以下的电气装置金属外壳（当维修人员可能同时触及电气设备金属外壳和接地金属物件时除外）；

（2）安装在配电柜、控制柜金属框架和配电箱的金属箱体上，且与其可靠电气连接的电气测量仪表、电流互感器、电器的金属外壳。

（三）接地与接地电阻

1.单台容量超过 100kVA 或使用同一接地装置并联运行且总容量超过 100kVA 的电力变压器或发电机的工作接地电阻值不得大于 4Ω。

单台容量不超过 100kVA 或使用同一接地装置并联运行且总容量不超过 100kVA 的电力变压器或发电机的工作接地电阻值不得大于 10Ω。

在土壤电阻率大于 1000Ω·m 的地区，当达到上述接地电阻值有困难时，工作接地电阻值可提高到 30Ω。

2.TN 系统中的保护零线除必须在配电室或总配电箱处做重复接地外，还必须在配电系统的中间处和末端处做重复接地。

在 TN 系统中，保护零线每一处重复接地装置的接地电阻值不应大于 10Ω。在工作接地电阻值允许达到 10Ω 的电力系统中，所有重复接地的等效电阻值不应大于 10Ω。

3.在 TN 系统中，严禁将单独敷设的工作零线再做重复接地。

4.每一接地装置的接地线应采用 2 根及以上导体，在不同点与接地体做电气连接。

不得采用铝导体做接地体或地下接地线。垂直接地体宜采用角钢、钢管或光面圆钢，不得采用螺纹钢。

接地可利用自然接地体，但应保证其电气连接和热稳定。

5. 移动式发电机供电的用电设备，其金属外壳或底座应与发电机电源的接地装置有可靠的电气连接。

6. 移动式发电机系统接地应符合电力变压器系统接地的要求。下列情况可不另做保护接零：

（1）移动式发电机和用电设备固定在同一金属支架上，且不供给其他设备用电时；

（2）不超过 2 台的用电设备由专用的移动式发电机供电，供用电设备间距不超过50m，且供用电设备的金属外壳之间有可靠的电气连接时。

7. 在有静电的施工现场内，对集聚在机械设备上的静电应采取接地泄漏措施。每组专设的静电接地体的接地电阻值不应大于 100Ω，高土壤电阻率地区不应大于 1000Ω。

（四）防雷

1. 在土壤电阻率低于删 200Ω·m 区域的电杆可不另设防雷接地装置，但在配电室的架空进线或出线处应将绝缘子铁脚与配电室的接地装置相连接。

2. 施工现场内的起重机、井字架、龙门架等机械设备，以及钢脚手架和正在施工的在建工程等的金属结构，当在相邻建筑物、构筑物等设施的防雷装置接闪器的保护范围以外时，应按规定安装防雷装置。

当最高机械设备上避雷针（接闪器）的保护范围能覆盖其他设备，且又最后退出现场，则其他设备可不设防雷装置。

3. 机械设备或设施的防雷引下线可利用该设备或设施的金属结构体，但应保证电气连接。

4. 机械设备上的避雷针（接闪器）长度应为 1～2m。塔式起重机可不另设避雷针（接闪器）。

5. 安装避雷针（接闪器）的机械设备，所有固定的动力、控制、照明、信号及通信线路，宜采用钢管敷设。钢管与该机械设备的金属结构体应做电气连接。

6. 施工现场内所有防雷装置的冲击接地电阻值不得大于 30Ω。

7. 做防雷接地机械上的电气设备，所连接的 PE 线必须同时做重复接地，同一台机械电气设备的重复接地和机械的防雷接地可共用同一接地体，但接地电阻应符合重复接地电阻值的要求。

第一节　过电压与防雷

一、过电压

过电压是指工频下交流电压均方根值升高，超过额定值的 10%，并且持续时间大于 1 分钟的长时间电压变动现象；过电压的出现通常是负荷投切的瞬间的结果。正常使用时在感性或容性负载接通或断开情况下发生。

（一）基本介绍

过电压是指工频下交流电压均方根值升高，超过额定值的 10%，并且持续时间大于 1 分钟的长时间电压变动现象；过电压的出现通常是负荷投切的结果，例如：切断某一大容量负荷或向电容器组增能（无功补偿过剩导致的过电压）。

电力系统在特定条件下所出现的超过工作电压的异常电压升高，属于电力系统中的一种电磁扰动现象。电工设备的绝缘长期耐受着工作电压，同时还必须能够承受一定幅度的过电压，这样才能保证电力系统安全可靠地运行。研究各种过电压的起因，预测其幅值，并采取措施加以限制，是确定电力系统绝缘配合的前提，对于电工设备制造和电力系统运行都具有重要意义。

（二）主要分类

过电压分外过电压和内过电压两大类。

1. 外过电压

又称雷电过电压、大气过电压。由大气中的雷云对地面放电而引起的。分直击雷过电压和感应雷过电压两种。雷电过电压的持续时间约为几十微秒，具有脉冲的特性，故常称为雷电冲击波。直击雷过电压是雷闪直接击中电工设备导电部分时所出现的过电压。雷闪击中带电的导体，如架空输电线路导线，称为直接雷击。雷闪击中正常情况下处于接地状态的导体，如输电线路铁塔，使其电位升高以后又对带电的导体放电称为反击。直击雷过电压幅值可达上百万伏，会破坏电工设施绝缘，引起短路接地故障。感应雷过电压是雷闪击中电工设备附近地面，在放电过程中由于空间电磁场的急剧变化而使未直接遭受雷击的电工设备（包括二次设备、通信设备）上感应出的过电压。因此，架空输电线路需架设避雷线和接地装置等进行防护。通常用线路耐雷水平和雷击跳闸率表示输电线路的防雷能力。

2. 内过电压

电力系统内部运行方式发生改变而引起的过电压。有暂态过电压、操作过电压和谐振过电压。暂态过电压是由于断路器操作或发生短路故障，使电力系统经历过渡过程以后重新达到某种暂时稳定的情况下所出现的过电压，又称工频电压升高。常见的有：

①空载长线电容效应（费兰梯效应）。在工频电源作用下，由于远距离空载线路电容效应的积累，使沿线电压分布不等，末端电压最高。

②不对称短路接地。三相输电线路 a 相短路接地故障时，b、c 相上的电压会升高。

③甩负荷过电压，输电线路因发生故障而被迫突然甩掉负荷时，由于电源电动势尚未及时自动调节而引起的过电压。

操作过电压是由于进行断路器操作或发生突然短路而引起的衰减较快持续时间较短的过电压，常见的有：

①空载线路合闸和重合闸过电压。

②切除空载线路过电压。

③切断空载变压器过电压。

④弧光接地过电压。

谐振过电压是电力系统中电感、电容等储能元件在某些接线方式下与电源频率发生谐振所造成的过电压。一般按起因分为：

①线性谐振过电压。

②铁磁谐振过电压。

③参量谐振过电压。

（三）过电压起因

电力系统中电路状态和电磁状态的突然变化是产生过电压的根本原因。过电压分为外过电压和内过电压两大类。研究电力系统中各种过电压的起因，预测其幅值，并采取措施加以限制，是确定电力系统绝缘配合的前提，对于电工设备制造和电力系统运行都具有重要意义。

无论外过电压还是内过电压，都受许多随机因素的影响，需要结合电力系统具体条件，通过计算、模拟以及现场实测等多种途径取得数据，用概率统计方法进行过电压预测。

针对过电压的起因，电力系统必须采取防护措施以限制过电压幅值。如安装避雷线、避雷器、电抗器，开关触头加并联电阻等，以合理实施绝缘配合，确保电力系统安全运行。

（四）过电压形式

1. 直击雷过电压

雷闪直接击中电工设备导电部分时所出现的过电压。雷闪击中带电的导体，如架空输电线路导线，称为直接雷击。雷闪击中正常情况下处于接地状态的导体，如输电线路铁塔，使其电位升高以后又对带电的导体放电称为反击。直击雷过电压幅值可达上百万伏，会破坏电工设施绝缘，引起短路接地故障。

2. 感应雷过电压

雷闪击中电工设备附近地面，在放电过程中由于空间电磁场的急剧变化而使未直接遭受雷击的电工设备（包括二次设备、通信设备）上感应出的过电压。感应雷过电压主要发生在架空输电线路上。

3. 输电线路防雷

架空输电线路绵延纵横，最易遭受雷击，是引起线路故障的主要原因之一，需架设避雷线和接地装置等进行防护。通常用线路耐雷水平和雷击跳闸率表示输电线路防雷能力。耐雷水平是指线路遭受直接雷击尚不致引起绝缘闪络的最大雷电流值（kA）。

输电线路一旦出现雷电过电压，还将以流动波形式沿线路传播，侵入变电所以后还可能引起绝缘破坏事故。由线路传来的雷电过电压称为雷电侵入波。需采用避雷器将雷电侵入波削弱到电工设备绝缘所能承受的限度以内。电力系统中常装设磁钢棒、示波器等观测记录仪器以积累雷电过电压资料。

4. 操作过电压

电力系统由于进行断路器操作或发生突然短路而引起的过电压。常见的操作过电压有以下几种。

（1）空载线路合闸与重合闸过电压：输电线路具有电感和电容性质。一般，L 为电源和线路的等值电感，C 为线路的等值电容，e（t）为交流电源。当开关 K 突然合上时，在回路中会发生以角频率的高频振荡过渡过程，电容 C（即线路）上的电压 UC（t）可能达到最大值，Em 为交流电源电压幅值。如果合闸前电容 C 上还有初始电压，合闸后振荡过程中的过电压还可能达到 3Em，线路自动重合闸时就会有这种情况。

（2）切除空载线路过电压：空载线路属于电容性负载。由于切断过程中交流电弧的重燃而引起更剧烈的电磁振荡，使线路出现过电压。t1 时刻工频电流熄灭，此时线路仍保持残余电压；t2-t3 时高频电弧第一次重燃又熄灭，使线路电压经过振荡达到 -3Em；t4-t5 时电弧第二次重燃并熄灭，使线路电压达到 5Em。如此推演，直至电弧不再重燃、电流最终切断为止。切除电容器等其他电容性负载，都会因电弧重燃而引起上述过程的过电压。

（3）切断空载变压器过电压：变压器是电感性负载，同时对地还有等值电容。当断路器 K 突然切断电流时，电流变化率甚大，使变压器上产生甚高的感应过电压。电流切断以后，变压器中残余的电磁能又向对地电容 C 充电，形成振荡过程，因而出现过电压，称为截流过电压。断路器操作切除其他电感性负载也会出现类似的过电压。

（4）弧光接地过电压：中性点不接地系统发生单相接地故障时，由于接地电弧间歇重燃现象而引起的过电压。接地电弧每次经过零点都要经历熄灭和重燃的过程。较小的电弧电流可以自行熄灭，不致重燃。较大的电弧电流则会稳定地重燃，必须靠开关操作才能切断。中性点不接地系统，单相接地电流是电容性的，一般超过 10A，电弧既不容易自行熄灭，又不足以稳定重燃，因而发生间歇重燃现象。电弧每次间歇重燃都引起系统电磁振荡，并且前后过程互相影响，振荡逐次加强，使系统出现过电压。

电工设备的绝缘强度必须能够承受一定幅值的操作过电压。主要采取开关触头加并联电阻的方法限制操作过电压的幅值，同时还可以用避雷器加以防护。通常用一个单极性的冲击波来等效操作过电压的最大峰值，以进行电工设备的耐压试验。

5. 暂时过电压

由于断路器操作或发生短路故障，使电力系统经历过渡过程以后重新达到某种暂时稳定的情况下所出现的过电压。暂时过电压主要是工频振荡，持续时间较长，衰减过程较慢，故又称工频电压升高。常见的暂时过电压有以下几种。

（1）空载长线电容效应（费兰梯效应）：输电线路具有电感、电容等分布参数特性。

在工频电源作用下，远距离空载线路由于电容效应逐步积累，使沿线电压分布不相等，末端电压最高。超高压输电线路长度大于 300km 时，应考虑电容效应引起的空载线路末端电压升高。

（2）不对称短路接地：三相输电线路 a 相短路接地故障时，b、c 相上的电压会升高，其数值可达相电压 Uph 的 α 倍：Ub=Uc=α Uph

α 称为接地系数，与故障点处系统的零序电抗 X_0 和正序电抗 X_1 的比值有关：

中性点接地系统（$X_0/X_1 \leq 3$），α 约为 1.3；中性点不接地系统，当 | X_0/X_1 | 趋于无穷大时，α 趋于 1。

（3）甩负荷过电压：输电线路因发生故障而被迫突然甩掉负荷时，由于电源电动势尚未及时自动调节而引起的一种暂时过电压。此外，电力系统工频或非工频的谐振，以及非线性铁磁谐振等也都属于暂时过电压。

电工设备的绝缘强度一般应能承受暂时过电压。超高压远距离输电线路需安装并联电抗器补偿线路电容效应，以降低暂时过电压。

6.谐振过电压

电力系统中电感、电容等储能元件在某些接线方式下与电源频率发生谐振所造成的过电压。谐振过电压一般按起因分为以下 3 种。

（1）线性谐振过电压：构成谐振回路的电工设备的电感、电容等参数是常数，不随电压或电流而变化。例如输电线路的电感和电容，线路串联补偿用电容器，铁心具有线性励磁特性的消弧线圈等。谐振过电压主要因串联谐振的电路原理而产生。当系统在某种接线方式下形成了电感、电容串联回路，回路自振频率又恰好与电源频率相等或接近时就会发生串联谐振现象，使电工设备出现过电压。

（1）铁磁谐振过电压：谐振回路中的电感元件因铁心的磁饱和现象，使电感参数随电流（磁通）而变化，成为非线性电感。例如，电磁式电压互感器就是这种元件。非线性电感与电容串联而激发起的一种谐振现象称为铁磁谐振，它会使电气设备出现过电压。由于发生铁磁谐振回路中的电感不是常数，回路的谐振频率也不是单一值。同一回路既可能产生工频的基波谐振，又可能产生高次谐波（如 2、3、5 次谐波）或分谐波（如 1/2、1/3、1/5 次谐波）谐振。

（3）参量谐振过电压：发电机转动时等效电感参量发生周期性变化，若连接容性负载，如空载输电线路，会与电容形成谐振，甚至在无励磁的情况下，也能使发电机端电压不断上升，形成过电压。这种现象又称作发电机自励过电压。参量谐振所需要的能量是由机械功通过周期性的改变电感参量而提供的。

增大谐振回路的阻尼是限制谐振过电压的主要措施。还应力求从系统运行方式上避免可能发生的谐振过电压。

二、防雷

（一）雷电的形成

1. 雷云的形成

雷电的生成始于雷云的生成，其实有几种云都与雷电有关，如层积云、雨层云、积云、积雨云，最重要的则是积雨云，即雷云。雷云是由大气上空的水滴、冰晶和气体尘埃等组成的巨大的、不透光且带电荷的乌黑色云块，其形成的根本原因就是含水蒸气的气流运动。随着雷云的不断发展聚积，将会引起闪电、雷鸣现象，这就是雷暴。

（1）雷暴的分类

雷暴的形成主要是两种：锋面雷暴和热雷暴。

锋面雷暴是由于在地表流动的两个气团相遇时，冷气团因密度大而流动在热气团下方，在两者交界面上形成相对运动并把热气团猛抬上升，热气流形成强大的上升气柱和涡流，这样就会形成积云。这时如果热气团的温度足够高和水分足够多，就可以形成巨大的雷暴乌云。

热雷暴发生在山区。由于阳光照射，山丘及其地面温度升高，热气流因密度小而向天空流动，附近树木、湖泊和河流等的气温较低，周围相对较冷的气流向山丘温度较高、密度较小的地带集中，同时这些气流又被山丘地表的高温加热而向天空流动，这样就形成热雷暴。

（2）积雨云的起电机制

积雨云起电机制的主要理论有以下三种：

1）吸水电荷效应。大气中存在方向向下的电场，使空气正负离子分别向下和向上运动。中性水滴在电场中也要受到极化，上端出现负电荷，下端出现正电荷。大水滴在下落时，它的下端吸收负离子，排斥正离子，由于大水滴下降速度快，故其上端的负电荷来不及吸收它上方的正离子，所以整个水滴带负电。小水滴被气流带着向上走，它上端的极化负电荷将吸收正离子，所以小水滴带正电。

2）水滴冻冰效应。实验发现，水在结冰时冰会带正电荷，而未结冰的水带有负电荷，所以当云中冰晶区中的上升气流把冰粒上面的水带走，就会导致电荷的分离而使不同云区带电。

3）水滴破裂效应。用强烈气流吹散空气中的水滴，较大的残滴带有正电，细微的水滴带有负电，这是因为水滴表面有很多电子的缘故。

（3）雷云放电机理

由于云中电荷分布不均，形成许多电荷中心，所以云团之间、云团内部和云对大地之间的电场强度都是不一样的。只有当云对大地场强最高并且达到一定值时才发生对地放电。同样，云团之间电场强度达到某一临界值时也会发生云间放电。实际上，绝大多数放电是发生在云间或云内。

雷云对地放电的机理：带有大量电荷的云团对大地产生静电感应，大地感应出大量异性电荷，使雷云和大地之间形成强大的场强，当某一处的电场强度达到 25 ~ 30kV/cm 时，就会由雷云向大地产生先导放电（少数情况下雷电先导是由地表向上发出的）。当先导到达地面或与地面先导相遇时，通过电荷中和形成强烈放电产生雷击。放电通常不止发生一次，第一次的电流很大，后续雷击电流小得多。

2.雷电波形及主要参数

（1）模拟雷电冲击电压波

模拟雷电冲击电压波形。

1）主要参数：

①视在原点 O_1 指通过波前上 A 点（电压峰值的 30% 处）和 B 点（电压峰值的 90% 处）作一直线与横轴相交之点。

②时间 T：指电压波上 A、B 两点间的时间间隔。

③波前时间 T_1：指由视在原点 O_1 到 D 点（=1.67T 处）的时间间隔。

④半峰值时间 T_2：指由视在原点 O_1 到电压峰值，然后再下降到峰值一半处的时间间隔。

（2）模拟雷电冲击电流波

模拟雷电冲击电流波形。

1）主要参数：

①视在原点 O_1：指通过波前上 C 点（电流峰值的 10% 处）和 B 点（电流峰值的 90% 处）作一直线与横轴相交之点。

③时间 T：指电流波上 C、B 两点间的时间间隔。

④波前时间 T_1：指由视在原点 O_1 到 E 点（=1.25T 处）的时间间隔。

④半峰值时间（波尾时间）T_2：指由视在原点 O_1 到电流峰值，然后再下降到峰值一半处的时间间隔，波尾越长，能量越大。

（3）描述雷电的主要参数

除了波形图中提到的参数外，用以描述雷电的参数还有防雷区、雷暴日、雷电活动区和地面落雷密度。

1）防雷区：将一个易遭雷击的区域，按照通信局（站）建筑物内外、通信机房及被保护设备所处环境的不同，进行被保护区域划分，这些被保护区域称为防雷区（LightningProtectionZones，LPZ）。

2）雷暴日：用以表征雷电活动的频率，一天内只要听到雷声，就将其记为一个雷暴日。

3）雷电活动区：根据年平均雷暴日的多少，雷电活动区分为少雷区、中雷区、多雷区和强雷区：

少雷区为年平均雷暴日数不超过 25 天的地区；

中雷区为年平均雷暴日数在 25～40 天以内的地区；

多雷区为年平均雷暴日数在 40～90 天以内的地区；

强雷区为年平均雷暴日数超过 90 天的地区。

4）地面落雷密度：每平方公里每年对地落雷次数。

3.防雷区的划分

将一个易遭雷击的区域，按照局站建筑物内外，通信机房及被保护设备所处环境的不同，由外到内把被保护区域划分为不同的防雷区（LPZ）。

（1）防雷区宜按以下规定分区：

1）LPZOA 区

暴露区，建筑物外部，本区内的各物体都可能遭受直接雷击和导走全部雷电流，本区的雷电电磁场没有衰减。

2）LPZOB 区

本区内的各物体不可能遭受直接雷击，但本区内的雷电电磁场的量级与 LPZOA 区一样。

3）LPZ1 区

本区内的各物体不可能遭受直接雷击，流经各导体的电流比 LPZOB 区更小，本区内的雷电电磁场可能衰减，这取决于屏蔽措施。

4）后续防雷区（LPZ2 等）

当需要进一步减小雷电流和电磁场时，应引入后续防雷区，并按照需要保护的系统所要求的环境选择后续防雷区的要求条件。

在两个防雷区的界面上，应将所有通过界面的金属物做等电位连接，并宜采用屏蔽措施。防雷区划分的一般原则。

（2）所有电力线和信号线从同一处进入被保护空间 LPZ1 区，并在设于 LPZOA 区与 LPZ1 区等电位连接带 1 上做等电位连接（一般在进线室接地），这些线路在 LPZ1 区与 LPZ2 区界面处等电位连接带 2 上再做等电位连接。将建筑物外的屏蔽 1 连接到等电位连接带 1 上，内屏蔽 2 连接到等电位连接带 2 上。这样构成的 LPZ2，使雷电流不能导入此空间，也不能穿过此空间。

（二）防雷原理

防雷，是指通过组成拦截、疏导最后泄放入地的一体化系统方式以防止由直击雷或雷电的电磁脉冲对建筑物本身或其内部设备造成损害的防护技术。

（三）室外防雷

在户外遇到雷雨，都应该迅速到附近干燥的住房中去避雨，如果在山区找不到房子，可以躲到山洞中去。据《中国防雷行业市场与投资战略规划分析报告》分析，室外防雷要注意以下 5 点：

1. 不要停留在山顶、山脊或建（构）筑物顶部。

2. 不要停留在铁门、铁栅栏、金属晒衣绳、架空金属体以及铁路轨道附近。

3. 应迅速躲入有防雷保护的建（构）筑物内，或有金属壳体的各种车辆及船舶内。不具备上述条件时，应立即双脚并拢下蹲，头部向前弯曲，降低自己的高度，以减少跨步电压带来的危害。因为雷电流经落雷点会沿着地面逐渐向四周释放能量。此时，行走之中人的前脚和后脚之间就可能因电位差不同，而在两步间产生一定的电压。

4. 不要在大树（在野外有时也可以凭借较高大的树木防雷，但千万记住要离开树干、树叶至少两米的距离。）、电线杆、广告牌、各类铁塔底下避雨。因为此时，大树潮湿的枝干相当于一个引雷装置，如果用手接触大树、电线杆、各类铁塔就仿佛手握防雷装置引下线一样，就很可能会被雷击。

5. 不要在水边（江、河、湖、海、塘、渠等）、游泳池、洼地停留，要迅速到附近干燥的住房中去避雷雨。

（四）防雷接地

防雷接地分为两个概念，一是防雷，防止因雷击而造成损害；二是接地，保证用电设备的正常工作和人身安全而采取的一种用电措施。

1. 防雷接地的概念及分类

接地装置是接地体和接地线的总称，其作用是将闪电电流导入地下，防雷系统的保护在很大程度上与此有关。接地工程本身的特点就决定了周围环境对工程效果的影响，脱离了工程所在地的具体情况来设计接地工程是不可行的。实践要求要有系统的接地理论来对工程实际进行指导。而设计的优劣取决于对当地土壤环境的诸多因数的综合考虑。土壤电阻率、土层结构、含水情况以及可施工面积等因数决定了接地网形状、大小、工艺材料的选择。因此在对人工接地体进行设计时，应根据地网所在地的土壤电阻率、土层分布等地质情况，尽量进行准确设计。

接地体：又称接地极，是与土壤直接接触的金属导体或导体群。分为人工接地体与自然接体。接地体做为与大地土壤密切接触并提供与大地之间电气连接的导体，安全散流雷能量使其泄入大地。

接地设计中，利用与地有可靠连接的各种金属结构、管道和设备作为接地体，称为自然接地体。如果自然接地体的电阻能满足要求并不对自然接地体产生安全隐患，在没有强制规范时就可以用来做接地体。

而人为埋入地下用作接地装置的导体，称为人工接地体。一般将符合接地要求截面的金属物体埋入适合深度的地下，电阻符合规定要求，则做为接地体。具体参考接地规范，防雷接地、设备接地、静电接地等需区分开。

接地是防雷工程的最重要环节，不论是直击雷防护还是雷电的静电感应、电磁感应和雷电波入侵的防护技术，最终都是把雷电流送入大地。因此没有良好的接地技术，就不可能有合格的防雷过程。保护接地的作用就是将电气设备不带电的金属部分与接地体之间作良好的金属连接，降低接点的对地电压，避免人体触电危险。

2.接地体的种类

埋入土壤中或混凝土中直接与大地接触的起散流作用的金属导体成为接地体。接地体主要分为自然接地体和人工接地体两类：各类直接与大地接触的金属构件、金属井管、钢筋混凝土建筑物的基础、金属管道和设备等用来兼作接地的金属导体称为自然接地体。埋入地中专门用作接地金属导体称为人工接地体，它包括铜包钢接地棒、铜包钢接地极、铜包扁钢、电解离子接地极、接地模块、"高导模块"。

（五）雷电防护系统

雷电防护系统是指用以对某一空间进行雷电效应防护的整套装置，它由外部雷电防护系统和内部雷电防护系统两部分组成。

雷电电磁脉冲防护技术即防雷技术已经发展成熟，国内各大防雷企业都能够实现从设计、产品提供到施工及售后服务的防雷一体化体系解决方案（防雷体系）。在一个完整的防雷体系按照功能的不同分为以下五个部分：

1.直击雷防护

直击雷防护是防止雷闪直接击在建筑物、构筑物、电气网络或电气装置上。直击雷防护技术主要是保护建筑物本身不受雷电损害，以及减弱雷击时巨大的雷电流沿着建筑物泄入大地的过程中对建筑物内部空间产生影响的防护技术，是防雷体系的第一部分。

直击雷防护技术以避雷针、避雷带、避雷网、避雷线为主要，其中避雷针是最常见的直击雷防护装置。当雷云放电接近地面时它使地面电场发生畸变，在避雷针的顶端，形成局部电场强度集中的空间，以影响雷电先导放电的发展方向，引导雷电向避雷针放电，再通过接地引下线和接地装置将雷电流引入大地，从而使被保护物体免遭雷击。避雷针冠以"避雷"二字，仅仅是指其能使被保护物体避免雷害的意思，而其本身恰恰相反，是"引雷"上身。

主要的避雷针包括常规避雷针，提前放电避雷针、主动优化避雷针，限流型避雷针和预防典型避雷针，市面上比较常用和比较出名的是河南万佳防雷公司生产的预放电避雷针WJZ 系列避雷针，如 WJZ2500-1C。

2.接地

接地一种有意或非有意的导电连接，由于这种连接，可使电路或电气设备接到大地或接到代替大地的、某种较大的导电体。注：接地的目的是：（a）使连接到地的导体具有等于或近似于大地（或代替大地的导电体）的电位；（b）引导入地电流流入和流出大地（或代替大地的导电体）。

从定义上可以将接地分为：人工接地、自然界地；从工作性质上可分为保护接地（如防雷接地、防静电接地、设备接地、配点接地等）、工作接地（如电力设施的发、送、配电接地等工作接地还有不需要实际物理连接的电子线路逻辑地）两大类。

接地系统是通过平衡包括阻值、结构及相互之间配合等因素通过释放由直击雷击、雷电电磁脉冲、积累在设备上的静电、电力系统短路等状况带来的威胁及其他各类异常能量从而达到防护的目的。

通用的接地系统主要包括铜包钢接地系统、长效高导活性离子接地系统等，而在接地单元与帝王链接工艺上通用热熔焊接施工工艺。

3. 等电位连接

等电位连接是指将分开的诸金属物体直接用连接导体或经电涌保护器连接到防雷装置上以减小雷电流引发的电位差。

等电位连接原理是通过将正常情况下彼此独立的接地系统，通过等电位连接器自动导通系统之间的电位差，从而形成更大的联合接地系统，更有效地进行异常能量释放。

4. 电磁屏蔽

电磁屏蔽是用导电材料减少交变电磁场向指定区域穿透的屏蔽。雷电电磁脉冲以雷击点为中心向周围传播，其影响范围可达2公里外甚至更远，而不仅仅局限于被雷击中的建筑物本身或其内部设备。

电磁屏蔽技术主要包括空间电磁屏蔽技术和线路电磁屏蔽技术两部分。

空间电磁屏蔽技术是通过分布在各个方位具有可靠的、连续电气连接的金属材料层来阻挡电磁波的侵入，通过将电磁能在屏蔽体上进行能量转换使此能转化为电能，再通过接地装置泄放入地。

线路电磁屏蔽技术是通过穿金属管（槽）敷设，并将连续的金属管（槽）两端可靠接地而形成屏蔽体以防止电磁脉冲对金属线路的电磁感应而生成过电压。线路电磁屏蔽技术除具有空间屏蔽功能外，还具有在线路引入过电压时产生反向电动势以抵消线路过电压的功能。

5. 过电压保护

过电压保护是指电源装置和所连接的设备为防止电源故障以至于产生过高的输出电压（包括开路电压）而施加的一种保护。

过电压保护实际上涉及多种系统的过电压保护，其中最主要的是电源系统过电压保护和通信系统过电压保护。

过电压保护技术主要是通过使用相关设备将电能分配到系统的各个用电设备当中，已最大限度的消减能量最大值，再通过对各用电设备的安全保护设备多级保护，达到能量释放、低残压保护的功能。而在实际应用当中，考虑到各种系统的特殊性，需要针对不同系统设计专门的过电压保护方案，已达到防护目的。

（六）方法

1. 自身安全防护

（1）在两次雷击之间一分钟左右的间隙，应尽可能躲到能够防护的地方去。不具备上述条件时，应立即双膝下蹲，向前弯曲，双手抱膝。

（2）在野外也可以凭借较高大的树木防雷，但千万记住要离开树干、树叶至少两米的距离。依此类推，孤立的烟囱下、高大的金属物体旁、电线杆下都不宜逗留。此外，站在屋檐下也是不安全的，最好马上进入建筑物内。

（3）雷雨中若手中持有金属雨伞、高尔夫球棍、斧头等物，一定要扔掉或让这些物体低于人体。还有一些所谓的绝缘体，像锄头等物，在雷雨天气中其实并不绝缘。

（4）雷雨时，室内开灯应避免站立在灯头线下。

（5）不宜使用淋浴器。因为水管与防雷接地相连，雷电流可通过水流传导而致人伤亡。

2. 家用电器保护

（1）雷雨天气里应尽量避免使用家用电器，并拔掉电器电源插头和信号插头。

（2）有条件的情况下，应在电源入户处安装电源避雷器，并在有线电视天线、电话机、传真机、电脑 MODEN 调制解调器入口处、卫星电视电缆接口处安装信号避雷器。但是安装时要有好的接地线，同时做好接地网。

（3）每天收听气象预报，得知当天有雷暴时应在上班前将家用电器的电源插头、信号插头拔掉，并且出门时不要忘记关门窗，以防止滚球雷的侵入。

3. 建筑物的保护

（1）宜采用装设在建筑物上的避雷网（带）或避雷针或由其混合组成的接闪器。避雷网（带）应沿屋角、屋脊、屋檐和檐角等易受雷击的部位敷设，并应在整个屋面组成不大于 10m×10m 或 12m×8m（网格密度按建筑物类别确定）的网格。所有避雷针应采用避雷带相互连接。

（2）引下线不应少于两根，并应沿建筑物四周均匀或对称布置，其间距不应大于 18m（引下线间距按建筑物类别确定）。当仅利用建筑物四周的钢柱或柱子钢筋作为引下线时，可按跨度设引下线，但引下线的平均间距不应大于 18m。

（3）每根引下线的冲击接地电阻不应大于 10Ω。防直击雷接地宜和防雷电感应、电气设备、信息系统等接地共用同一接地装置，并宜与埋地金属管道相连；当不共用、不相连时，两者间在地中的距离应符合建筑物防雷设计规范要求，且不小于 3m。

在共用接地装置与埋地金属管道相连的情况下，接地装置宜围绕建筑物敷设成环形接地体。

（七）装置

防雷设备从类型上看大体可以分为：电源防雷器、电源保护插座、天馈线保护器、信号防雷器、防雷测试工具、测量和控制系统防雷器、地极保护器。一套完整的防雷装置包括接闪器、引下线和接地装置。上述的针、线、网、带都只是接闪器，而避雷器是一种专门的防雷装置。接闪器、引下线、接地装置、电涌保护器及其他连接导体的总和。

1. 接闪器

由拦截闪击的接闪杆、接闪带、接闪线、接闪网以及金属屋面、金属构件等组成。

避雷针、避雷线、避雷网和避雷带都是接闪器，它们都是利用其高出被保护物的突出地位，把雷电引向自身，然后通过引下线和接地装置，把雷电流泄入大地，以此保护被保护物免受雷击。接闪器所用材料应能满足机械强度和耐腐蚀的要求，还应有足够的热稳定性，以能承受雷电流的热破坏作用。

2. 避雷器

避雷器的作用是用来保护电力系统中各种电器设备免受雷电过电压、操作过电压、工频暂态过电压冲击而损坏的一个电器。避雷器的类型主要有保护间隙、阀型避雷器和氧化锌避雷器。保护间隙主要用于限制大气过电压，一般用于配电系统、线路和变电所进线段保护。阀型避雷器与氧化锌避雷器用于变电所和发电厂的保护，在500KV及以下系统主要用于限制大气过电压，在超高压系统中还将用来限制内过电压或作内过电压的后备保护避雷器并联在被保护设备或设施上，正常时装置与地绝缘，当出现雷击过电压时，装置与地由绝缘变成导通，并击穿放电，将雷电流或过电压引入大地，起到保护作用。过电压终止后，避雷器迅速恢复不通状态，恢复正常工作。避雷器主要用来保护电力设备和电力线路，也用作防止高电压侵入室内的安全措施。避雷器有保护间隙、管型避雷器和阀型避雷器和氧化锌避雷器。

3. 引下线

用于将雷电流从接闪器传导至接地装置的导体。

防雷装置的引下线应满足机械强度、耐腐蚀和热稳定的要求。

4. 电源防雷器

电源防雷器是防止雷电和其他内部过电压侵入设备造成损坏，从室外防雷与线路防雷相结合的综合防雷方案，介绍了外部避雷和内部避雷、保护区、防雷等电位连接等概念。分析了电源防雷工作原理。采用电源防雷能在最短时间内释放电路上因雷击感应而产生的大量脉冲能量短路泄放到大地，降低设备各接口间的电位差，从而保护电路上的设备。电源防雷器分为B、C、D三级。依据IEC（国际电工委员会）标准的分区防雷、多级保护的理论，B级防雷属于第一级防雷器，可应用于建筑物内的主配电柜上；C级属第二级防雷器，应用于建筑物的分路配电柜中；D级属第三级防雷器，应用于重要设备的前端，对设备进行精细保护。

正确安装电源防雷器，设备因雷击导致电源损坏的机会，可以减少到接近零，即可免除更换设备之费用，保障系统不间断连续运行。并可减少建筑物因雷击所引起的电源火警机会，确保人身及其他财产的安全。

5. 信号防雷器

信号防雷器在产品的设计上，依据 IEC 61644 的要求，分为 B、C、F 三级。B 级（Base protection）基本保护级（粗保护级），C 级（Combination protection）综合保护级，F 级（Medium&fine protection）中等精细保护级。专业用于网络、通信、光缆、广播、电视、监控、视频等设备的雷电保护设备。

6. 视频防雷器

也称同轴电缆电涌保护器，阻抗有两种：一种是 75 欧姆；一种是 50 欧姆。其中 50 欧姆的用于有线电视的室外电缆传输保护，75 欧姆的用于视频传输，比如闭路电视监控系统传输，俗称：视频防雷器。视频防雷器安装于视频传输线的两端（前后端），可以有效保护摄像机、球机、矩阵、数字录像机、监视器不受雷电的破坏。视频防雷器完整的内部结构一般可分为三部分：放电部分、稳流部分、稳压部分；性能好的视频防雷器里面还添加了可提高信号防雷器传输频率的电路，以减少因接口等处的损耗。

7. 防雷接地装置

接地体和接地线的总和，用于传导雷电流并将其流散入大地。

接地装置是防雷装置的重要组成部分。接地装置向大地泄放雷电流，限制防雷装置对地电压不致过高。除独立避雷针外，在接地电阻满足要求的前提下，防雷接地装置可以和其他接地装置共用。为所雷电流迅速导入大地以防雷止雷害为目的的接地叫作防雷接地。

防接地装置包括以下部分：

（1）雷电接受装置：直接或间接接受雷电的金属杆（接闪器），如避雷针、避雷带（网）、架空地线及避雷器等。

（2）接地线（引下线）：雷电接受装置与接地装置连接用的金属导体。

（3）接地装置：接地线和接地体的总和，用于传导雷电流并将其流散入大地。

8. 测量和控制装置

测量和控制装置有着广泛的应用，例如生产厂、建筑物管理、供暖系统、报警装置等。由于雷电或其他原因造成的过电压不仅会对控制系统造成危害，而且对昂贵的转换器、传感器也会造成危害。控制系统的故障通常会导致产品损失和对生产的影响。测量和控制单元通常比电源系统对浪涌过电压的反应更加敏感。

（八）防雷安全技术

1. 保护零线必须采用绝缘导线。配电装置和电动机械相连接的 PE 线应为截面不小于

$2.5m^2$ 的绝缘多股铜线。手持电动工具的 PE 线应为截面不小于 $1.5m^2$ 的绝缘多股铜线。

2. PE 线上严禁装设开关或熔断器，严禁通过工作电流，且严禁断线。

3. 相线、N 线、PE 线的颜色标记必须符合以下规定：相线 L1（A）、L2（B）、L3（C）相序的绝缘颜色依次为黄、绿、红色；N 线的绝缘颜色为淡蓝色；PE 线的绝缘颜色为绿/黄双色。任何情况下上述颜色标记严禁混用和互相代用。

4. 当施工现场与外电线路共用同一供电系统时，电气设备的接地、接零保护应与原系统保持一致。不得一部分设备做保护接零，另一部分设备做保护接地。

5. 采用 TN 系统做保护接零时，工作零线（N 线）必须通过总漏电保护器，保护零线（PE 线）必须由电源进线零线重复接地处或总漏电保护器电源侧零线处，引出形成局部 TN—S 接零保护系统。

6. 在 TN 接零保护系统中，通过总漏电保护器的工作零线与保护零线之间不得再做电气连接。

7. 在 TN 接零保护系统中，PE 零线应单独敷设。重复接地线必须与 PE 线相连接，严禁与 N 线相连接。

8. 使用一次侧由 50V 以上电压的接零保护系统供电，二次侧为 50V 及以下电压的安全隔离变压器时，二次侧不得接地，并应将二次线路用绝缘管保护或采用橡皮护套软线。当采用普通隔离变压器时，其二次侧一端应接地，且变压器正常不带电的外露可导电部分应与一次回路保护零线相连接。以上变压器尚应采取防直接接触带电体的保护措施。

（九）注意事项

1. 应该留在室内，并关好门窗；在室外工作的人应躲入建筑物内。

2. 不宜使用无防雷措施或防雷措施不足的电视、音响等电器，不宜使用水龙头。

3. 切勿接触天线、水管、铁丝网、金属门窗、建筑物外墙，远离电线等带电设备或其他类似金属装置。

4. 减少使用电话和手提电话。

5. 切勿游泳或从事其他水上运动，不宜进行室外球类运动，离开水面以及其他空旷场地，寻找地方躲避。

6. 切勿站立于山顶、楼顶上或其他接近导电性高的物体。

7. 切勿处理开口容器盛载的易燃物品。

8. 在旷野无法躲入有防雷建设的建筑物内时，应远离树木和桅杆。

9. 在空旷场地不宜打伞，不宜把羽毛球、高尔夫球棍等扛在肩上。

10. 不宜开摩托车、骑自行车。

11. 在两次雷击之间一分钟左右的间隙，应尽可能躲到能够防护的地方去。不具备上述条件时，应立即双膝下蹲，向前弯曲，双手抱膝。

12. 在野外也可以凭借较高大的树木防雷，但千万记住要离开树干、树叶至少两米的距离。依此类推，孤立的烟囱下、高大的金属物体旁、电线杆下都不宜逗留。此外，站在屋檐下也是不安全的，最好马上进入建筑物内。

13. 雷雨中若手中持有金属雨伞、高尔夫球棍、斧头等物，一定要扔掉或让这些物体低于人体。还有一些所谓的绝缘体，像锄头等物，在雷雨天气中其实并不绝缘。

14. 雷雨时，室内开灯应避免站立在灯头线下。

15. 不宜使用淋浴器。因为水管与防雷接地相连，雷电流可通过水流传导而致人伤亡。

第二节　电气装置的接地

一、一般规定

（一）电气装置的下列金属部分．均应接地或接零

1. 电机、变压器、电器、携带式或移动式用电器具等的金属底座和外壳；

2. 电气设备的传动装置：

3. 屋内外配电装置的金属或钢筋混凝土构架以及靠近带电部分的金属遮拦和金属门；

4. 配电、控制、保护用的屏（柜、箱）及操作台等的金属框架和底座；

5. 交、直流电力电缆的接头盒、终端头和膨胀器的金属外壳和可触及的电缆金属护层和穿线的钢管。穿线的钢管之间或钢管和电器设备之间有金属软管过渡的．应保证金属软管段接地畅通；

6. 电缆桥架、支架和井架；

7. 装有避雷线的电力线路杆塔；

8. 装在配电线路杆上的电力设备；

9. 在非沥青地面的居民区内，不接地、消氮线圈接地和高电阻接地系统中无避雷线的架空电力线路的金属杆塔和钢筋混凝土杆塔；

10. 承载电气设备的构架和金属外壳；

11. 发电机中性点柜外壳、发电机出线柜、封闭母线的外壳及其他裸露的金属部分；

12. 气体绝缘全封闭组合电器（GIS）的外壳接地端子和箱式变电站的金属箱体；

13. 电热设备的金属外壳；

14. 铠装控制电线的金属护层；

15. 互感器的二次绕组。

（二）电气装置的下列金属部分可不接地或不接零

1. 在木质、沥青等不良导电地面的干燥房间内，交流额定电压为 400V 及以下或直流额定电压为 440V 及以下的电气设备的外壳；但当有可能同时触及上述电气设备外壳和已

接地的其他物体时，则仍应接地；

2. 在干燥场所，交流额定电压为 127V 及以下或直流额定电压为 110V 及以下的电气设备的外壳；

3. 安装在配电屏、控制屏和配电装置上的电气测量仪表、继电器和其他低压电器等的外壳，以及当发生绝缘损坏时，在支持物上不会引起危险电压的绝缘子的金属底座等；

4. 安装在已接地金属构架上的设备，如穿墙套管等；

5. 额定电压为 220V 及以下的蓄电池室内的金属支架；

6. 由发电厂、变电所和工业、企业区域内引出的铁路轨道；

7. 与已接地的机床、机座之间有可靠电气接触的电动机和电器的外壳。

（三）需要接地的直流系统的接地装置应符合下列要求

1. 能与地构成闭合回路且经常流过电流的接地线应沿绝缘垫板敷设，不得与金属管道、建筑物和设备的构件有金属的连接；

2. 在土壤中含有在电解时能产生腐蚀性物质的地方，不宜敷设接地装置，必要时可采取外引式接地装置或改良土壤的措施；

3. 直流电力回路专用的中性线和直流两线制正极的接地体、接地线不得与自然接地体有金属连接；当无绝缘隔离装置时，相互间的距离不应小于 1m：

4. 三线制直流回路的中性线宜直接接地。

（四）接地线不应作其他用途

二、接地装置的选择

（一）各种接地装置应利用直接埋入地中或水中的自然接地体。交流电气设备的接地，可利用直接埋入地中或水中的自然接地体，可以利用的自然接地体如下：

1. 埋设在地下的金属管道，但不包括有可燃或有爆炸物质的管道；

2. 金属井管；

3. 与大地有可靠连接的建筑物的金属结构；

4. 水工构筑物及其类似的构筑物的金属管、桩。

（二）交流电气设备的接地线可利用下列自然接地体接地：

1. 建筑物的金属结构（梁、柱等）及设计规定的混凝土结构内部的钢筋；

2. 生产用的起重机的轨道、走廊、平台、电梯竖井、起重机与升降机的构架、运输皮带的钢梁、电除尘器的构架等金属结构；

3. 配线的钢管。

（三）发电厂、变电站等大型接地装置除利用自然接地体外，还应敷设人工接地体，即以水平接地体为主的人工接地网，并设置将自然接地体和人工接地体分开的测量井，以便于接地装置的测试。

对于 3~10kV 的变电站和配电所，当采用建筑物的基础作接地体且接地电阻又能满足规定值时，可不另设人工接地。

（四）人工接地网的敷设应符合以下规定：

1. 人工接地网的外缘应闭合，外缘各角应做成圆弧形，圆弧的半径不宜小于均压带间距的一半；

2. 接地网内应敷设水平均压带．按等间距或不等间距布置；

3.35kV 及以上变电站接地网边缘经常有人出入的走道处，应铺设碎石、沥青路面或在地下装设 2 条与接地网相连的均压带。

（五）除临时接地装置外，接地装置应采用热镀锌钢材，水平敷设的可采用圆钢和扁钢，垂直敷设的可采用角钢和钢管。腐蚀比较严重地区的接地装置，应适当加大截面，或采用阴极保护等措施。

不得采用铝导体作为接地体或接地线。当采用扁铜带、铜绞线、铜棒、铜包钢、铜包钢绞线、钢镀铜、铅包铜等材料作接地装置时，其连接应符合本规范的规定。

（六）接地装置的人工接地体，导体截面应符合热稳定、均压和机械强度的要求，还应考虑腐蚀的影响。

（七）低压电气设备地面上外露的铜接地线的最小截面应符合表 1.2.7 的规定。

（八）不要求敷设专用接地引下线的咆气设备，它的接地线可利用金属构件、普通钢筋混凝土构件的钢筋、穿线的钢管等。利用以上设施作接地线时，应保证其全长为完好的电气通路。

（九）不得利用蛇皮管、管道保温层的金属外皮或金属网、低压照明网络的导线铅皮以及电缆金属护层作接地线。蛇皮管两端应采用自固接头或软管接头，且两端应采用软铜线连接。

（十）在高土壤电阻率地区，接地电阻值很难达到要求时，可采用以下措施降低接地电阻；

1. 在变电站附近有较低电阻率的土壤时，可敷设引外接地网或向外延伸接地体；

2. 当地下较深处的土壤电阻率较低时，可采用井式或探钻式探埋接地极；

3. 填充电阻率较低的物质或压力灌注降阻剂等以改善土壤传导性能；

4. 敷设水下接地网。当利用自然接地体和引外接地装置时，应采用不少于 2 根导体在不同地点与接地网相连接；

5. 采用新型接地装置，如电解离子接地极；

6. 采用多层接地措施。

（十一）采用以下措施降低接地电阻

1. 将接地装置敷设在溶化地带或溶化地带的水池或水坑中；

2. 敷设深钻式接地极，或充分利用井管或其他深埋地下的金属构件作接地极，还应敷设深度约 0.5m 的伸长接地极；

3. 在房屋溶化盘内敷设接地装置；

4. 在接地极周围人工处理土壤，以降低冻结温度和土壤电阻率。

（十二）在裸孔（井）技术应用中，敷设深井电极应注意以下事项：

1. 应掌握有关的地质结构资料和地下土壤电阻率的分布，以使深孔（井）接地能在所处位置上收到较好的效果；同时要考虑深孔（井）接地极之间的屏蔽效应，以发挥深孔（井）接地作用；

2. 在坚硬岩石地区，可考虑深孔爆破，让降阻剂在孔底呈立体树枝状分布，以降低接地电阻；

3. 深井电极宜打入地下低阻地层 1 ~ 2m；

4. 深井电极所用的角钢，其搭接长度应为角钢单边宽度的 4 倍；钢管搭接宜加螺纹套拧紧后两边口再加焊；

5. 深井电极应通过圆钢（与水平电极同规格）就近焊接到水平网上，搭接长度为圆钢直径的 6 倍。

（十三）降阻剂材料选择及施工工艺应符合下列要求：

1. 材料的选择应符合设计要求；

2. 应选用长效防腐物理性降阻剂；

3. 使用的材料必须符合国家现行技术标准，通过国家相应机构对降阻剂的检验测试，并有合格证件；

4. 降阻剂的使用，应该因地制宜地用在高电阻率地区、深井灌注、小面积接地网、射线接地极或接地网外沿；

5. 严格按照生产厂家使用说明书规定的操作工艺施工。

（十四）接地装置的防腐应符合技术标准的要求。当采用阴极保护方式防腐时，必须经测试合格。

三、接地装置的敷设

（一）接地体顶面埋设深度应符合设计规定。当无规定时不应小于 0.6m。角钢、钢管、铜棒、铜管等接地体应垂直配置。除接地体外，接地体引出线的垂直部分和接地装置连接（焊接）部位外侧 100mm 范围内应做防腐处理，在做防腐处理前，表面必须除锈并去掉焊接处残留的焊药。

（二）垂直接地体的间距不宜小于其长度的 2 倍。水平接地体的间距应符合设计规定。当无设计规定时不宜小于 5m。

（三）接地线应采取防止发生机械损伤和化学腐蚀的措施。在与公路、铁路或管道等交叉及其他可能使接地线遭受损伤处，均应用钢管或角钢等加以保护。接地线在穿过墙壁、楼板和地坪处应加装钢管或其他坚固的保护套，有化学腐蚀的部位还应采取防腐措施。热镀锌钢材焊接时将破坏热镀锌防腐，应在焊痕外100mm内做防腐处理。

（四）接地干线应在不同的两点及以上与接地网相连接。自然接地体应在不同的两点及以上与接地干线或接地网相连接。

（五）每个电气装置的接地应以单独的接地线与接地汇流排或接地干线相连接，严禁在一个接地线中串接几个需要接地的电气装置。重要设备和设备构架应有两根与主地网不同地点连接的接地引下线，且每根接地引下线均应符合热稳定及机械强度的要求，连接引线应便于定期进行检查测试。

（六）接地体敷设完后的土沟其回填土内不应夹有石块和建筑垃圾等；外取的土壤不得有较强的腐蚀性；在回填土时应分层夯实。室外接地回填宜有100～300mm高度的防沉层。在山区石质地段或电阻率较高的土质区段应在土沟中至少先回填100mm厚的净土垫层，再敷接地体，然后用净土分层夯实回填。

（七）明敷接地线的安装应符合下列要求：

1. 接地线的安装位置应合理，便于检查，无碍设备检修和运行巡视；

2. 接地线的安装应美观，防止因加工方式造成接地线截面减小、强度减弱、容易生锈；

3. 支持件间的距离，在水平直线部分宜为0.5～1.5m；垂直部分宜为1.5～3m；转弯部分宜为0.3～0.5m；

4. 接地线应水平或垂直敷设，亦可与建筑物倾斜结构平行敷设；在直线段上，不应有高低起伏及弯曲等现象；

5. 接地线沿建筑物墙壁水平敷设时，离地面距离宜为250～300mm，接地线与建筑物墙壁间的间隙宜为10～15mm；

6. 在接地线跨越建筑物伸缩缝、沉降缝处时，应设置补偿器。补偿器可用接地线本身弯成弧状代替。

（八）明敷接地线，在导体的全长度或区间段及每个连接部位附近的表面，应涂以15～100mm宽度相等的绿色和黄色相间的条纹标识。当使用胶带时，应使用双色胶带。中性线宜涂淡蓝色标识。

（九）在接地线引向建筑物的入口处和在检修用临时接地点处，均应刷白色底漆并标以黑色标识，其代号为同一接地体不应出现两种不同的标识。

（十）在断路器室、配电间、母线分段处、发电机引出线等需临时接地的地方，应引入接地干线，并应设有专供连接临时接地线使用的接线板和螺栓。

（十一）当电缆穿过零序电流互感器时，电缆头的接地线应通过零序电流互感器后接地；由电缆头至穿过零序电流互感器的一段电缆金属护层和接地线应对地绝缘。

（十二）发电厂、变电所电气装置下列部位应专门敷设接地线直接与接地体或接地母线连接：

1. 发电机机座或外壳、出线柜，中性点柜的金属底座和外壳，封闭母线的外壳；

2.高压配电装置的金属外壳；

3.110kV 及以上钢筋混凝土构件支座上电气设备金属外壳；

4. 直接接地或经消弧线圈接地的变压器、旋转电机的中性点；

5. 高压并联电抗器中性点所接消弧线圈、接地电抗器、电阻器等的接地端子；

6.GIS 接地端子；

7. 避雷器、避雷针、避雷线等接地端子。

（十三）避雷器应用最短的接地线与主接地网连接。

（十四）全封闭组合电器的外壳应按制造厂规定接地；法兰片间应采用跨接线连接，并应保证良好的电气通路。

（十五）高压配电间隔和静止补偿装置的栅栏门铰链处应用软铜线连接，以保持良好接地。

（十六）高频感应电热装置的屏蔽网、滤波器、电源装置的金属屏蔽外壳，高频回路中外露导体和电气设备的所有屏蔽部分和与其连接的金属管道均应接地，并宜与接地干线连接。与高频滤波器相连的射频电缆应全程伴随 100mm² 以上的铜质接地线。

（十七）接地装置由多个分接地装置部分组成时，应按设计要求设置便于分开的断接卡，自然接地体与人工接地体连接处应有便于分开的断接卡。断接卡应有保护措施。扩建接地网时，新、旧接地网连接应通过接地井多点连接。

（十八）电缆桥架、支架由多个区域连通时，在区域连通处电缆桥架、支架接地线应设置便于分开的断接卡，并有明显的标识。

（十九）保护屏应装有接地端子，并用截面不小于4mm² 的多股铜线和接地网直接连通。装设静态保护的保护屏，应装设连接控制电缆屏蔽层的专用接地铜排，各盘的专用接地铜排互相建接成环，与控制室的屏蔽接地网连接。用截面不小于 100mmi 的绝缘导线或电缆将屏蔽电网与一次接地网直接相连。

（二十）避雷引下线与暗管敷设的电、光缆最小平行距离应为 1.0m，最小垂直交叉距离应为 0.3m；保护地线与暗管敷设的电、光缆最小平行距离应为 0.05m，最小垂直交叉距离应为 0.02m。

四、接地体（线）的连接

（一）接地体（线）的连援应采用焊接，焊接必须牢固无虚焊。接至电气设备上的接地线，应用镀锌螺栓连接；有色金属接地线不能采用焊接时，可用螺栓连接、压接、热剂焊（放热焊接）方式连接。

用螺栓连接时应设防松螺帽或防松垫片，螺栓连接处的接触面应按现行国家标准《电气装置安装工程 母线装置施工及验收规范》GB 149 的规定处理。不同材料接地体间的巷接应进行处理。

（二）接地体（线）的焊接应采用搭接焊，其搭接长度必须符合下列规定：

1. 扁钢为其宽度的 2 倍（且至少 3 个棱边焊接）；

2. 圆钢为其直径的 6 倍；

3. 圆钢与扁钢连接时，其长度为圆钢直径的 6 倍；

4. 扁钢与钢管、扁钢与角钢焊接时，为了连接可靠，除应在其接触部位两侧进行焊接外，并应焊以由钢带弯成的弧形（或直角形）卡子或直接由钢带本身弯成弧形（或直角形）与钢管（或角钢）焊接。

（三）接地体（线）为铜与铜或铜与钢的连接工艺采用热剂焊（放热焊接）时，其熔接接头必须符合下列规定：

1. 被连接的导体必须完全包在接头里；

2. 要保证连接部位的金属完全熔化，连接牢固；

3. 热剂焊（放热焊接）接头的表面应平滑；

4. 热剂焊（放热焊接）的接头应无贯穿性的气孔。

（四）采用钢绞线、铜绞线等作接地线引下时，宜用压接端子与接地体连接。

（五）各种金属构件、金属管道、穿线的钢管等作为接地线时，连接处应保证有可靠的电气连接。

（六）沿电缆桥架敷设铜绞线、镀锌扁钢及利用沿桥架构成电气通路的金属构件，如安装托架用的金属构件作为接地干线时，电缆桥架接地时应符合下列规定：

1. 电缆桥架全长不大于 30m 时，不应少于 2 处与接地干线相连；

2. 全长大于 30m 时，应每隔 20 ~ 30m 增加与接地干线的连接点；

3. 电缆桥架的起始端和终点端应与接地网可靠连接。

（七）金属电缆桥架的接地应符合下列规定：

1. 电缆桥架连接部位宜采用两端压接镀锡铜鼻子的铜绞线跨接。跨接线最小允许截面积不小于 4mm²；

2. 镀锌电缆桥架间连接板的两端不跨接接地线时，连接板每端应有不少于 2 个有防松螺帽或防松垫圈的螺栓固定。

（八）发电厂、变电站 GIS 的接地线及其连接应符合以下要求：

1.GIS 基座上的每一根接地母线．应采用分设其两端的接地线与发电厂或变电站的接地装置连接。接地线应与 GIS 区域环形接地母线连接。接地母线较长时，其中不应另加接地线，并连接至接地网；

2. 接地线与 GIS 接地母线应采用螺栓连接方式；

3. 当 GIS 露天布置或装设在室内与土壤直接接触的地面上时，其接地开关、氧化锌避雷器的专用接地端子与 GIS 接地母线的连接处，宜装设集中接地装置；

4.GIS 室内应敷设环形接地母线，室内各种设备需接地的部位应以最短路径与环形接地母线连接。GIS 置于室内楼板上时，其基座下的钢筋混凝土地板中的钢筋应焊接成网，并和环形接地母线连接。

五、避雷针（线、带、网）的接地

（一）避雷针（线、带、网）的接地除应符合本章上述有关规定外，尚应遵守下列规定：

1. 避雷针（带）与引下线之间的连接应采用焊接或热剂焊（放热焊接）；

2. 避雷针（带）的引下线及接地装置使用的紧固件均应使用镀锌制品。当采用没有镀锌的地脚螺栓时应采取防腐措施；

3. 建筑物上的防雷设施采用多根引下线时，应在各引下线距地面 1.5 ~1.8m 处设置断接卡，断接卡应加保护措施；

4. 装有避雷针的金属筒体，当其厚度不小于 4mm 时，可作避雷针的引下线。筒体底部应至少有 2 处与接地体对称连接；

5. 独立避雷针及其接地装置与道路或建筑物的出入口等的距离应大于 3m。当小于 3m 时，应采取均压措施或铺设卵石或沥青地面；

6. 独立避雷针（线）应设置独立的集中接地装置。当有困难时，该接地装置可与接地网连接，但避雷针与主接地网的地下连接点至 35kV 及以下设备与主接地网的地下连接点，沿接地体的长度不得小于 15m；

7. 独立避雷针的接地装置与接地网的地中距离不应小于 3m；

8. 发电厂、变电站配电装置的架构或屋顶上的避雷针（含悬挂避雷线的构架）应在其附近装设集中接地装置，并与主接地网连接。

（二）建筑物上的避雷针或防雷金属网应和建筑物顶部的其他金属物体连接成一个整体。

（三）装有避雷针和避雷线的构架上的照明灯电源线，必须采用直埋于土壤中的带金属护层的电缆或穿入金属管的导线。电缆的金属护层或金属管必须接地，埋入土壤中的长度应在 10m 以上，方可与配电装置的接地网相连或与电源线、低压配电装置相连接。

（四）发电厂和变电所的避雷线线档内不应有接头。

（五）避雷针（网、带）及其接地装置，应采取自下而上的施工程序。首先安装集中接地装置，后安装引下线，最后安装接闪器。

六、携带式和移动式电气设备的接地

（一）携带式电气设备应用专用芯线接地，严禁利用其他用电设备的零线接地；零线和接地线应分别与接地装置相连接。

（二）携带式电气设备的接地线应采用软铜绞线，其截面不小于 1.5mm²

（三）由固定的电源或由移动式发电设备供电的移动式机械的金属外壳或底座，应和这些供电电源的接地装置有可靠连接；在中性点不接地的电网中，可在移动式机械附近装设接地装置，以代替敷设接地线，并应首先利用附近的自然接地体。

（四）移动式电气设备和机械的接地应符合固定式电气设备接地的规定，但下列情况可不接地：

1. 移动式机械自用的发电设备直接放在机械的同一金属框架上，又不供给其他设备用电；

2. 当机械由专用的移动式发电设备供电，机械数量不超过2台，机械距移动式发电设备不超过50m，且发电设备和机械的外壳之间有可靠的金属连接。

七、输电线路杆塔的接地

（一）在土壤电阻率 $\rho \leq 100\Omega.m$ 的潮湿地区，可利用铁塔和钢筋混凝土杆的自然接地，接地电阻低于 10Ω。发电厂、变电站进线段应另设雷电保护接地装置。在居民区，当自然接地电阻符合要求时，可不另设人工接地装置。

（二）在土壤电阻率 $100\Omega.m< \rho \leq 500\Omega.m$ 的地区，除利用铁塔和钢筋混凝土杆的自然接地，还应增设人工接地装置，接地极埋设深度不宜小于 $0.6m$，接地电阻低于 $15n$。

（三）在土壤电阻率 $500\Omega.m< \rho \leq 2000\Omega.m$ 的地区，可采用水平敷设的接地装置，接地板埋设深度不宜小于 $0.5m$。$500\Omega.m< \rho \leq 1000\Omega.m$ 的地区，接地电阻不超过 $20fl$。$1000\Omega.m< \rho \leq 2000\Omega.m$ 的地区，接地电阻不超过 25Ω。

（四）在土壤电阻率 $\rho >2000\Omega.m$ 的地区，接地极埋设深度不宜小于 $0.3m$，接地电阻不超过 30Ω，若接地电阻很难降到 30Ω 时，可采用 $6\sim8$ 根总长度不超过 $500m$ 的放射形接地极或连续伸长接地极。

（五）放射形接地极可采用长短结合的方式，每根的最大长度应符合表1.7.5的要求。

（六）在高土壤电阻率地区采用放射形接地装置时，当在杆塔基础的放射形接地极每根长度的1.5倍范围内有土壤电阻率较低的地带时，可部分采用外引接地或其他措施。

（七）居民区和水田中的接地装置，宜围绕杆塔基础敷设成闭合环形。

（八）对于室外山区等特殊地形，不能按设计图形敷设接地体时，应根据施工实际情况在施工记录上绘制接地装置敷设简图，并标明相对位置和尺寸，作为竣工资料移交。原设计为方形等封闭环形时，应按设计施工，以便于检修维护。

（九）在山坡等倾斜地形敷设水平接地体时宜沿等高线开挖，接地沟底面应平整，沟深不得有负误差，并应清除影响接地体与土壤接触的杂物，以防止接地体受雨水冲刷外露、腐蚀生锈｝水平接地体敷设应平直，以保证同土壤更好接触。

（十）接地线与杆塔的连接应接触良好可靠，并应便于打开测量接地电阻。

（十一）架空线路杆塔的每一腿都应与接地体引下线连接，通过多点接地以保证可靠性。

（十二）混凝土电杆宜通过架空避雷线直接引下，也可通过金属爬梯接地。当接地线直接从架空避雷线引下时，引下线应紧靠杆身，并每隔一定距离与杆身固定一次，以保证电气通路顺畅。

八、调度楼、通信站和微波站二次系统的接地

（一）调度通信综合楼内的通信站应与同一楼内的动力装置.建筑物避雷装置共用一个接地网。

（二）调度通信综合楼及通信机房接地引下线可利用建筑物主体钢筋和金属地板构架等，钢筋自身上、下连接点应采用搭焊接，且其上端应与房顶避雷装置、下端应与接地网、中间应与各层均压网或环形接地母线焊接成电气上连通的笼式接地系统。

（三）位于发电厂、变电站或开关站的通信站的接地装置应至少用2根规格不小于40mmX 4mm的镀锌扁钢与厂、站的接地网均压相连。

（四）通信机房房顶上应敷设闭合均压网（带）并与接地装置连接，房顶平面任一点到均压带的距离均不应大于5m。

（五）通信机房内应围绕机房敷设环形接地母线，截面应不小于90 mm² 的铜排或120mm² 的镀锌扁钢。围绕机房建筑应敷设闭合环形接地装置。环形接地装置、环形接地母线和房顶闭合均压带之间，至少用4根对称布置的连接线（或主钢筋）相连，相邻连接线之间的距离不宜超过18m。

（六）机房内各种电缆的金属外皮、设备的金属外壳和框架、进风道、水管等不带电金属部分、门窗等建筑物金属结构以及保护接地、工作接地等，应以最短距离与环形接地母线连接。电缆沟道、竖井内的金属支架至少应两点接地，接地点间距离不宜超过30m。

（七）各类设备保护地线宜用多股铜导线，其截面应根据最大故障电流确定，一般为25 ~ 95mm²；导线屏蔽层的接地线截面面积，应大于屏蔽层截面面积的2倍。接地线的连接应确保电气接触良好，连接点应进行防腐处理。

（八）连接两个变电站之间的导引电缆的屏蔽层必须在离变电站接地网边沿50 ~ 100m处可靠接地，以大地为通路，实施屏蔽层的两点接地。一般可在进变电站前的最后一个工井处实施导剖电缆的屏蔽层接地。接地极的接地电阻 R≤4Ω。

（九）屏蔽电源电缆、屏蔽通信电缆和金属管道引入室内前应水平直埋10m以上，埋深应大于0.6m.电缆屏蔽层和铁管两端接地，并在入口处接入接地装置。如不能埋入地中，至少应在金属管道室外部分沿长度均匀分布在两处接地，接地电阻应小于10Ω；在高土壤电阻率地区，每处的接地电阻不应大于30Ω，且应适当增加接地处数。

（十）微波塔上同轴馈线金属外皮的上端及下端应分别就近与铁塔连接，在机房入口处与接地装置再连接一次；馈线较长时应在中间加一个与塔身的连接点；室外馈线桥始末两端均应和接地装置连接。

（十一）微波塔上的航标灯电源线应选用金属外皮电缆或将导线穿入金属管，金属外

皮或金属管至少应在上下两端与塔身金属结构连接. 进机房前应水平直埋 10m 以上，埋深应大于 0.6m。

（十二）微波塔接地装置应围绕塔基做成闭合环形接地网。微波塔接地装置与机房接地装置之间至少用 2 根规格不小于 40mm×4mm 的镀锌扁钢连接。

（十三）直流电源的"正极"在电源设备侧和通信设备侧均应接地，"负极"在电源机房侧和通信机房侧应接压敏电阻。

九、电力电缆终端金属护层的接地

（一）110kV 及以上中性点有效接地系统单芯电缆的电缆终端金属护层，应通过接地刀闸直接与变电站接地装置连接。

（二）在 110kV 及以上电缆终端站内（电缆与架空线转换处），电缆终端头的金属护层宜通过接地刀闸单独接地，设计无要求时，接地电阻 R≤4Ω。电缆护层的单独接地极与架空避雷线接地体之间，应保持 3 ~ 5m 间距。

（三）安装在架空线杆塔上的 110kV 及以上电缆终端头，两者的接地装置难以分开时，电缆金属护层通过接地刀闸后与架空避雷线合一接地体，设计无要求时，接地电阻 R≤4Ω。

（四）110kV 以下三芯电缆的电缆终端金属护层应直接与变电站接地装置连接。

十、配电电气装置的接地

（一）户外配电变压器等电气装置的接地装置，宜在地下敷设成围绕变压器台的闭合环形。

（二）配电变压器等电气装置安装在由其供电的建筑物内的配电装置室时，其接地装置应与建筑物基础钢筋等相连。

（三）引入配电装置室的每条架空线路安装的避雷器的接地线，应与配电装置室的接地装置连接，但在入地处应敷设集中接地装置。

（四）配电电气装置的接地电阻值应符合设计要求。

十一、建筑物电气装置的接地

（一）按照电气装置的要求，安全接地、保护接地或功能接地的接地装置可以采用共用的或分开的接地装置。

（二）建筑物的低压系统接地点、电气装置外露导电部分的保护接地（含与功能接地、保护接地共用的安全接地）、总等电位联结的接地极等可与建筑物的雷电保护接地共用同一接地装置。接地装置的接地电阻应符合其中最小值的要求。

（三）接地装置的安装应符合以下要求：

1. 接地极的形式、埋入深度及接地电阻位应符合设计要求；

2. 穿过墙、地面、楼板等处应有足够坚固的机械保护措施；

3. 接地装置的材质及结构应考虑腐蚀而引起的损伤。必要时采取措施，防止产生电腐蚀。

（四）电气装置应设置总接地端子或母线，并与接地线、保护线、等电位连接干线和安全、功能共用接地装置的功能性接地线等相连接。

（五）断开接地线的装置应便于安装和测量。

（六）等电位联结主母线的最小截面不应小于装置最大保护线截面的一半，并不应小于 $6mm^2$。当采用铜线时，其截面不应小于 $2.5mm^2$。当采用其他金属时，则其截面应承载与之相当的载流量。

（七）连接两个外露导电部分的辅助等电位联结线，其截面不应小于接至该两个外露导电部分的较小保护线的截面。连接外露导电部分与装置外导电部分的辅助等电位联结线，其截面不应小于相应保护线截面的一半。

第五章 输电设备

第一节 输电线路

输电线路是用变压器将发电机发出的电能升压后，再经断路器等控制设备接入输电线路来实现。结构形式，输电线路分为架空输电线路和电缆线路。

架空输电线路由线路杆塔、导线、绝缘子、线路金具、拉线、杆塔基础、接地装置等构成，架设在地面之上。按照输送电流的性质，输电分为交流输电和直流输电。19世纪80年代首先成功地实现了直流输电。但由于直流输电的电压在当时技术条件下难于继续提高，以致输电能力和效益受到限制。19世纪末，直流输电逐步为交流输电所代替。交流输电的成功，迎来了20世纪电气化社会的新时代。

一、输电种类

目前广泛应用三相交流输电，频率为50赫（或60赫）。20世纪60年代以来直流输电又有新发展，与交流输电相配合，组成交直流混合的电力系统。

按照输送电流的性质，输电分为交流输电和直流输电。19世纪80年代首先成功地实现了直流输电。但由于直流输电的电压在当时技术条件下难于继续提高，以致输电能力和效益受到限制。19世纪末，直流输电逐步为交流输电所代替。交流输电的成功，迎来了20世纪电气化社会的新时代20世纪60年代以来直流输电又有新发展，与交流输电相配合，组成交直流混合的电力系统。

二、电压等级

输电的基本过程是创造条件使电磁能量沿着输电线路的方向传输。线路输电能力受到电磁场及电路的各种规律的支配。以大地电位作为参考点（零电位），线路导线均需处于由电源所施加的高电压下，称为输电电压。

输电线路在综合考虑技术、经济等各项因素后所确定的最大输送功率，称为该线路的输送容量。输送容量大体与输电电压的平方成正比。因此，提高输电电压是实现大容量或远距离输电的主要技术手段，也是输电技术发展水平的主要标志。

从发展过程看，输电电压等级大约以两倍的关系增长。当发电量增至 4 倍左右时，即出现一个新的更高的电压等级。通常将 35~220KV 的输电线路称为高压线路（HV），330 ~ 750KV 的输电线路称为超高压线路（EHV），750KV 以上的输电线路称为特高压线路（UHV）。一般地说，输送电能容量越大，线路采用的电压等级就越高。采用超高压输电，可有效地减少线损，降低线路单位造价，少占耕地，使线路走廊得到充分利用。我国第一条世界上海拔最高的"西北 750KV 输变电示范工程"——青海官亭至甘肃兰州东 750KV 输变电工程，于 2005 年 9 月 26 日正式投入运行。"1000KV 交流特高压试验示范工程"——晋东南—南阳—荆门 1000KV 输电线路工程，于 2006 年 8 月 19 日开工建设。该工程起自晋东南 1000KV 变电站，经南阳 1000KV 开关站，止于荆门 1000KV 变电站，线路路径全长约 650.677Km。

此外，还有 ±500kV 高压直流输电线路、±800kV 特高压直流输电示范工程。±500kV 主要有葛洲坝——上海南桥线、天生桥——广州线、贵州——广东线、三峡——广东线。向家坝 - 上海 ±800kV 特高压直流输电示范工程是我国首个特高压直流输电示范工程。工程由我国自主研发、设计、建设和运行，是目前世界上运行直流电压最高、技术水平最先进的直流输电工程。

三、线 路 保 护

输电线路的保护有主保护与后备保护之分。

1. 主保护

主保护一般有两种纵差保护和三段式电流保护。而在超高压系统中现在主要采用高频保护。

2. 后备保护

后备保护主要有距离保护，零序保护，方向保护等。

电压保护和电流保护由于不能满足可靠性和选择性，现在一般不单独使用，一般是二者配合使用。且各种保护都配有自动重合闸装置。而保护又有相间和单相之分。如是双回线路则需要考虑方向。

在整定时则需要注意各个保护之间的配合。还要考虑输电线路电容，互感，有无分支线路。和分支变压器，系统运行方式，接地方式，重合闸方式等。还有一点重要的是在 220KV 及以上系统的输电线路，由于电压等级高故障主要是单相接地故障，有时可能会出现故障电流小于负荷电流的情况。而且受各种线路参数的影响较大。在配制保护时尤其要充分考虑各种情况和参数的影响。

四、注意事项

（一）路径选择

路径选择和勘测是整个线路设计中的关键，方案的合理性对线路的经济、技术指标和施工、运行条件起着重要作用。为了做到既合理的缩短路径长度、降低线路投资又保证线路安全可靠、运行方便，一条线路有时需要徒步往返 3 ~ 5 趟才能确定出最佳方案，所以线路勘测工作是对设计人员业务水平、耐心和责任心的综合考验。

在工程选线阶段，设计人员要根据每项工程的实际情况，对线路沿线地上、地下、在建、拟建的工程设施进行充分搜资和调研，进行多路径方案比选，尽可能选择长度短、转角少、交叉跨越少，地形条件较好的方案。综合考虑清赔费用和民事工作，尽可能避开树木、房屋和经济作物种植区。

在勘测工作中做到兼顾杆位的经济合理性和关键杆位设立的可能性（如转角点、交跨点和必须设立杆塔的特殊地点等），个别特殊地段更要反复测量比较，使杆塔位置尽量避开交通困难地区，为组立杆塔和紧线创造较好的施工条件。

（二）杆塔选型

不同的杆塔形式在造价、占地、施工、运输和运行安全等方面均不相同，杆塔工程的费用约占整个工程的 30% ~ 40%，合理选择杆塔形式是关键。

对于新建工程若投资允许一般只选用 1 ~ 2 种直线水泥杆，跨越、耐张和转角尽量选用角钢塔，材料准备简单明了、施工作业方便且提高了线路的安全水平。对于同塔多回且沿规划路建设的线路，杆塔一般采用占地少的钢管塔，但大的转角塔若采用钢管塔由于结构上的原因极易造成杆顶挠度变形，基础施工费用也会比角钢塔增加一倍，直线塔采用钢管塔，转角塔采用角钢塔的方案比较合理，能够满足环境、投资和安全要求。

针对多条老线路运行十几年后出现对地距离不够造成隐患的情况，在新建线路设计中适当选用较高的杆塔并缩小水平挡距可提高导线对地距离。在线路加高工程中设计采用占地小、安装方便的酒杯型（Y 型）钢管塔，施工工期可由传统杆塔的 3 ~ 5 天缩短为 1 天，能够减少施工停电时间。

（三）基础设计

杆塔基础作为输电线路结构的重要组成部分，它的造价、工期和劳动消耗量在整个线路工程中占很大比重。其施工工期约占整个工期一半时间，运输量约占整个工程的 60%，费用约占整个工程的 20% ~ 35%，基础选型、设计及施工的优劣直接影响着线路工程的建设。

根据工程实际地质情况每基塔的受力情况逐地段逐基进行优化设计比较重要，特别对于影响造价较大的承力塔，由四腿等大细化为两拉两压或三拉一压才是经济合理的。

五、输电线路的结构特点

第一，供电要求方面。随着用电需求与供电技术双方面的提高，输电线路的容量逐渐增加，这就要求输电线路可靠性提高，运行与维护的难度也随之加大。第二，输电设备方面。基于输电线路对技术的高要求，杆塔、塔架等输电线设备具有高、宽、险的特点。第三，外部因素。一方面输电线路建设多数处于自然环境恶劣的区域；另一方面输电线路本身施工状况较为复杂且对环境的依赖性较强。第四，新技术方面。新的技术与工艺对输电线路的发展和更新具有推进作用，但与此同时，也对线路的运行与维护提出了新的要求。

六、电缆线路及附件

（一）电力电缆线路概述

1. 电力电缆线路构成

（1）电缆本体（一般简称电缆）。

（2）附件—中间接头（关键点在于恢复电缆本体结构）终端头（户内式、户外式、插拔式）。

（3）其他安装器材（桥架、穿管、放火材料等）电缆输电特点：高压输电导线通过固体绝缘体隔离后被封闭在接地的金属屏蔽内部。架空输电特点：高压输电导线通过空气绝缘体隔离，大地为地电极）。

2. 电缆输电特点

高压输电导线通过固体绝缘体隔离后被封闭在接地的金属屏蔽内部。

3. 架空输电特点

高压输电导线通过空气绝缘体隔离，大地为地电极。

（二）电力电缆本体基本结构及各组成部分的作用和特点

1. 导体

导体是提供负荷电流的通路。其主要技术指标和要求：

（1）导体截面和直流电阻：由于电流通过导体时因导体存在电阻而会产生热，因此，要根据输送电流量选择合适的导体截面，其直流电阻应符合规定值，以满足电缆运行时的热稳定要求。

（2）导体结构：导体也是电缆工作时的高压电极，而且其表面电场强度最大，如果局部有毛刺则该处的电场强度会更大。因此，设计和生产中以及使用部门在制作接头的导体连接时，要解决的主要技术问题之一就是力图使导体表面尽量做到光滑圆整无毛刺，以改善导体表面电场分布。

2. 金属屏蔽

金属屏蔽的作用：

（1）形成工作电场的低压电极，当局部有毛刺时也会形成电场强度很大的情况，因此，也要力图使导体表面尽量做到光滑圆整无毛刺。

（2）提供电容电流及故障电流的通路，因此也有一定的截面要求。

3. 半导电屏蔽层

半导电屏蔽层是中高压电缆采用的一项改善金属电极表面电场分布，同时提高绝缘表面耐电强度的重要技术措施。

（1）首先代替导体形成了光滑圆整的表面，大大改善了表面电场分布。

（2）同时，能与绝缘紧密接触，克服了绝缘与金属无法紧密接触而产生气隙的弱点，而把气隙屏蔽在工作场墙之外。

4. 绝缘

绝缘是将高压电极与地电极可靠隔离的关键结构。

（1）承受工作电压及各种过电压长期作用，因此其耐电强度及长期稳定性能是保证整个电缆完成输电任务的最重要部分。

（2）能耐受发热导体的热作用而保持应有的耐电强度。

电缆技术的进步主要由绝缘技术的进步所决定。从生产到运行，绝大部分试验测量项目都是针对监测绝缘的各种性能为目的的。

5. 护层

护层是保护绝缘和整个电缆正常可靠工作的重要保证。

针对各种环境使用条件设计有相应的护层结构。主要是机械保护（纵向、径向的外力作用），防水、防火、防腐蚀、防生物等。可以根据需要进行各种组合。

（三）电缆附件的结构原理及要点介绍

1. 概述

电缆附件是电缆线路必不可少的组成部分，没有附件则电缆是无法工作的。完成输电任务的是由电缆及附件组成的电缆线路整体。可以说电缆附件是电缆功能的一种延续。对于电缆本体的各项要求，如导体截面及表面特性、半导电层、金属屏蔽层、绝缘层及护层等各部分的要求也适用于对电缆附件，尤其是中间接头，即中间接头的各个部分应对应于电缆所有的各个部分。终端也基本一样，只是外绝缘有所特殊。

除此之外，附件还有比电缆本体更多的要求，因为它的结构更复杂，弱点也更多。技术上难度也更大。主要有：

（1）导体连接技术（即热场的问题）

（2）电场（应力）局部集中问题的处理技术

（3）纵向绝缘（界面耐电强度／外爬距）

（4）密封技术

2. 电力电缆附件技术基本要点

（1）从电场分布及其改善措施来考虑（即结构设计），改善电场分布的主要技术就是解决附件上出现的应力集中问题的处理技术。主要方法有：

1）几何结构法，增加等效半径，即应力锥结构；

2）电气参数法，增加周围媒质介电常数和表面电容，即应力管结构；

3）几何结构与电气参数结合法。

（2）从提高绝缘耐电强度来考虑（即材料选用和改善）。主要技术有：

1）消除可能出现气隙和杂质的部位，特别是两种绝缘材料界面处杂质和气隙，用耐电强度高的材料代替耐电强度低的材料，如用硅脂填充气隙。

2）增加两种绝缘材料界面的压力以提高耐电强度。

3）用半导电屏蔽把气隙屏蔽到工作场强之外，同时也改善了表面电场的分布。

（四）电力电缆开剥注意事项

1. 外护套、钢铠、内护套、铜屏蔽、外半导的开剥尺寸。

2. 开剥电缆外半导层是成功安装附件的关键。

3. 绝缘层打磨用的砂纸一定要用绝缘砂纸（磨粒为二氧化硅），切记要径向打磨。

4. 中间接头的电缆填充物尽量保留并填充回去。

5. 处理绝缘层的整个过程都要注意干净、清洁，尽最大努力避免任何杂质粘到绝缘层表面。

七、架空线路

架空线路主要指架空明线，架设在地面之上，是用绝缘子将输电导线固定在直立于地面的杆塔上以传输电能的输电线路。架设及维修比较方便，成本较低，但容易受到气象和环境（如大风、雷击、污秽、冰雪等）的影响而引起故障，同时整个输电走廊占用土地面积较多，易对周边环境造成电磁干扰。

架空线路的主要部件有：导线和避雷线（架空地线）、杆塔、绝缘子、金具、杆塔基础、拉线和接地装置等。

（一）结构

1. 导线

导线是用来传导电流、输送电能的元件。架空裸导线一般每相一根，220kV及以上线路由于输送容量大，同时为了减少电晕损失和电晕干扰而采用相分裂导线，即每相采用两根及以上的导线。采用分裂导线能输送较大的电能，而且电能损耗少，有较好的防震性能。

导线在运行中经常受各种自然条件的考验，必须具有导电性能好、机械强度高、质量轻、价格低、耐腐蚀性强等特性。由于我国铝的资源比铜丰富，加之铝和铜的价格差别较大，故几乎都采用钢芯铝绞线。每根导线在每一个挡距内只准有一个接头，在跨越公路、河流、铁路、重要建筑、电力线和通信线等处，导线和避雷线均不得有接头。

2. 避雷线

避雷线一般也采用钢芯铝绞线，且不与杆塔绝缘而是直接架设在杆塔顶部，并通过杆塔或接地引下线与接地装置连接。避雷线的作用是减少雷击导线的机会，提高耐雷水平，减少雷击跳闸次数，保证线路安全送电。

3. 杆塔

杆塔是电杆和铁塔的总称。杆塔的用途是支持导线和避雷线，以使导线之间、导线与避雷线、导线与地面及交叉跨越物之间保持一定的安全距离。

4. 绝缘子

绝缘子是一种隔电产品，一般是用电工陶瓷制成的，又叫瓷瓶。另外还有钢化玻璃制作玻璃绝缘子和用硅橡胶制作的合成绝缘子。绝缘子的用途是使导线之间以及导线和大地之间绝缘，保证线路具有可靠的电气绝缘强度，并用来固定导线，承受导线的垂直荷重和水平荷重。

5. 金具

金具在架空电力线路中，主要用于支持、固定和接续导线及绝缘子连接成串，亦用于保护导线和绝缘子。按金具的主要性能和用途，可分以下几类：

（1）线夹类。线夹是用来握住导地线的金具。

（2）联结金具类。联结金具主要用于将悬式绝缘子组装成串，并将绝缘子串联接、悬挂在杆塔横担上。

（3）接续金具类。接续金具用于接续各种导线、避雷线的端头。

（4）保护金具类。保护金具分为机械和电气两类。机械类保护金具是为防止导、地线因振动而造成断股，电气类保护金具是为防止绝缘子因电压分布严重不均匀而过早损坏。机械类有防振锤、预绞丝护线条、重锤等；电气类金具有均压环、屏蔽环等。

6. 杆塔基础

架空电力线路杆塔的地下装置统称为基础。基础用于稳定杆塔，使杆塔不致因承受垂直荷载、水平荷载、事故断线张力和外力作用而上拔、下沉或倾倒。

7. 拉线

拉线用来平衡作用于杆塔的横向荷载和导线张力、可减少杆塔材料的消耗量，降低线路造价。

8. 接地装置

架空地线在导线的上方，它将通过每基杆塔的接地线或接地体与大地相连，当雷击地线时可迅速地将雷电流向大地中扩散，因此，输电线路的接地装置主要是泄导雷电流，降低杆塔顶电位，保护线路绝缘不致击穿闪络。它与地线密切配合对导线起到了屏蔽作用。接地体和接地线总称为接地装置。

（二）架空线路的一般要求

1. 架空线路应广泛采用钢芯铝绞线或铝绞线。高压架空线的铝绞线截面不得小于 50 平方毫米，芯铝绞线截面不小于 35 平方毫米，空线截面不 16 平方毫米。

2. 导线截面应满足最大负荷时的需要。

3. 截面的选择还应满足电压损失不大于额定电压的 5%（高压架空线），或 2%~3%（对视觉要求较高的照明线路），并应满足一定的机械强度。

（三）架空线路的敷设原则

1. 在施工和竣工验收中必须遵循有关的规程，保证施工质量和线路的安全。

2. 合理选择路径，要求路径短、转角少、交通运输方便，与建筑物应保持一定的安全距离。

3. 按相关规程要求，必须保证架空线路与大地及其他设施在安全距离范围以内。

（四）架空线路的故障分析

1. 接地故障

（1）接地故障现象

线路的接地可分为：单相接地、两相接地和三相接地。接地故障有永久性接地和瞬时性接地两种。前者通常是绝缘击穿导线落地等，后者通常为雷电闪络和导线上落有异物等。其中最常见的是架空线路单相接地。

（2）接地故障的判断

通过检测线路的电压，并判明接地故障。

（3）接地线路的查找

确定接地线路一般采用试拉各线路的方法。应按下列步骤处理单相接地故障：

1）判明是否真正发生单相接地；

2）判明是哪一相接地；

3）寻找哪一条线路接地；

操作时按线路负荷的轻、重和线路的长、短或线路的故障率等实际情况确定拉开线路的顺序，若拉开某一线路时，接地信号消失，说明接地就在该线路上。

（4）寻找接地点

对于较短的架空输电线路寻找接地点时，可安排人员沿线进行全面检查，但是对于较长的架空输电线路寻找接地点时，宜采用优选法进行。首先在线路长度的 1/2 处的耐张杆进行分段，分别拆开线路三相的引流线，使整个线路分为两段，然后用 2500V 兆欧表分别测量三相导线的绝缘电阻，根据测量结果可判明线路的某段接地或两段均接地。其次根据判断结果继续分段查找，逐步缩小查找范围。待接地范围缩小到一定程度，可安排人员沿线进行全面检查。这样可节省时间，减少劳动量，从而提高工作效率。

对高压输电线路而言，在变电所除了会装有线路保护装置外，还会装有故障录波仪、行波测距仪，有的还半装有小波测距仪等，行波、小波测距装置能很准确地判断出接地点位置，精度可以达到 5km，一般情况下的精度能达到 1~2km。对故障查线非常有用。

（5）注意事项

最后，值得一提的是：为什么在分段测量线路的绝缘电阻时必须拆开线路三相的引流线，然后分别测量各段三相导线的绝缘电阻？

原因有：

1）有的线路较长，导线在途中进行换位，在没有标明 A、B、C 相的情况下，防止漏测故障相绝缘电阻，引起错误判断；

2）认为产生单相不完全接地时，对地电压最低的一相必定是接地相，因此只测一相绝缘电阻，而实际上有可能漏测了故障相，易出差错；

3）线路有可能多点接地等。因此，当发生架空线路接地时，必须认真检测、判断准确，工作中不能马虎。

2. 架空导线故障

（1）在配电线路中，由于线路水平排列，而且线间距离较小，如果同一档距内的导线弧垂不相同，刮大风时各导线的摆动也不相同，导致导线相互碰撞造成相间短路，所以在施工中必须严格把关，注意导线的张力，使三相导线的驰度相等，并且在规定的标准范围内。线路巡视时，发现上述问题，应及时安排处理。

（2）大风刮断树枝掉落在线路上，或向导线上抛掷金属物体，也会引起导线的相间短路，甚至断线。此外，超高的汽车通过线路下方或吊车在线路下面作业时，也可能会引起线路短路或断线事故。因此在交叉、跨越的线路上应留有一定的间隔距离。

（3）导线由于长期受水分、大气及有害气体的侵蚀，氧化而损坏，钢导线和避雷线最容易锈蚀，在巡视中发现导线严重腐蚀时，应予以及时更换。

（1）线路上的瓷质绝缘子由于受到空气中有害成分的影响，使瓷质部分污秽，遇到潮湿天气，污秽层吸收水分，使导电性能增强，既增加了电能损耗，又容易造成闪络事故。

（2）线路上误装不合格的瓷绝缘子或因绝缘子老化，在工频电压作用下发生闪络击穿。对此在巡视时发现有闪络痕迹的瓷绝缘子应予以及时地更换，而且更换的新瓷绝缘子必须经过耐压试验。

（3）瓷绝缘部分受外力破坏，发生裂纹或破损，打掉了大块瓷裙或是从边缘到顶部均有裂纹时，应予以更换，否则将会引起绝缘能力降低而发生闪络事故。

3. 电杆及金具故障

（1）由于土质及水分的影响，使木杆腐朽，往往造成倒杆事故，因此如采用木杆时，木杆根应有防腐措施，如涂沥青或加绑桩等。

（2）水泥杆遭受外力碰撞发生倒杆事故，如汽车或拖拉机碰撞等。

（3）导线受力不均，使得杆塔倾斜，此时应紧固电杆的拉线或调整线路。

（4）在导线振动的地方，金具螺丝易因受震动而自行脱落发生事故，因此在巡视与清扫时应仔细检查金具各部件的接触是否良好。

八、输电线路覆冰危害及防冰除冰技术

（一）覆冰危害

根据冰害事故类型分析，覆冰事故可归纳为以下四类：

1. 线路覆冰的过载事故

即导线覆冰超过设计抗冰厚度（覆冰后质量、风压面积增加）而导致的事故。机械方面，包括金具损坏、导线断股、杆塔损折、绝缘子串翻转及撞裂等；电气事故则是指覆冰使线路弧垂增大，从而造成闪络，威胁人身安全。2008 年初，湖南处于海拔 180 ~ 350m 之间的电网设施出现严重覆冰现象，先后有岗云、复沙和五民 3 条 500kV 线路出现倒塔事故，共倒塌 24 基，变形 3 基。

2. 不均匀覆冰或不同期脱冰事故

对于导线和地线来说，相邻档不均匀覆冰或不同期脱冰都会产生张力差，使导线在线夹内滑动，严重时将使导线外层铝股在线夹出口处全断、钢芯抽动，造成线夹另一侧的铝股发生颈缩，拥挤在线夹附近，长达 1 ~ 20m（悬垂线夹和耐张线夹均有此类情况发生）。不均匀覆冰的张力差是静荷载，而不同期脱冰属动荷载，这是二者的不同之处。其次，因邻档张力不同，直线杆塔承受张力差，使绝缘子串产生较大的偏移，碰撞横担，造成绝缘子损伤或破裂。再次，当张力差达到一定程度后，会使横担转动，导线碰撞拉线，电气间隙减小，使拉线烧断造成倒杆。

3. 绝缘子串冰凌闪络事故

覆冰是一种特殊形式的污秽，其放电过程也是由表面泄漏电流引起的。绝缘子覆冰或被冰凌桥接后，绝缘强度降低，泄漏距离缩短。融冰时，绝缘子表面将形成导电水膜，绝缘子局部表面电阻降低，形成闪络。闪络发展过程中持续电弧烧伤绝缘子，引起绝缘子绝缘强度降低。

4 覆冰导线舞动

导线覆冰不均匀形成所谓新月形、扇形、D 形等不规则形状。当风速在 4 ~ 20m/s，且风向与线路走向的夹角 ≥45° 时，导线便有了比较好的空气动力性能，在风的激励下诱发舞动。轻者发生闪络、跳闸，重者发生金具及绝缘子损坏，导线断股、断线，杆塔螺栓松动，甚至倒塌、导致重大电网事故。

（二）输电线路防冰除冰技术

1. 除冰技术

目前国内外除冰方法有 30 余种，大致可分为热力除冰法、机械除冰法、被动除冰法和其他除冰法四类。

热力除冰方法利用附加热源或导线自身发热，使冰雪在导线上无法积覆，或是使已经积覆的冰雪融化。目前应用较多的是低居里铁磁材料，这种材料在温度 <0℃ 时，磁滞损耗大，发热可阻止积覆冰雪或熔冰；当温度 >0℃ 时，不需要熔冰损耗很小。这种方法除冰的效果较明显，低居里热敏防冰套筒和低居里磁热线已投入工程实用。采用人力和动力绕线机除冰能耗成本较高。

机械除冰方法最早采用有 "ad hoe" 法、滑轮铲刮法和强力振动法，其中滑轮铲刮法较为实用，它耗能小，价格低廉，但操作困难，安全性能亦需完善。采用电磁力或电脉冲使导线产生强烈的而又在控制范围内振动来除冰，对雾凇有一定效果，对雨凇效果有限，除冰效果不佳。

被动除冰方法在导线上安装阻雪环、平衡锤等装置可使导线上的覆冰堆积到一定程度时，由风或其他自然力的作用自行脱落。该法简单易行，但可能因不均匀或不同期脱冰产生的导线跳跃的线路事故。

除上述方法外，电子冻结、电晕放电和碰撞前颗粒冻结、加热等方法也正在国内外研究。总之，目前除防冰技术普遍能耗大、安全性低，尚无安全、有效、简单的方法。

（1）热力融冰

1）三相短路融冰是指将线路的一端三相短路，另一端供给融冰电源，用较低电压提供较大短电路电流加热导线的方法使导线上的覆冰融化。

根据短路电流大小来选取合适的短路电压是短路融冰的重要环节。对融冰线路施加融冰电流有两种方法：即发电机零起升压和全电压冲击合闸。零起升压对系统影响不是很大，但冲击合闸在系统电压较低、无功备用不足时有可能造成系统稳定破坏事故。短路融冰时需将包括融冰线路在内的所有融冰回路中架空输电线停下来，对于大截面、双分裂导线因无法选取融冰电源而难以做到，对 500kV 线路而言则几乎不可能。

2）工程应用中针对输电线路最方便、有效、适用的除冰方法有增大线路传输负荷电流。相同气候条件下，重负载线路覆冰较轻或不覆冰，轻载线路覆冰较重，而避雷线与架空地线相对于导线覆冰更多，这一现象与导线通过电流时的焦耳效应有关，当负荷电流足够大时，导线自身的温度超过冰点，则落在导体表明的雨雪就不会结冰。

为防止导线覆冰，对 220kV 及以上轻载线路，主要依靠科学的调度，提前改变电网潮流分配，使线路电流达到临界电流以上；110kV 及以下变电所间的联络线，可通过调度让其带负荷运行，并达临界电流以上；其他类型的重要轻载线路，可采用在线路末端变电所母线上装设足够容量的并联电容器或电抗器以增大无功电流的办法，达到导线不覆冰的目的。

提升负荷电流防止覆冰优点为无需中断供电提高电网可靠性，避免非典型运行方式，简便易行；不足为避雷线和架空地线上的覆冰无法预防。

3）AREVA 输配电 2005 年在加拿大魁北克省的国有电力公司 Hydro—Quebec 建设世界首个以高压直流（HVDC）技术为基础的防覆冰电力质量系统。这个系统将覆盖约 600km 输电线，预计能于 2006 年秋天投入运行。魁北克省曾于 1998 年冬天遭受冰暴袭击，由于覆冰的压力，导致数百公里的高压输电线和数千个输电铁塔倒塌，数百万居民失去电力供应。AREVA 的 HVDCiceTM 将会在输电线路产生 7200A 的直流电，从而升高输电线的温度，使冰雪融化并滑落。当不用于防冰情况时，AREVA 的全新技术 HVDCiceTM 系统也可以作为静态无功补偿（svc）使用，它将提高输电网络的电能质量。

（2）机械除冰

滑轮铲刮技术是一种由地面操作人员拉动可在线路上行走的滑轮铲除导线上覆冰的方法，这种方法是目前唯一可行的输电线路除冰的机械方法。通过外部振动器使冻结输电线路导线和拉线振动的豫冰技术，由于要求外加振动源并且振动加速线缆疲劳因而难以在实际工程中采用。

1）电磁力除冰

加拿大 IREQ 高压实验室提出了一种新颖的基于电磁力的方法为覆冰严重的 315 kV 双分裂超高压线路除冰，即将输电线路在额定电压下短路，短路电流产生适当的电磁力使导体互相撞击而使覆冰脱落。为了降低短路电流幅值和提高效率，尽可能使合闸角接近零度，并采用适当的重合措施激发导体的固有振荡，增加其运动幅度。电磁力与电流的平方成正比，与导体的间距、幅值分别为 10kA 和 12 kA 的短路电流可以有效地为 315kV 双分裂导线除冰。三相短路引起的电压降落超过了系统可接受的程度，而单相短路引起的电压降落幅度相对较小。虽然短路电流对电力系统是不利的，但在严重冰灾的紧急情况下，可以在 315 kV 系统应用本方法。

2）用高频高压激励除冰

Charles R S 等提出了用 8~200kHz 的高频激励融冰的方法。机理是高频时冰是一种有损耗电介质，能直接引起发热，且集肤效应导致电流只在导体表面很浅范围内流通，造成电阻损耗发热。试验表明 33kV、100kHz 的电压可以为 1 000 km 的线路有效融冰。在输电线路上施加高频电源将产生驻波，冰的介质损耗热效应和集肤效应引起的电阻热效应都是不均匀的，电压波腹处介质损耗热效应最强，电流波腹处由集肤效应引起的发热最强，如果使它们以互补的方式出现，且大小比例适当，在整个线路的合成热效应将是均匀的。两个热效应的比值受导体类型，几何结构和覆冰厚度等诸多因素的影响。

当频率为12kHz时，由介质损耗特性就能产生足够的热能，随着频率的增加，产生足够损耗所需的电压下降，较好的运行频率范围是20"--150kHz，但由于高频电磁波干扰，在很多国家受限制。在可能发生大面积停电事故的紧急状况下，融冰可能比电磁干扰重要，否则可以使用不在管制范围内的较低的频率，如8 kHz，但此时介质损耗和集肤效应很难取得平衡，可以通过移动电源激励点而使驻波移动的方法来改善。由于不能直接在地线上施加高压激励，且地线直径较小使两种热效应都加强，可以利用在相线中施加激励时地线中产生的感应电流和感应电场融冰。覆冰较薄的地方的电晕放电会削弱高频波的传播，阻止功率到达和有效的融解覆冰较厚区域的冰，可以通过调制电压波形或增加频率解决该问题。

3）电脉冲除冰

Robert I E 试图将成功应用于飞机除冰的电脉冲除冰法（EIDI）移植到电力线除冰领域。该方法通过给整流器施加触发脉冲，使电容器通过线圈放电激发电脉冲而除冰。在硅控整流器触发信号的控制下高压电容器通过铜制线圈放电，产生快速交变磁场，在靠近线圈的极板上感应出涡流，极板是以某种方式与被除冰目标相连的铝板或次级线圈，在涡流和线圈磁场的共同作用下，产生斥力，使目标轻微膨胀后收缩而使覆冰粉碎脱落。为避免电容器 C 反相充电，在其旁并联了一个钳位二极管 D。

用高幅值短周期脉冲除冰的 EIDI 系统的优点是没有移动部件，但目前还没有可以有效地利用线圈产生斥力给带电线路除冰的激励源，不能除去足够长度的线路上的冰，以至于不能实际应用。

（3）被动除冰

所有被动方法中，应用憎水性和憎冰性固体涂料方法引起广泛的兴趣。使用低表面张力和粘合力等憎水性物质，除冰效果有限并只在湿雪条件下起作用。对固体憎冰涂料，已研制的最好憎冰材料，对冰的粘合力仍比冰与其本身的结合力大20 ~ 40 倍。对于各种涂料，如防冰油脂、随时间逐渐失去效力、防冰持久性有限。像地面航空器防冰所使用冰点降低液一样，每次冰雹前必须重新刷涂。为使憎冰型物质在各种条件下真正有效，仍需进一步做大量的研究工作。如果这些方法应用于导线、必须考虑强电场（如高压线路导线表面场强）对导线表面覆盖物的作用。

（4）其他方法

目前 4 种有潜力的除冰技术，包括碰撞前颗粒冻结、碰撞前颗粒加热、电晕放电和电子冻结。其中前 2 种是在过冷却水滴碰撞物体前将其冻结成非枯竭性固体颗粒或将其加热到正温度、超声技术已经试验并证明无效。利用微波加热雾滴技术，运作需要大量能源，并为避免雾滴碰撞物体后再次球结，物体本身也需要加热，电晕放电技术已证明对除冰无效，直流技术只在负极性下有效，这将大大降低使用性。以上四种技术的可行性都不高，大多处于设想或实验室测试阶段。

Mark Ostenorp 等人开发出一种内嵌在支撑线上的架空线机电保护装置，这一装置作为机械保险丝在架空线张力到达极限之前使连接在电气和机械上断开，然后电力公司可以简单地通过重新合上支撑线和导线而恢复供电，其可承受电流典型值为 200 A，可作为一种辅助设备应用于配电网。

加拿大魁北克研究所研制出一种电动机械装置清除超高压输电线路和架空地线上的覆冰。该装置由一个可移动机架和安装在上面的钢制刀片组成，刀片采用特定的形状和安装方式以取得最大的工作效率，牵引滑车能够产生足够强大的牵引力，该装置由运行人员在地面遥控，通信范围为 1 km（约为两个跨距），结构紧凑、重量轻，能够安全通过节点且能在低温和潮湿的环境工作，可以带电作业，有广阔的应用前景。

（三）防冰技术

1. 线路设计防冰

设计输电线路时，避开覆冰区，这是最有效地防止覆冰事故的方法。然而有些输电线路无法避开覆冰区，设计时应充分考虑线路走廊的地形、气象等条件，观测覆冰状况，保证足够的抗冰强度，以防止机械和电气事故。也有采用在导线上涂憎水性的涂料来减少覆冰量的方法。

2. 数字地形分析技术的应用

根据当地覆冰观测资料或以当地气候资料中最大积雪量计算当地最大覆冰厚度。利用地理信息系统中的数字地形分析技术，结合电线覆冰高度模型计算并制作微地形、微气象条件的输电线路沿线的覆冰厚度，以提高线路设计水平和做出运行中的预警。设计线路时尽量避开覆冰严重区域，避不开时提高线路的地域冰荷载即提高抗冰设计标准。对某些覆冰严重的老线路，采用局部改造、改道。重冰区采取增加杆塔缩小挡距的措施，使重线路挡距较均匀以增加导地线的过载能力，减轻杆塔荷载及不均匀脱冰时导地线碰撞的概率。对悬点偏移问题，在一个耐张段中某一档内覆冰较重且均匀，其他连续档覆冰相对较轻时，应将其与其他连续档开断以免悬点偏移过大。

3. 采用适当的爬电比距

改进电极形状以改善电场分布，高电位处应装均压环。按经验采用适当的爬电比距，建议将等径双伞裙且伞裙间距离较小的绝缘子更换为不等径双伞裙、具有大小伞裙的绝缘子。大盘径伞裙在绝缘子串中间隔布置可防止冰凌自桥接，既可防止冰闪，同时对雾闪也起作用；采取倒 V 型串改造，加大帽瓶，阻隔导电率高的融冰水形成闪络通道的水帘，是提高覆冰绝缘子串冰闪电压的基本措施和方法。

4. 新防冰材料技术的开发应用

在绝缘子导线表面涂憎水涂料降低冰的附着力，如永久性反污 RTV 涂料，施工简单成本低，但效果不佳。采用复合导线和耐热导线防冰，重冰区采用耐热导线以在覆冰季节人为增加输送负荷，使导线发热除冰。进一步研制和开发新的防污绝缘子，提高其表面憎水性，使电压分布较均匀，保持较高的覆冰绝缘子串冰闪电压。

5.加强运行管理及建立冰情监视预警系统

根据气象预报资料，结合当地线路地形和地貌，对微地形、微气象条件下的线路影响情况做出数字地形分析并根据严重情况做出不同等级的预警。一旦预警即从运行角度增大运行电流，使导线中电流大于导线覆冰的临界电流，将导线不覆冰时流过导线的最小电流称为防止导线覆冰的临界电流；双回路线路考虑停运一回路以增加运行回路的电流，提早做好融冰和除冰准备。定期清扫绝缘子或采取带点水冲洗的方法；适当更换运行年限较长、老化或难以清洁的绝缘子。

第二节　变压器

变压器（Transformer）是利用电磁感应的原理来改变交流电压的装置，主要构件是初级线圈、次级线圈和铁芯（磁芯）。主要功能有：电压变换、电流变换、阻抗变换、隔离、稳压（磁饱和变压器）等。按用途可以分为：电力变压器和特殊变压器（电炉变、整流变、工频试验变压器、调压器、矿用变、音频变压器、中频变压器、高频变压器、冲击变压器、仪用变压器、电子变压器、电抗器、互感器等）。电路符号常用 T 当作编号的开头，例：T01，T201 等。

（一）工作原理

变压器由铁芯（或磁芯）和线圈组成，线圈有两个或两个以上的绕组，其中接电源的绕组叫初级线圈，其余的绕组叫次级线圈。它可以变换交流电压、电流和阻抗。最简单的铁芯变压器由一个软磁材料做成的铁心及套在铁心上的两个匝数不等的线圈构成。

铁心的作用是加强两个线圈间的磁耦合。为了减少铁内涡流和磁滞损耗，铁心由涂漆的硅钢片叠压而成；两个线圈之间没有电的联系，线圈由绝缘铜线（或铝线）绕成。一个线圈接交流电源称为初级线圈（或原线圈），另一个线圈接用电器称为次级线圈（或副线圈）。实际的变压器是很复杂的，不可避免地存在铜损（线圈电阻发热）、铁损（铁心发热）和漏磁（经空气闭合的磁感应线）等，为了简化讨论这里只介绍理想变压器。理想变压器成立的条件是：忽略漏磁通，忽略原、副线圈的电阻，忽略铁心的损耗，忽略空载电流（副线圈开路原线圈中的电流）。例如电力变压器在满载运行时（副线圈输出额定功率）即接近理想变压器情况。

变压器是利用电磁感应原理制成的静止用电器。当变压器的原线圈接在交流电源上时，铁心中便产生交变磁通，交变磁通用 ϕ 表示。原、副线圈中的 ϕ 是相同的，ϕ 也是简谐函数，表为 $\phi=\phi m\sin\omega t$。由法拉第电磁感应定律可知，原、副线圈中的感应电动

势为 $e_1=-N_1d\phi/dt$、$e_2=-N_2d\phi/dt$。式中 N_1、N_2 为原、副线圈的匝数。由图可知 $U_1=-e_1$，$U_2=e_2$（原线圈物理量用下角标 1 表示，副线圈物理量用下角标 2 表示），其复有效值为 $U_1=-E_1=jN_1\omega\Phi$、$U_2=E_2=-jN_2\omega\Phi$，令 $k=N_1/N_2$，称变压器的变比。由上式可得 $U_1/U_2=-N1/N_2=-k$，即变压器原、副线圈电压有效值之比，等于其匝数比而且原、副线圈电压的位相差为 π。进而得出：

$$U_1/U_2=N_1/N_2$$

在空载电流可以忽略的情况下，有 $I_1/I_2=-N_2/N_1$，即原、副线圈电流有效值大小与其匝数成反比，且相位差 π。进而可得

$$I_1/I_2=N_2/N_1$$

理想变压器原、副线圈的功率相等 $P_1=P_2$。说明理想变压器本身无功率损耗。实际变压器总存在损耗，其效率为 $\eta=P_2/P_1$。电力变压器的效率很高，可达 90% 以上。

（二）主要分类

一般常用变压器的分类可归纳如下：

1. 按相数分

（1）单相变压器：用于单相负荷和三相变压器组。

（2）三相变压器：用于三相系统的升、降电压。

2. 按冷却方式分

（1）干式变压器：依靠空气对流进行自然冷却或增加风机冷却，多用于高层建筑、高速收费站点用电及局部照明、电子线路等小容量变压器。

（2）油浸式变压器：依靠油作冷却介质、如油浸自冷、油浸风冷、油浸水冷、强迫油循环等。

3. 按用途分

（1）电力变压器：用于输配电系统的升、降电压。

（2）仪用变压器：如电压互感器、电流互感器、用于测量仪表和继电保护装置。

（3）试验变压器：能产生高压，对电气设备进行高压试验。

（4）特种变压器：如电炉变压器、整流变压器、调整变压器、电容式变压器、移相变压器等。

4. 按绕组形式分

（1）双绕组变压器：用于连接电力系统中的两个电压等级。

（2）三绕组变压器：一般用于电力系统区域变电站中，连接三个电压等级。

（3）自耦变电器：用于连接不同电压的电力系统。也可作为普通的升压或降后变压器用。

5. 按铁芯形式分

（1）芯式变压器：用于高压的电力变压器。

（2）非晶合金变压器：非晶合金铁芯变压器是用新型导磁材料，空载电流下降约80%，是节能效果较理想的配电变压器，特别适用于农村电网和发展中地区等负载率较低地方。

（3）壳式变压器：用于大电流的特殊变压器，如电炉变压器、电焊变压器；或用于电子仪器及电视、收音机等的电源变压器。

（三）特征参数

1. 工作频率

变压器铁芯损耗与频率关系很大，故应根据使用频率来设计和使用，这种频率称工作频率。

2. 额定功率

在规定的频率和电压下，变压器能长期工作而不超过规定温升的输出功率。

3. 额定电压

指在变压器的线圈上所允许施加的电压，工作时不得大于规定值。

4. 电压比

指变压器初级电压和次级电压的比值，有空载电压比和负载电压比的区别。

5. 空载电流

变压器次级开路时，初级仍有一定的电流，这部分电流称为空载电流。空载电流由磁化电流（产生磁通）和铁损电流（由铁芯损耗引起）组成。对于 50Hz 电源变压器而言，空载电流基本上等于磁化电流。

6. 空载损耗

指变压器次级开路时，在初级测得功率损耗。主要损耗是铁芯损耗，其次是空载电流在初级线圈铜阻上产生的损耗（铜损），这部分损耗很小。

7. 效率

指次级功率 P_2 与初级功率 P_1 比值的百分比。通常变压器的额定功率愈大，效率就愈高。

8. 绝缘电阻

表示变压器各线圈之间、各线圈与铁芯之间的绝缘性能。绝缘电阻的高低与所使用的绝缘材料的性能、温度高低和潮湿程度有关。

一、双绕组变压器

（一）简介

变压器的最基本形式，包括两组绕有导线的线圈，并且彼此以电感方式组合一起。当一交流电流（具有某一已知频率）流入其中之一组线圈时，于另一组线圈中将感应出具有相同频率的交流电压，而感应的电压大小取决于两线圈耦合及磁交链的程度。

一般指连接交流电源的线圈为「一次线圈」；而跨于此线圈的电压称之为「一次电压」。在二次线圈的感应电压可能大于或小于一次电压，是由一次线圈与二次线圈间的「匝数比」所决定的。因此，变压器区分为升压与降压变压器两种。

大部分的变压器均有固定的铁芯，其上绕有一次与二次的线圈。基于铁材的高导磁性，大部分磁通量局限在铁芯里，因此，两组线圈借此可以获得相当高程度之磁耦合。在一些变压器中，线圈与铁芯二者间紧密地结合，其一次与二次电压的比值几乎与二者之线圈匝数比相同。因此，变压器之匝数比，一般可作为变压器升压或降压的参考指标。由于此项升压与降压的功能，使得变压器已成为现代化电力系统之一重要附属物，提升输电电压使得长途输送电力更为经济，至于降压变压器，它使得电力运用方面更加多元化，可以这么说，如果没有变压器，现代工业是无法达到发展到现在的盛况。

电子变压器除了体积较小外，在电力变压器与电子变压器二者之间，并没有明确的分界线。一般提供 60Hz 电力网络之电源均非常庞大，它可能是涵盖有半个洲地区那般大的容量。电子装置的电力限制，通常受限于整流、放大，与系统其他组件的能力，其中有些部分属放大电力者，但如与电力系统发电能力相比较，它仍然归属于小电力之范围。

各种电子装备常用到变压器，理由是：提供各种电压阶层确保系统正常操作；提供系统中以不同电位操作部分得以电气隔离；对交流电流提供高阻抗，但对直流则提供低的阻抗；在不同的电位下，维持或修饰波形与频率响应。「阻抗」其中之一项重要概念，亦即电子学特性之一，其乃预设一种设备，即当电路组件阻抗系从一阶层改变到另外的一个阶层时，其间即使用到一种设备——变压器。

对于电子装置而言，重量和空间通常是一项努力追求的目标，至于效率、安全性与可靠性，更是需要重要考虑的因素。变压器除了能够在一个系统里占有显著百分比的重量和空间外，另一方面在可靠性方面，它亦是衡量因子中之一要项。因为上述与其他应用方面的差别，使得电力变压器并不适合应用于电子电路上。

（二）工作原理

1. 原理

当一个正弦交流电压 U_1 加在初级线圈两端时，导线中就有交变电流 I_1 并产生交变磁通 ϕ_1，它沿着铁芯穿过初级线圈和次级线圈形成闭合的磁路。在次级线圈中感应出互感

电势 U_2，同时 ϕ_1 也会在初级线圈上感应出一个自感电势 E_1，E_1 的方向与所加电压 U_1 方向相反而幅度相近，从而限制了 I_1 的大小。为了保持磁通 ϕ_1 的存在就需要有一定的电能消耗，并且变压器本身也有一定的损耗，尽管此时次级没接负载，初级线圈中仍有一定的电流，这个电流我们称为"空载电流"。

如果次级接上负载，次级线圈就产生电流 I_2，并因此而产生磁通 ϕ_2，ϕ_2 的方向与 ϕ_1 相反，起了互相抵消的作用，使铁芯中总的磁通量有所减少，从而使初级自感电压 E_1 减少，其结果使 I_1 增大，可见初级电流与次级负载有密切关系。当次级负载电流加大时 I_1 增加，ϕ_1 也增加，并且 ϕ_1 增加部分正好补充了被 ϕ_2 所抵消的那部分磁通，以保持铁芯里的总磁通量不变。如果不考虑变压器的损耗，可以认为一个理想的变压器次级负载消耗的功率也就是初级从电源取得的电功率。变压器能根据需要通过改变次级线圈的圈数而改变次级电压，但是不能改变允许负载消耗的功率。

2. 判别参数

电源变压器标称功率、电压、电流等参数的标记，日久会脱落或消失。有的市售变压器根本不标注任何参数。这给使用带来极大不便。下面介绍无标记电源变压器参数的判别方法。此方法对选购电源变压器也有参考价值。

（1）识别电源变压器

1）从外形识别 常用电源变压器的铁芯有 E 形和 C 形两种。E 形铁芯变压器呈壳式结构（铁芯包裹线圈），采用 D41、D42 优质硅钢片作铁芯，应用广泛。C 形铁芯变压器用冷轧硅钢带作铁芯，磁漏小，体积小，呈芯式结构（线圈包裹铁芯）。

2）从绕组引出端子数识别 电源变压器常见的有两个绕组，即一个初级和一个次级绕组，因此有四个引出端。有的电源变压器为防止交流声及其他干扰，初、次级绕组间往往加一屏蔽层，其屏蔽层是接地端。因此，电源变压器接线端子至少是 4 个。

3）从硅钢片的叠片方式识别 E 形电源变压器的硅钢片是交叉插入的，E 片和 I 片间不留空气隙，整个铁芯严丝合缝。音频输入、输出变压器的 E 片和 I 片之间留有一定的空气隙，这是区别电源和音频变压器的最直观方法。至于 C 形变压器，一般都是电源变压器。

（2）功率的估算

电源变压器传输功率的大小，取决于铁芯的材料和横截面积。所谓横截面积，不论是 E 形壳式结构，或是 E 形芯式结构（包括 C 形结构），均是指绕组所包裹的那段芯柱的横断面（矩形）面积。

（3）各绕组电压的测量

要使一个没有标记的电源变压器利用起来，找出初级的绕组，并区分次级绕组的输出电压是最基本的任务。现以一实例说明判断方法。

例：已知一电源变压器，共 10 个接线端子。试判断各绕组电压。

第一步：分清绕组的组数，画出电路图。

用万用表 R×1 挡测量，凡相通的端子即为一个绕组。现测得：两两相通的有 3 组，三个相通的有 1 组，还有一个端子与其他任何端子都不通。照上述测量结果，画出电路图，并编号。

从测量可知，该变压器有 4 个绕组，其中标号⑤、⑥、⑦的是一带抽头的绕组，⑩号端子与任一绕组均不相通，是屏蔽层引出端子。

第二步：确定初级绕组。

对于降压式电源变压器，初级绕组的线径较细，匝数也比次级绕组多。

第三步：确定所有次级绕组的电压。

在初级绕组上通过调压器接入交流电，缓缓升压直至 220V。依次测量各绕组的空载电压，标注在各输出端。如果变压器在空载状态下较长时间不发热，说明变压器性能基本完好，也进一步验证了判定的初级绕组是正确的。

（三）操作方法

电力变压器巡视检查应符合下列规定：

1. 日常巡视每天应至少一次，夜间巡视每周应至少一次。

2. 下列情况应增加巡视检查次数：

（1）首次投运或检修、改造后投运 72h 内。

（2）气象突变（如雷雨、大风、大雾、大雪、冰雹、寒潮等）时。

（3）高温季节、高峰负载期间。

（4）变压器过载运行时。

3. 变压器日常巡视检查应包括以下内容：

（1）油温应正常，应无渗油、漏油，储油柜油位应与温度相对应。

（2）套管油位应正常，套管外部应无破损裂纹、无严重油污、无放电痕迹及其他异常现象。

（3）变压器音响应正常。

（4）散热器各部位手感温度应相近，散热附件工作应正常。

（5）吸湿器应完好，吸附剂应干燥。

（6）引线接头、电缆、母线应无发热迹象。

（7）压力释放器、安全气道及防爆膜应完好无损。

（8）分接开关的分接位置及电源指示应正常。

（9）气体继电器内应无气体。

（10）各控制箱和二次端子箱应关严，无受潮。

（11）干式变压器的外表应无积污。

（12）变压器室不漏水，门、窗、照明应完好，通风良好，温度正常。

（13）变压器外壳及各部件应保持清洁。

（四）修理维护

1. 损耗

当变压器的初级绕组通电后，线圈所产生的磁通在铁芯流动，因为铁芯本身也是导体，在垂直于磁力线的平面上就会感应电势，这个电势在铁芯的断面上形成闭合回路并产生电流，好像一个旋涡所以称为"涡流"。这个"涡流"使变压器的损耗增加，并且使变压器的铁芯发热变压器的温升增加。由"涡流"所产生的损耗我们称为"铁损"。另外要绕制变压器需要用大量的铜线，这些铜导线存在着电阻，电流流过时这电阻会消耗一定的功率，这部分损耗往往变成热量而消耗，我们称这种损耗为"铜损"。所以变压器的温升主要由铁损和铜损产生的。

由于变压器存在着铁损与铜损，所以它的输出功率永远小于输入功率，为此我们引入了一个效率的参数来对此进行描述，$\eta =$ 输出功率/输入功率。

2. 材料

要绕制一个变压器我们必须对与变压器有关的材料要有一定的认识，为此这里我就介绍一下这方面的知识。

（1）铁芯材料

变压器使用的铁芯材料主要有铁片、低硅片，高硅片，的钢片中加入硅能降低钢片的导电性，增加电阻率，它可减少涡流，使其损耗减少。我们通常称为加了硅的钢片为硅钢片，变压器的质量所用的硅钢片的质量有很大的关系，硅钢片的质量通常用磁通密度B来表示，一般黑铁片的B值为6000~8000、低硅片为9000~11000，高硅片为12000~16000，

（2）绕制变压器通常用的材料

漆包线，纱包线，丝包线，最常用的漆包线。对于导线的要求，是导电性能好，绝缘漆层有足够耐热性能，并且要有一定的耐腐蚀能力。一般情况下最好用QZ型号的高强度的聚酯漆包线。

（3）绝缘材料

在绕制变压器中，线圈框架层间的隔离、绕组间的隔离，均要使用绝缘材料，一般的变压器框架材料可用酚醛纸板制作，层间可用聚酯薄膜或电话纸作隔离，绕组间可用黄蜡布作隔离。

（4）浸渍材料

变压器绕制好后，还要过最后一道工序，就是浸渍绝缘漆，它能增强变压器的机械强度、提高绝缘性能、延长使用寿命，一般情况下，可采用甲酚清漆作为浸渍材料。

二、三绕组变压器

三绕组变压器的每相有3个绕组，当1个绕组接到交流电源后，另外2个绕组就感应

出不同的电势，这种变压器用于需要 2 种不同电压等级的负载。发电厂和变电所通常出现 3 种不同等级的电压，所以三绕组变压器在电力系统中应用比较广泛。每相的高中低压绕组均套于同一铁心柱上。为了绝缘使用合理，通常把高压绕组放在最外层，中压和低压绕组放在内层。

（一）结构

额定容量是指容量最大的那个绕组的容量，一般容量的百分比按高中低压绕组有三种形式 100/100/50、100/50/100、100/100/100。

（二）特点

在电力系统中最常用的是三绕组变压器。用一台三绕组变压器连接 3 种不同电压的输电系统比用两台普通变压器经济、占地少、维护管理也较方便。三相三绕组变压器通常采用 Y-Y-△接法，即原、副绕组均为 Y 接法，第三绕组接成△。△接法本身是一个闭合回路，许可通过同相位的三次谐波电流，从而使 Y 接原、副绕组中不出现三次谐波电压。这样它可以为原、副边都提供一个中性点。在远距离输电系统中，第三绕组也可以接同步调相机以提高线路的功率因数。

三绕组变压器容量以 3 个绕组中容量最大的那个绕组的容量表示。

在电子设备中，也常采用多绕组变压器，如电源变压器。1 和 1 ├为两个相同的原边绕组。它们可以串联或并联连接以配合两种不同的电源电压。2、3、4、4 ├均为副边绕组，可输出不同电压以满足不同的需要。它也可以保证各个电路相互隔离的要求。

$$n_{13}=N_1/N_3=E_1/E_3 \approx U_1/U_3$$

$$n_{23}=N_2/N_3=E_2/E_3 \approx U_2/U_3$$

三绕组变压器的容量以 3 个绕组中容量最大的那个绕组的容量表示。

（三）其他相关

1. 三绕组变压器在发电厂中应用

当发电厂需要用两种不同电压向电力系统或用户供电时，或当变电站需要连接几级不同电压的电力系统时，通常采用三绕组变压器。三绕组变压器有高压、中压、低压三个绕组，每相的三个绕组套在一个铁心柱上，为了便于绝缘，高压绕组通常都置于最外层。升压变压器的低压绕组放在高、中压绕组之间，这样布置的目的是使漏磁场分布均匀，漏抗分布合理，不致因低压和高压绕组相距太远而造成漏磁通增大以及附加损耗增加，从而保证有较好的电压调整率和运行性能。降压变压器主要从便于绝缘考虑，将中压绕组放在高压、低压绕组之间。根据国内电力系统电压组合的特点，三相三绕组变压器的标准连接组标号有 YN，yn_0，d_{11} 和 YN，yn_0，y_0 两种。

2. 容量配置和电压比

三绕组电力变压器各绕组的容量按需要分别规定。其额定容量是指三个绕组中容量最大的那个绕组的容量，一般为一次绕组的额定容量。并以此作为 100%，则三个绕组的容量配置有 100/100/50、100/50/100、100/100/100 三种。

三绕组变压器的空载运行原理与双绕组变压器基本相同，但有三个电压比，即高压与中压、高压与低压、中压与低压三个。

3. 基本方程式和等值电路

三绕组变压器负载运行时，主磁通同时与三个绕组的磁通相交链，由三个绕组的磁势（电流与匝数和乘积）共同产生，因此，负载时的磁势平衡方程为三个绕组的磁势之相量和等于励磁磁势相量（即空载电流与一次绕组匝数的乘积），将副边折算到原边后，变为三侧电流之相量和等于空载电流相量。忽略空载电流，变为三侧电流之相量和等于零。

三绕组变压器中，凡不同时与三个绕组相连的磁通都是漏磁通，其中仅与一个绕组相连而不与其他两个绕组相连的磁通称为自漏磁通；仅与两个绕组相连而不与第三个绕组相连的磁通，称为互漏磁通。每一个绕组的漏磁压降，都受到另外两个绕组的影响，因此，三绕组变压器的漏电抗与双绕组变压器的漏电抗含义不一样。为建立电压平衡方程式和等值电路，引入了等值电抗的概念，高、中、低压绕组的等值电抗包含各自绕组的自感电抗和绕组之间的互感电抗，与各绕组等值电抗相应的还有各自的等值阻抗，且均为折算到一次侧的数值。

仿照双绕组变压器的分析方法，列出电势平衡方程式，即：

一次侧电压相量等于一次电流在一次等值阻抗上的压降相量和二次电流折算值在二次等值阻抗上的负压降相量，以及二次绕组端电压负相量之和；也等于一次电流在一次等值阻抗上的压降相量和三次电流折算值在三次等值阻抗上的负压降相量，以及三次绕组端电压负相量之和。

由磁势平衡方程式和电压平衡方程式可做出三绕组变压器的简化等值电路，它由二、三次等值阻抗并联，再怀一次等值阻抗串联组成。两个副绕组负载电流互相影响，当任一副绕组的电流变化时，不仅影响本侧端电压，而且另一副绕组的端电压也会随着变化。因为原边电流由两个副边电流决定，原边阻抗压降同时受到两个副边电流的影响，而原边电流在原边等值阻抗上的压降，直接影响副边电压。为了减小两个副边之间的相互影响，应尽力减小原边等值阴抗。

4. 参数的测定和试验

三绕组变压器的短路试验要分别做三次，即高中压、高低压、中低压，不论做哪两侧之间的短路试验，都是将无关侧开路，相关侧一侧加压，另一侧短路。

然后根据三个试验所得值，由公式可算出每个绕组的折算到一次侧的等值阻抗值。

5. 公式的语言描述如下

某一侧的等值阻抗等于与该侧有关的两个试验所得值之和，减去与该侧无关的试验所得值，得数除二。

如一次侧的等值阻抗等于一、二次间的试验所得值加上一、三次间的试验所得值，减去二、三次间的试验所得值，得数再除二。

由此可知，要减小一次侧的等值阻抗，就必须减小一、二次间的等值阻抗和一、三次间的等值阻抗，增大二、三次间的等值阻抗值，升压变压器之所以将低压绕组放在中间，就是为了使原边具有较小的等值阻抗。

三绕组变压器高压绕组和低压绕组的线端标志与双绕组变压器相同，中压绕组的首、末端下标换成了 m。

三、自耦变压器

自耦的耦是电磁耦合的意思，普通的变压器是通过原副边线圈电磁耦合来传递能量，原副边没有直接电的联系，自耦变压器原副边有直接电的联系，它的低压线圈就是高压线圈的一部分。

（一）特点

1. 由于自耦变压器的计算容量小于额定容量．所以在同样的额定容量下，自耦变压器的主要尺寸较小，有效材料（硅钢片和导线）和结构材料（钢材）都相应减少，从而降低了成本。有效材料的减少使得铜耗和铁耗也相应减少，故自耦变压器的效率较高。同时由于主要尺寸的缩小和质量的减小，可以在容许的运输条件下制造单台容量更大的变压器。但通常在自耦变压器中只有 $k \leq 2$ 时，上述优点才明显。

2. 由于自耦变压器的短路阻抗标幺值比双绕组变压器小，故电压变化率较小，但短路电流较大。

3. 由于自耦变压器一、二次之间有电的直接联系，当高压侧过电压时会引起低压侧严重过电压。为了避免这种危险，一、二次都必须装设避雷器，不要认为一、二次绕组是串联的，一次已装、二次就可省略。

4. 在一般变压器中．有载调压装置往往连接在接地的中性点上，这样调压装置的电压等级可以比在线端调压时低。而自耦变压器中性点调压则会带来所谓的相关调压问题。因此，要求自耦变压器有载调压时，只能采用线端调压方式。

（二）应用

自耦变压器在不需要初、次级隔离的场合都有应用，具有体积小、耗材少、效率高的优点。常见的交流（手动旋转）调压器、家用小型交流稳压器内的变压器、三相电机自耦减压起动箱内的变压器，等等，都是自耦变压器的应用范例。

随着中国电气化铁路事业的高速发展，自耦变压器（AT）供电方式得到了长足的发展。由于自耦变压器供电方式非常适用于大容量负荷的供电，对通信线路的干扰又较小，因而被客运专线以及重载货运铁路所广泛采用。早期中国铁路专用自耦变压器主要依靠进口，成本较高且维护不便。

1. 运行方式

电力系统中常采用三绕组自耦变压器作为联络变压器，以减少投资和运行费用。它有高压、中压和低压 3 个绕组。通常其高压和中压侧均为 110 千伏以上的系统。

2. 自耦变压器

（1）高压侧向中压侧或中压侧向高压侧送电。实线方向为高压侧向中压侧送电，虚线表示中压侧向高压侧送电。因为高中低三个绕组与铁心的相对位置，在制造时与设计有所差异，所以在这种运行方式下，如果中压布置在高低压之间，一般可以传输全部额定容量；如果中压绕组靠铁心布置，则由于漏磁通在结构中会引起较大的附加损耗，其最大传输功率 s 往往限制在额定容量 S_{1n} 的 70% ~ 80%。

（2）高压侧向低压侧或低压侧向高压侧送电。此时功率全部通过磁路传输，其最大传输功率不得超过低压绕组的额定容量 S_{3n}。

（3）中压侧向低压侧或低压侧向中压侧送电。这种情况与第 2 种运行方式相同。

（4）高压侧同时向中压侧和低压侧或低压侧和中压侧同时向高压侧送电。在这种运行方式下，最大允许的传输功率不得超过自耦变压器高压绕组（即串联绕组）的额定容量。

（5）中压侧同时向高压侧和低压侧或高压侧和低压侧同时向中压侧送电。在这种运行方式中，中压绕组（即公共绕组）为原绕组，而其他两个为副绕组。因此，最大传输功率受公共绕组容量的限制。

（三）相关变压器

1. 中和变压器

中和变压器：降低强电线对通信线产生影响的一种装置。它的次级线圈个数与通信导线数相同，并且直接串入通信导线；它的初级线圈串接入两端接地的领示线。这样强电线与领示线中的电流，会对通线线路产生相应的对地电位。它改变了通信导线的电位分布情况，确保通信线路沿线的对地电位都不超过限定值。这种串接的方法不会改变通信线路的对地绝缘，同时起到了保护通信线路的作用。它的缺点就是需要多加一根领示线。

2. 屏蔽变压器

屏蔽变压器：屏蔽变压器又称为降低变压器。它的工作原理和中和变压器是相同的，用于通信电缆保护。它的次级钱圈是一个总体，由一段缆心或电缆本身的缆芯绕成，不需要对导线单独设置次级线圈；而它的初级线圈由绝缘铜线绕成，直接串接在电缆的外皮中。

3. 分隔变压器

分隔变压器：防止强电线对通信线产生影响的一种保护装置。又称为绝缘变压器。它的工作原理是把变比 1 ： 1 的初、次级线圈分别插接到一对通信导线上，这样将导线分隔为多段，降低了导线上的感应纵电势，对通信线路起到了保护作用。适用于音频通信线路，但使用分隔变压器的通信线路上不能进行直流测试和传送直流信号了。

4. 吸流变压器

吸流变压器：它是用在交流电气化铁路供电系统上的，是用来降低对邻近通信线路影响的一种器件。它会把原来逸入大地的电流强行吸附到专门架设的回流线上，并将电流引入牵引变电站。既节能降耗，又对通信线路起到了保护作用。

第三节　直流输电

一、直流输电概述

直流输电主要由换流站（整流站和逆变站）、直流线路、交流侧和直流侧的电力滤波器、无功补偿装置、换流变压器、直流电抗器以及保护、控制装置等构成（见图直流输电系统的基本构成）。其中换流站是直流输电系统的核心，它完成交流和直流之间的变换。

（一）发展历史

以直流电流传输电能。人们对电能的应用和认识是首先从直流开始的。法国物理学家和电气技师 M. 德普勒于 1882 年将装设在米斯巴赫煤矿中的 3 马力直流发电机所发的电能，以 1500 ～ 2000 伏直流电压，送到了 57 公里以外的慕尼黑国际博览会上，完成了第一次输电试验。此后在 20 世纪初，试验性的直流输电的电压、功率和距离分别达到过 125 千伏、20 兆瓦和 225 公里。但由于采用直流发电机串联获得高压直流电源，受端电动机也是用串联方式运行，不但高压大容量直流电机的换向困难而受到限制，串联运行的方式也比较复杂，可靠性差，因此直流输电在近半个世纪的时期里没有得到进一步发展。20 世纪 50 年代，高压大容量的可控汞弧整流器研制成功，为高压直流输电的发展创造了条件；同时电力系统规模的扩大，使交流输电的稳定性问题等局限性也表现得更明显，直流输电技术又重新为人们所重视。1954 年瑞典本土和哥得兰岛之间建成一条 96 公里长的海底电缆直流输电线，直流电压为 ±100 千伏，传输功率为 20 兆瓦，是世界上第一条工业性的高压直流输电线。50 年代后期可控硅整流元件的出现，为换流设备的制造开辟了新的途径。30 年来，随着电力电子技术的进步，直流输电有了新的发展。到 80 年代世界上已投入运行的直流输电工程共有近 30 项，总输送容量约 2 万兆瓦，最长的输送距离超过一千公里。并且还有不少规模更大的工程正在规划设计和建设中。

（二）发展历程

在 20 世纪 30 ~ 50 年代，人们探索用各种器件构成换流器作为直流高电压电源，以替代直流发电机，从而研制了可控汞弧阀换流器，为发展高压大功率直流输电开辟了道路，自 1954 年世界上第一个商业性的直流输电工程—哥得兰岛直流输电工程建成以来，直流输电又重新被人们所重视并迅速崛起。20 世纪 70 年代，随着可控硅技术的突飞猛进的发展，高压直流输电的技术优势也日趋明显，因此说哥得兰岛直流输电工程的成功商业应用标志着直流输电的崛起。

（三）优点

直流输电与交流输电相比有以下优点：

1. 当输送相同功率时，直流线路造价低，架空线路杆塔结构较简单，线路走廊窄，同绝缘水平的电缆可以运行于较高的电压；

2. 直流输电的功率和能量损耗小；

3. 对通信干扰小；

4. 线路稳态运行时没有电容电流，没有电抗压降，沿线电压分布较平稳，线路本身无需无功补偿；

5. 直流输电线联系的两端交流系统不需要同步运行，因此可用以实现不同频率或相同频率交流系统之间的非同步联系；

6. 直流输电线本身不存在交流输电固有的稳定问题，输送距离和功率也不受电力系统同步运行稳定性的限制；

7. 由直流输电线互相联系的交流系统各自的短路容量不会因互联而显著增大；

8. 直流输电线的功率和电流的调节控制比较容易并且迅速，可以实现各种调节、控制。如果交、直流并列运行，有助于提高交流系统的稳定性和改善整个系统的运行特性。

（四）缺点

直流输电的发展也受到一些因素的限制。首先，直流输电的换流站比交流系统的变电所复杂、造价高、运行管理要求高；其次，换流装置（整流和逆变）运行中需要大量的无功补偿，正常运行时可达直流输送功率的 40 ~ 60%；换流装置在运行中在交流侧和直流侧均会产生谐波，要装设滤波器；直流输电以大地或海水作回路时，会引起沿途金属构件的腐蚀，需要防护措施。要发展多端直流输电，需研制高压直流断路器。

（五）应用

直流输电目前主要用于 5 个方面：

1. 远距离大功率输电；

2. 联系不同频率或相同频率而非同步运行的交流系统；

3. 作网络互联和区域系统之间的联络线（便于控制、又不增大短路容量）；

4. 以海底电缆作跨越海峡送电或用地下电缆向用电密度高的大城市供电;

5. 在电力系统中采用交、直流输电线的并列运行,利用直流输电线的快速调节,控制、改善电力系统的运行性能。

随着电力电子技术的发展,大功率可控硅制造技术的进步、价格下降、可靠性提高,换流站可用率的提高,直流输电技术的日益成熟,直流输电在电力系统中必然得到更多的应用。当前,研制高压直流断路器、研究多端直流系统的运行特性和控制、发展多端直流系统、研究交直流并列系统的运行机理和控制,受到广泛的关注。

许多科学技术学科的新发展为直流输电技术的应用开拓着广阔的前景,多种新的发电方式——磁流体发电、电气体发电、燃料电池和太阳能电池等产生的都是直流电,所产生的电能要以直流方式输送,并用逆变器变换送入交流电力系统;极低温电缆和超导电缆也更适宜于直流输电,等等。今后的电力系统必将是交、直流混合的系统。

(六)直流输电设备

1. 直流屏

直流屏通用名为智能免维护直流电源屏,简称直流屏,通用型号为 GZDW。简单地说,直流屏就是提供稳定直流电源的设备。(在输入有380V电源时直接转化为220V,在输入(市电和备用电)都无输入时,直接转化为蓄电池供电——直流220V:实际上也可以说是一种工业专用应急电源)。发电厂和变电站中的电力操作电源现今采用的都是直流电源,它为控制负荷和动力负荷以及直流事故照明负荷等提供电源,是当代电力系统控制、保护的基础。直流屏由交配电单元、充电模块单元、降压硅链单元、直流馈电单元、配电监控单元、监控模块单元及绝缘监测单元组成。主要应用于电力系统中小型发电厂、水电站、各类变电站,和其他使用直流设备的用户(如石化、矿山、铁路等),适用于开关分合闸及二次回路中的仪器、仪表、继电保护和故障照明等场合。

直流屏是一种全新的数字化控制、保护、管理、测量的新型直流系统。监控主机部分高度集成化,采用单板结构(All in one),内含绝缘监察、电池巡检、接地选线、电池活化、硅链稳压、微机中央信号等功能。主机配置大液晶触摸屏,各种运行状态和参数均以汉字显示,整体设计方便简洁,人机界面友好,符合用户使用习惯。直流屏系统为远程检测和控制提供了强大的功能,并具有遥控、遥调、遥测、遥信功能和远程通信接口。通过远程通信接口可在远方获得直流电源系统的运行参数,还可通过该接口设定和修改运行状态及定值,满足电力自动化和电力系统无人值守变电站的要求;配有标准 RS232/485 串行接口和以太网接口,可方便纳入电站自动化系统。

2. 直流电源

直流电源有正、负两个电极,正极的电位高,负极的电位低,当两个电极与电路连通后,能够使电路两端之间维持恒定的电位差,从而在外电路中形成由正极到负极的电流。单靠水位高低之差不能维持稳恒的水流,而借助于水泵持续地把水由低处送往高处就能维持一定的水位差而形成稳恒的水流。与此类似，单靠电荷所产生的静电场不能维持稳恒的电流，而借助于直流电源，就可以利用非静电作用（简称为"非静电力"）使正电荷由电位较低的负极处经电源内部返回到电位较高的正极处，以维持两个电极之间的电位差，从而形成稳恒的电流。因此，直流电源是一种能量转换装置，它把其他形式的能量转换为电能供给电路，以维持电流的稳恒流动。

直流电源中的非静电力是由负极指向正极的。当直流电源与外电路接通后，在电源外部（外电路），由于电场力的推动，形成由正极到负极的电流。而在电源内部（内电路），非静电力的作用则使电流由负极流到正极，从而使电荷的流动形成闭合的循环。

二、直流输电技术

（一）晶闸管

晶闸管触发技术是直流输电的关键技术之一，采用光触发晶闸管，可以省去用于再次进行光电转换的触发电路板。但需要将相应的保护或测量电路集成在晶闸管上，因此技术复杂，工艺要求严格。13 本 1992 年投运的新直流扩建工程、1993 年投运的北本线直流扩建工程、1999 年投入的东清水变频站（±125 kV，2400A，300MW）及 2000 年投运的纪伊海峡直流电缆及架空线系统共 5 个工程全部采用光直接触发晶闸管，标志着直流输电新时期的开始。

（二）接地极引线

直流输电的接地极引线的运行电压很低，换流站采用传统的电流、电压测量方法，难以检测到靠近接地极的对地短路故障。为了检测接地极引线故障，近年来开发出脉冲回声、阻抗等接地及引线测量装置。其基本原理是，在换流站接地极的两根引线之间加低压高频脉冲，通过接收这些脉冲的回波，计算接地引线的阻抗。当引线任何地点发生对地短路时，其阻抗的变化将反映到测量装置中，从而判定是否发生故障，并能判断故障地点。

（三）处理器

随着电子信息技术的发展，处理器的计算速度越来越快，存储空间越来越大，并行运行的处理器越来越多。现在微处理器技术遍布直流系统各个设备的控制和保护，包括：极控（或阀控）、站控（交流场 / 直流场）、直流系统保护、换流变压器控制保护、交 / 直流滤波器控制保护、换流器冷却系统控制保护、站用电系统控制保护等。

（四）卫星定位系统

直流输电系统中，为了便于事故分析处理，需要对分布在换流站内的各个控制保护系统、两端换流站设备的测量时间进行同步，以便精确测量直流线路的故障地点。以往的直流输电系统各种设备之间及两站之间没有统一的时间参考，暂态故障记录与事件记录不同步，不能示出直流线路故障的正确位置，给检修和维护带来极大不便。采用全球卫星定位系统（GPS），可使各种设备时间的误差小于 lms。直流线路故障定位可以精确到 300m。

（五）轻型直流输电

轻型高压直流输电是 ABB 公司发展的一项全新的输电技术，尤其适用于小型的发电和输电应用，它将高压直流输电的经济应用功率范围降低到几十兆瓦．该系统由放在两个或两个以上的输电终端上的终端换流站及它们之间的连接组成。虽然传统的直流架空线可以作为连接，但如果我们应用地下电缆来连接两个变电站，整个系统将能最多的获益。在很多场合，评估下来的电缆成本低于架空线的成本，而且在一个轻型高压直流输电系统中，使用电缆所需的环境等方面的许可还更容易获得。比起交流输电和本地发电，轻型高压直流输电系统不仅具有成本优势，它对提高交流电网供电品质也提供了新的可能。自 1997 年提出轻型高压直流输电，数个输电线路已投入商业运营，其中最高容量已达 330MW。更多的正在建设中。

（六）技术特点

1. VSC 电流能够自关断，可以工作在无源逆变方式，不需要外加的换相电压。克服了传统 HVDC 受端必须是有源网络的根本缺陷，使利用 HVDC 为远距离的孤立负荷送电成为可能。

2. 正常运行时 VSC 可以同时且相互独立控制有功功率、无功功率，控制更加灵活方便。

3. VSC 不仅不需要交流侧提供无功功率而且能够起到 STATCOM 的作用，即动态补偿交流母线的无功功率，稳定交流母线电压。这意味着故障时，如 VSC 容量允许，那么 HVDC Lisht 系统既可向故障系统提供有功功率的紧急支援又可提供无功功率紧急支援，从而提高系统功角电压的稳定性。

4. 潮流反转时直流电流方向反转而直流电压极性不变，与传统 HVDC 恰好相反。这个特点有利于构成既能方便地控制潮流又有较高可靠性的并联多端直流系统。

5. 由于 VSC 交流倒电流可以被控制，所以不会增加系统的短路功率。这意味着增加新的轻型直流输电线路后，交流系统的保护整定基本不需改变。

6. VSC 通常采用 SPWM 技术，开关频率相对较高，经过低通滤波后就可得到所需交流电压，可以不用变压器，所需滤波装置容量也大大减小．

7. 但 IGBT 损耗大，不利于大型直流工程的采用。今后集成门极换相晶闸管（IGCT）和碳化硅等新型半导体器件的开发，给直流输电技术的发展将创造更好的条件。

轻型直流潜在的用途包括远距离无源网络送电、发电厂的连接及用来构成大城市内多端直流输电系统代替传统的交流配电网等。目前，由于器件容量及其串联技术限制，轻型直流可达到的容量有限，还不能取代传统 HVDC 用于大功率直流输电。以 GTO 为功率器件的大容量 VSC 一旦研制成功将较大幅度提高轻型输电容量。

（七）可靠性

在分析直流输电系统设备可靠性指标时，通常按以下几种故障的原因分析，即交流设备及其辅助设备、换流阀及其冷却系统、换流站控制保护和通信设备、直流一次设备、直流线路或电缆，以及其他原因，如人为的或不明的原因。

直流系统可靠性的分析方法通常包括对世界已投运的直流工程进行可靠性指标的统计及原因分析；对影响可靠性的主要因素进行敏感性分析；建立直流系统可靠性计算的数学模型，并对相关的计算条件和参数进行收集和假设，然后按照有关的计算方法进行计算分析；对可靠性的等效经济指标进行评估；最后提出工程可靠性的指标要求，主要是单极和双极的年强迫停运次数和系统的可用率，并按此提出相关的设计、制造、建设、运行和检修要求。直流可靠性的计算方法通常是建立描述系统可靠性的数学模型，根据状态之间的转移关系列出状态概率的状态方程进行有关计算，如马尔可夫过程研究方法，这是一种数学解析方法。另一种是模拟法，它是对系统进行数字仿真模拟，然后采用统计试验方法进行分析，如蒙特卡洛模拟法。在直流输电系统中，根据工程经验，对直流系统可靠性分析中最敏感的故障因素是交流系统故障、换流变压器故障、换流站控制保护系统和换流阀及其辅助设备，其中又以电缆、换流变压器和换流阀的返修时间最长，影响系统可用率为最严重。对各设备元件的可靠性分析中，主要考虑的因素为设备的故障率、备品备件的数量、设备的维修周期和故障后修理和运输的时间，以及各子系统是否双重化和自动切换等。直流系统可靠性的经济评估主要涉及：在强迫停运期间，要有补偿的送电容量，可能需要增加系统的备用容量以避免直流系统的停运给用户用电带来过大的影响，这种临时的容量往往价格较高。此外，就是故障的修复费用。由于直流系统通常配有完全独立的双重化快速极控制保护系统、根据系统要求设计的双极或单极过负荷能力，以及可降压运行的性能，这些特点或使直流输电系统的双极和单极停运率大大减少；或使得当一极停运时不仅不影响另一极的运行，另一极还可采用过负荷运行方式；或者线路绝缘水平降低时还可降压运行；这些都将使故障时发生的输送容量的变化减至最小，而系统的可靠性和可用率大大提高。

三、高压直流输电系统

高压直流输电系统是利用稳定的直流电具有无感抗，容抗也不起作用，无同步问题等优点而采用的大功率远距离直流输电系统。输电过程为直流。常用于海底电缆输电，非同步运行的交流系统之间的联络等方面。

（一）功能

在一个高压直流输电系统中，电能从三相交流电网的一点导出，在换流站转换成直流，通过架空线或电缆传送到接受点；直流在另一侧换流站转化成交流后，再进入接收方的交流电网。直流输电的额定功率通常大于 100 兆瓦，许多在 1000 ~ 3000 兆瓦之间。

高压直流输电用于远距离或超远距离输电，因为它相对传统的交流输电更经济。

应用高压直流输电系统，电能等级和方向均能得到快速精确地控制，这种性能可提高它所连接的交流电网性能和效率，直流输电系统已经被普遍应用。

高压直流输电是将三相交流电通过换流站整流变成直流电，然后通过直流输电线路送往另一个换流站逆变成三相交流电的输电方式。它基本上由两个换流站和直流输电线组成，两个换流站与两端的交流系统相连接。

直流输电线造价低于交流输电线路但换流站造价却比交流变电站高得多。一般认为架空线路超过 600 ~ 800km，电缆线路超过 40 ~ 60km 直流输电较交流输电经济。随着高电压大容量可控硅及控制保护技术的发展，换流设备造价逐渐降低直流输电近年来发展较快。我国葛洲坝—上海 1100km，±500kV，输送容量的直流输电工程，已经建成并投入运行。此外，全长超过 2000 公里的向家坝—上海直流输电工程也已经完成，于 2010 年 7 月 8 日投入运行。该线路是目前（截至 2011 年年初）世界上距离最长的高压直流输电项目。

（二）主要优点

优点是不增加系统的短路容量便于实现两大电力系统的非同期联网运行和不同频率的电力系统的联网；利用直流系统的功率调制能提高电力系统的阻尼，抑制低频振荡，提高并列运行的交流输电线的输电能力。它的主要缺点是直流输电线路难于引出分支线路绝大部分只用于端对端送电。加拿大原计划开发和建设五端直流输电系统现已建成三端直流输电系统。实现多端直流输电系统的主要技术困难是各种运行方式下的线路功率控制问题。目前，一般认为三端以上的直流输电系统技术上难实现经济合理性待研究。

（三）主要设备

包括换流器、换流变压器、平波电抗器、交流滤波器、直流避雷器及控制保护设备等。

换流器又称换流阀是换流站的关键设备，其功能是实现整流和逆变。目前换流器多数采用晶闸管可控硅整流管组成三相桥式整流作为基本单元，称为换流桥。一般由两个或多个换流桥组成换流系统，实现交流变直流、直流变交流的功能。

换流器在整流和逆变过程中将要产生 5、7、11、13、17、19 等多次谐波。为了减少各次谐波进入交流系统在换流站交流母线上要装设滤波器。它由电抗线圈、电容器和小电阻 3 种设备串联组成通过调谐的参数配合可滤掉多次谐波。一般在换流站的交流侧母线装有 5、7、11、13 次谐波滤波器组。

单极又分为一线一地和单极两线的方式。直流输电一般采用双极线路，当换流器有一极退出运行时，直流系统可按单极两线运行，但输送功率要减少一半。

（四）节能探索

自 20 世纪 80 年代以来，电力传输技术的发展步伐明显加快，提高传输能力的办法不断涌现，既有直流输电技术、柔性交流输电技术、分频输电技术等高新技术，同时也有对现有高压交流输电线路的增容改造技术，如升压改造、复导增容改造、交流输电线路改为直流输电技术等。直流输电，对于提高现有传输系统的传输能力，挖掘现有设备潜力，具有十分重要的现实意义，实施起来可收到事半功倍的效果。

1. 从经济方面看，直流输电有以下三个主要优点

首先，线路造价低，节省电缆费用。直流输电只需两根导线，采用大地或海水作回路只用一根导线，能够节省大量线路投资，因此电缆费用省得多。

其次，运行电能损耗小，传输节能效果显著。直流输电导线根数少，电阻发热损耗小，没有感抗和容抗的无功损耗，且传输功率的增加使单位损耗降低，大大提高了电力传输中的节能效果。

最后，线路走廊窄，征地费省。以同级 500 千伏电压为例，直流线路走廊宽仅 40 米，对于数百千米或数千千米的输电线路来说，其节约的土地量是很可观的。

除了经济性，直流输电的技术性也可圈可点。直流输电调节速度快，运行可靠。在正常情况下能保证稳定输出，在事故情况下可实现紧急支援，因为直流输电可通过可控硅换流器快速调整功率、实现潮流翻转。此外，直流输电线路无电容充电电流，电压分布平稳，负载大小不发生电压异常不需并联电抗。

2. 提升空间大功率电力电子器件将改善直流输电性能

直流输电最核心的技术集中于换流站设备，换流站实现了直流输电工程中直流和交流相互能量转换，除在交流场具有交流变电站相同的设备外，还有以下特有设备：换流阀、控制保护系统、换流变压器、交流滤波器和无功补偿设备、直流滤波器、平波电抗器以及直流场设备，而换流阀是换流站中的核心设备，其主要功能是进行交直流转换，从最初的汞弧阀发展到现在的电控和光控晶闸管阀。

晶闸管用于高压直流输电已有很长的历史。近 10 多年来，可关断的晶闸管、绝缘门极双极性三极管等大功率电子器件的开断能力不断提高，新的大功率电力电子器件的研究开发和应用，将进一步改善新一代的直流输电性能、大幅度简化设备、减少换流站的占地、降低造价。

3. 远距离输电优势明显

发电厂发出的交流电通过换流阀变成直流电，然后通过直流输电线路送至受电端再变成交流电，注入受端交流电网。业内专家一致认为。高压直流输电具有线路输电能力强、损耗小、两侧交流系统不需同步运行、发生故障时对电网造成的损失小等优点，特别适合用于长距离点对点大功率输电。

其中，轻型直流输电系统采用可关断的晶闸管、绝缘门极双极性三极管等可关断的器件组成换流器，使中型的直流输电工程在较短输送距离也具有竞争力。

此外，可关断器件组成的换流器，还可用于向海上石油平台、海岛等孤立小系统供电，未来还可用于城市配电系统，接入燃料电池、光伏发电等分布式电源。轻型直流输电系统

更有助于解决清洁能源上网稳定性问题。

（五）高压直流供电技术应用现状

1. 高压直流供电技术的应用情况

我国对高压直流供电技术的应用主要体现在，中国电信公司在使用并且推广高压直流供电技术，并且电信公司与电源系统的开发商在不断地研究高压直流电源，如今，这种供电方式已经被相关部门广泛的应用。虽然高压直流电源可以选择多种电压，但是依然没有后端设备厂商的大力支持。在选择供电电压的时候一定要确保整个供电系统可以正常的运作，高压直流供电技术中存在的问题不断的解决，高压直流供电技术就会得到飞快地发展。

2. 影响高压直流供电技术发展的因素

随着通信行业不断发展的同时，对供电电源的要求也越来越多。高压直流电源的应用比较广泛，但是高压直流电源的发展依然有很多制约的因素：

（1）后端设备对高压直流供电技术的影响

虽然在很多行业中高压直流电源可以满足后端设备电源的基本需求，但是高压直流电源的标准不是后端设备要求的标准电源，这样整个系统在运行过程中就会出现一定的风险，其主要表现在以下方面。

1）技术风险

虽然使用高压直流供电的后端设备比较多，但是根据高压直流电源的试点运行状况分析，会存在部分设备不支持高压直流电源的现象，而设备是否支持高压直流电源的检测，只有通过运行才可以检测出来，但是检测需要一定的时间，因此，在检测结果出来以前会存在很多风险。

2）法律风险

在使用高压直流电源的时候后端设备发生故障，对于运营商是不利的，在面临极大的风险考验的同时，高压直流电源的使用很可能会造成合同双方陷入法律纠纷之中。

（2）电源系统的定型以及数量对高压直流供电技术的制约

因为高压直流供电技术没有相关的技术标准体系，虽然在很多部门已经得到了广泛的应用，但是依然缺乏对高压直流电源的技术引导、使用经验，所以就出现了高压直流供电产品没有最终定型的状况，而高压直流供电的产品的数量也不能确定。

（3）相关的配套器件对高压直流供电技术发展的制约

在高压直流供电系统中，虽然有很多配套器件都是很常见的，但是还会存在一些比较罕见的器件，例如，熔断器、断路器等配电元件。高压直流供电对电压的要求很大，因此对这些器件的要求也很高，这些器件在市场上是不经常看见的，对高压直流供电技术的发展带来了障碍。

（4）监控系统对高压直流供电技术发展的制约

高压直流供电技术如果想在动力环境监控系统大规模的应用，那么对技术的要求就会很高，开关电源没有困难，但是配套的电池组是很难实现。因为到目前为止，还没有可以提供专用电池监控系统的供应商。

3. 高压直流供电技术的发展前景

很多中国电信公司在逐渐地发展服务器与交流电源相兼容的 240V 直流电压。电信公司根据供电安全第一的理念，在逐渐的实现节能、用电产品可以兼容的发展目标，在这个过程中，中国电信选择了高压直流电源作为设备的供电电源。相关报告显示，电信公司的数据电源市场中，高压直流电源的数量已经完全超过传统不间断供电的电源，并且决定在未来的发展中还要继续扩大高压直流电源的应用范围。与此同时，不同的通信企业，也在努力地促进高压直流电源的发展速度，这些企业把高压直流电源中直接引入到定制的服务器中，这样高压直流电源将会推动高压直流电源的发展，因此，可以说高压直流电源有着很强的发展前景，并且高压直流供电在逐步地代替传统的不间断供电电源。

第六章　发电厂和变电所的二次系统

第一节　继电器

继电器是一种电控制器件，是当输入量（激励量）的变化达到规定要求时，在电气输出电路中使被控量发生预定的阶跃变化的一种电器。它具有控制系统（又称输入回路）和被控制系统（又称输出回路）之间的互动关系。通常应用于自动化的控制电路中，它实际上是用小电流去控制大电流运作的一种"自动开关"。故在电路中起着自动调节、安全保护、转换电路等作用。

一、元件符号

因为继电器是由线圈和触点组合两部分组成的，所以继电器在电路图中的图形符号也包括两部分：一个长方框表示线圈；一组触点符号表示触点组合。当触点不多电路比较简单时，往往把触点组合直接画在线圈框的一侧，这种画法叫集中表示法。

电符号和触点形式：

继电器线圈在电路中用一个长方框符号表示，如果继电器有两个线圈，就画两个并列的长方框。同时在长方框内或长方框旁标上继电器的文字符号"J"。继电器的触点有两种表示方法：一种是把它们直接画在长方框一侧，这种表示法较为直观；另一种是按照电路连接的需要，把各个触点分别画到各自的控制电路中，通常在同一继电器的触点与线圈旁分别标注上相同的文字符号，并将触点组编上号码，以示区别。

二、触点形式

继电器的触点有三种基本形式：

1. 动合型（常开）（H型）线圈不通电时两触点是断开的，通电后，两个触点就闭合。以合字的拼音字头"H"表示。

2. 动断型（常闭）（D型）线圈不通电时两触点是闭合的，通电后两个触点就断开。用断字的拼音字头"D"表示。

3. 转换型（Z型）这是触点组型。这种触点组共有三个触点，即中间是动触点，上下各一个静触点。线圈不通电时，动触点和其中一个静触点断开和另一个闭合，线圈通电后，动触点就移动，使原来断开的成闭合，原来闭合的成断开状态，达到转换的目的。这样的触点组称为转换触点。用"转"字的拼音字头"Z"表示。

三、主要作用

继电器是具有隔离功能的自动开关元件，广泛应用于遥控、遥测、通信、自动控制、机电一体化及电力电子设备中，是最重要的控制元件之一。

继电器一般都有能反映一定输入变量（如电流、电压、功率、阻抗、频率、温度、压力、速度、光等）的感应机构（输入部分）；有能对被控电路实现"通""断"控制的执行机构（输出部分）；在继电器的输入部分和输出部分之间，还有对输入量进行耦合隔离，功能处理和对输出部分进行驱动的中间机构（驱动部分）。

作为控制元件，概括起来，继电器有如下几种作用：

1. 扩大控制范围：例如，多触点继电器控制信号达到某一定值时，可以按触点组的不同形式，同时换接、开断、接通多路电路。

2. 放大：例如，灵敏型继电器、中间继电器等，用一个很微小的控制量，可以控制很大功率的电路。

3. 综合信号：例如，当多个控制信号按规定的形式输入多绕组继电器时，经过比较综合，达到预定的控制效果。

4. 自动、遥控、监测：例如，自动装置上的继电器与其他电器一起，可以组成程序控制线路，从而实现自动化运行。

四、主要分类

（一）按继电器的工作原理或结构特征分类

1. 电磁继电器：利用输入电路内电路在电磁铁铁芯与衔铁间产生的吸力作用而工作的一种电气继电器。

2. 固体继电器：指电子元件履行其功能而无机械运动构件的，输入和输出隔离的一种继电器。

3. 温度继电器：当外界温度达到给定值时而动作的继电器。

4. 舌簧继电器：利用密封在管内，具有触电簧片和衔铁磁路双重作用的舌簧动作来开，闭或转换线路的继电器

5. 时间继电器：当加上或除去输入信号时，输出部分需延时或限时到规定时间才闭合或断开其被控线路继电器。

6. 高频继电器：用于切换高频，射频线路而具有最小损耗的继电器。

7. 极化继电器：有极化磁场与控制电流通过控制线圈所产生的磁场综合作用而动作的继电器。继电器的动作方向取决于控制线圈中流过的电流方向。

8. 其他类型的继电器：如光继电器，声继电器，热继电器，仪表式继电器，霍尔效应继电器，差动继电器等。

（二）按继电器的外形尺寸分类

1. 微型继电器

2. 超小型微型继电器

3. 小型微型继电器

注：对于密封或封闭式继电器，外形尺寸为继电器本体三个相互垂直方向的最大尺寸，不包括安装件，引出端，压筋，压边，翻边和密封焊点的尺寸。

（三）按继电器的负载分类

1. 微功率继电器

2. 弱功率继电器

3. 中功率继电器

4. 大功率继电器

（四）按继电器的防护特征分类

1. 密封继电器

2. 封闭式继电器

3. 敞开式继电器

（五）按继电器按照动作原理可分类

1. 电磁型

2. 感应型

3. 整流型

4. 电子型

5. 数字型等

（六）按照反应的物理量可分类

1. 电流继电器

2. 电压继电器

3. 功率方向继电器

4. 阻抗继电器

5. 频率继电器

6. 气体（瓦斯）继电器

（七）按照继电器在保护回路中所起的作用可分类

1. 启动继电器

2. 量度继电器

3. 时间继电器

4. 中间继电器

5. 信号继电器

6. 出口继电器

五、主要元件

（一）电磁继电器

电磁继电器一般由铁芯、线圈、衔铁、触点簧片等组成的。只要在线圈两端加上一定的电压，线圈中就会流过一定的电流，从而产生电磁效应，衔铁就会在电磁力吸引的作用下克服返回弹簧的拉力吸向铁芯，从而带动衔铁的动触点与静触点（常开触点）吸合。当线圈断电后，电磁的吸力也随之消失，衔铁就会在弹簧的反作用力返回原来的位置，使动触点与原来的静触点（常闭触点）释放。这样吸合、释放，从而达到了在电路中的导通、切断的目的。对于继电器的"常开、常闭"触点，可以这样来区分：继电器线圈未通电时处于断开状态的静触点，称为"常开触点"；处于接通状态的静触点称为"常闭触点"。继电器一般有两股电路，为低压控制电路和高压工作电路。

（二）固态继电器

固态继电器是一种两个接线端为输入端，另两个接线端为输出端的四端器件，中间采用隔离器件实现输入输出的电隔离。

固态继电器按负载电源类型可分为交流型和直流型。按开关形式可分为常开型和常闭型。按隔离形式可分为混合型、变压器隔离型和光电隔离型，以光电隔离型为最多。

（三）热敏干簧继电器

热敏干簧继电器是一种利用热敏磁性材料检测和控制温度的新型热敏开关。它由感温磁环、恒磁环、干簧管、导热安装片、塑料衬底及其他一些附件组成。热敏干簧继电器不用线圈励磁，而由恒磁环产生的磁力驱动开关动作。恒磁环能否向干簧管提供磁力是由感温磁环的温控特性决定的。

（四）磁簧继电器

磁簧继电器是以线圈产生磁场将磁簧管作动之继电器，为一种线圈传感装置。因此磁簧继电器之特征、小型尺寸、轻量、反应速度快、短跳动时间等特性。

当整块铁磁金属或者其他导磁物质与之靠近的时候，发生动作，开通或者闭合电路。

由永久磁铁和干簧管组成。永久磁铁、干簧管固定在一个不导磁也不带有磁性的支架上。以永久磁铁的南北极的连线为轴线，这个轴线应该与干簧管的轴线重合或者基本重合。由远及近的调整永久磁铁与干簧管之间的距离，当干簧管刚好发生动作（对于常开的干簧管，变为闭合；对于常闭的干簧管，变为断开）时，将磁铁的位置固定下来。这时，当有整块导磁材料，例如铁板同时靠近磁铁和干簧管时，干簧管会再次发生动作，恢复到没有磁场作用时的状态；当该铁板离开时，干簧管即发生相反方向的动作。磁簧继电器结构坚固，触点为密封状态，耐用性高，可以作为机械设备的位置限制开关，也可以用以探测铁制门、窗等是否在指定位置。

（五）光继电器

光继电器为 AC/DC 并用的半导体继电器，指发光器件和受光器件一体化的器件。输入侧和输出侧电气性绝缘，但信号可以通过光信号传输。

其特点为寿命为半永久性、微小电流驱动信号、高阻抗绝缘耐压、超小型、光传输、无接点等。

主要应用于量测设备、通信设备、保全设备、医疗设备等。

（六）时间继电器

时间继电器是一种利用电磁原理或机械原理实现延时控制的控制电器。它的种类很多，有空气阻尼型、电动型和电子型等。

在交流电路中常采用空气阻尼型时间继电器，它是利用空气通过小孔节流的原理来获得延时动作的。它由电磁系统、延时机构和触点三部分组成。

时间继电器可分为通电延时型和断电延时型两种类型。

空气阻尼型时间继电器的延时范围大（有 0.4 ~ 60s 和 0.4 ~ 180s 两种），它结构简单，但准确度较低。

当线圈通电（电压规格有 ac380v、ac220v 或 dc220v、dc24v 等）时，衔铁及托板被铁心吸引而瞬时下移，使瞬时动作触点接通或断开。但是活塞杆和杠杆不能同时跟着衔铁一起下落，因为活塞杆的上端连着气室中的橡皮膜，当活塞杆在释放弹簧的作用下开始向下运动时，橡皮膜随之向下凹，上面空气室的空气变得稀薄而使活塞杆受到阻尼作用而缓慢下降。经过一定时间，活塞杆下降到一定位置，便通过杠杆推动延时触点动作，使动断触点断开，动合触点闭合。从线圈通电到延时触点完成动作，这段时间就是继电器的延时时间。延时时间的长短可以用螺钉调节空气室进气孔的大小来改变。

吸引线圈断电后，继电器依靠恢复弹簧的作用而复原。空气经出气孔被迅速排出。

（七）中间继电器

1. 中间继电器的特点

继电器采用线圈电压较低的多个优质密封小型继电器组合而成，防潮、防尘、不断线，可靠性高，克服了电磁型中间继电器导线过细易断线的缺点；功耗小，温升低，不需外附大功率电阻，可任意安装及接线方便；继电器触点容量大，工作寿命长；继电器动作后有发光管指示，便于现场观察；延时只需用面板上的拨码开关整定，延时精度高，延时范围可在 0.02 ~ 5.00S 任意整定。

2. 中间继电器的用途

中间继电器用于各种保护和自动控制线路中，以增加保护和控制回路的触点数量和触点容量。

3. 中间继电器的分类

（1）低电流启动中间继电器

（2）静态中间继电器

（3）延时中间继电器

（4）电磁型中间继电器

（5）电梯用中间继电器

（6）导轨式中间继电器

4. 中间继电器原理

线圈通电，动铁芯在电磁力作用下动作吸合，带动触点动作，使常闭触点分开，常开触点闭合；线圈断电，动铁芯在弹簧的作用下带动动触点复位，继电器的工作原理是当某一输入量（如电压、电流、温度、速度、压力等）达到预定数值时，使它动作，以改变控制电路的工作状态，从而实现既定的控制或保护的目的。在此过程中，继电器主要起了传递信号的作用。

5. 中间继电器的作用

一般的电路常分成主电路和控制电路两部分，继电器主要用于控制电路，接触器主要用于主电路；通过继电器可实现用一路控制信号控制另一路或几路信号的功能，完成启动、停止、联动等控制，主要控制对象是接触器；接触器的触头比较大，承载能力强，通过它来实现弱电到强电的控制，控制对象是电器。

（1）代替小型接触器

中间继电器的触点具有一定的带负荷能力，当负载容量比较小时，可以用来替代小型接触器使用，比如电动卷闸门和一些小家电的控制。这样的优点是不仅可以起到控制的目的，而且可以节省空间，使电器的控制部分做得比较精致。

（2）增加接点数量

这是中间继电器最常见的用法，例如，在电路控制系统中一个接触器的接点需要控制多个接触器或其他元件时而是在线路中增加一个中间继电器。

（3）增加接点容量

我们知道，中间继电器的接点容量虽然不是很大，但也具有一定的带负载能力，同时其驱动所需要的电流又很小,因此可以用中间继电器来扩大接点容量。比如一般不能直接用感应开关、三极管的输出去控制负载比较大的电器元件。而是在控制线路中使用中间继电器,通过中间继电器来控制其他负载,达到扩大控制容量的目的。

(4)转换接点类型

在工业控制线路中,常常会出现这样的情况,控制要求需要使用接触器的常闭接点才能达到控制目的,但是接触器本身所带的常闭接点已经用完,无法完成控制任务。这时可以将一个中间继电器与原来的接触器线圈并联,用中间继电器的常闭接点去控制相应的元件,转换一下接点类型,达到所需要的控制目的。

(5)用作开关

在一些控制线路中,一些电器元件的通断常常使用中间继电器,用其接点的开闭来控制,例如彩电或显示器中常见的自动消磁电路,三极管控制中间继电器的通断,从而达到控制消磁线圈通断的作用。

(6)消除电路中的干扰

1)功率方向继电器

当输入量(如电压、电流、温度等)达到规定值时,使被控制的输出电路导通或断开的电器。可分为电气量(如电流、电压、频率、功率等)继电器及非电气量(如温度、压力、速度等)继电器两大类。具有动作快、工作稳定、使用寿命长、体积小等优点。广泛应用于电力保护、自动化、运动、遥控、测量和通信等装置中。

2)测试方法

①测线圈电阻:可用万能表 $R \times 10\Omega$ 档测量继电器线圈的阻值,从而判断该线圈是否存在着开路现象。继电器线圈的阻值和它的工作电压及工作电流有非常密切的关系,通过线圈的阻值可以计算出它的使用电压及工作电流。

②测触点电阻:用万能表的电阻档,测量常闭触点与动点电阻,其阻值应为0;而常开触点与动点的阻值就为无穷大。由此可以区别出那个是常闭触点,那个是常开触点。

③测量吸合电压和吸合电流:找来可调稳压电源和电流表,给继电器输入一组电压,且在供电回路中串入电流表进行监测。慢慢调高电源电压,听到继电器吸合声时,记下该吸合电压和吸合电流。为求准确,可以试多几次而求平均值。测量释放电压和释放电流:也是像上述那样连接测试,当继电器发生吸合后,再逐渐降低供电电压,当听到继电器再次发生释放声音时,记下此时的电压和电流,亦可尝试多几次而取得平均的释放电压和释放电流。一般情况下,继电器的释放电压约在吸合电压的10 ~ 50%,如果释放电压太小(小于1/10的吸合电压)时则不能正常使用了,这样会对电路的稳定性造成威胁使工作不可靠。

3)常见类型

①过电流继电器

过电流继电器,简称 CO,是从电流超过其设定值而动作的继电器,可做系统线路及过载的保护用,最常用的是感应型过电流继电器,是利用电磁铁与铝或铜制的旋转盘相对,依靠电磁感应原理使旋转圆盘转动，以达到保护作用。

感应型过电流继电器是利用电流互感器二次侧电流，在继电器内产生磁场，以促使圆盘转动，但流过的电流必须大于电流标置板的电流值才能转动。

②过电压继电器

过电压继电器，简称 OV，它的主要用途在于当系统的异常电压上升至 120% 额定值以上时，过电压继电器动作而使断路器跳脱保护电力设备免遭损坏，感应式过电压继电器的构造及动作原理和过电流继电器相似，只有主线圈不同。

③欠电压继电器

欠电压继电器，简称 UV，其构造与过电压继电器相同，所不同的是内部触头及当外加电压时转盘会立即转动。

④接地过电压继电器

接地过电压继电器，简称 OVG，或称接地报警继电器简称 GR，其构造与过电压继电器相同，使用与三相三线非接地系统，接于开口三角形接地的接地互感器上，用以检知零相电压。

⑤接地过电流继电器

接地过电流继电器，简称 GCR，是一种高压线路接地保护继电器。

主要用途：

A 高电阻接地系统的接地过电流保护；

B 发电机定子绕组的接地保护；

C 分相发电机的层间短路保护；

D 接地变压器的过热保护。

⑥ 选择性接地继电器

选择性接地继电器，简称 SG，又称方向性接地继电器，简称 DG，使用于非接地系统作配电线路保护作用，架空线及电缆系统也能使用。

选择性接地继电器：由接地电压互感器检出零相序电流如遇线路接地时，选择性接地继电器能确实地表示故障线路而发生警报，并按照其需要选择故障线路将其断开，而继续向正常线路送电。

⑦缺相继电器

缺相继电器，简称 OPR，或缺相保护继电器，简称 PHR，在三相线路中，当电源端有一线断路而造成单相时，若未有立即将线路切断，将使电动机单相运转而烧毁。

⑧比率差动继电器

比率差动继电器，简称 RDR，被应用做变压器交流电动机，交流发电机的差动保护，以往使用过的过电流保护继电器，是外部故障所产生的异常电流流过保护设备时，若变压器，一、二次侧电流发生不平衡或对电流互感器特性发生不一致，在这些情况下，此现象会扩延数倍，而使继电器误动作。

六、继电器的测试

继电器是智能预付费电能表中的关键器件，继电器的寿命在某种程度上决定了电表寿命，该器件性能好坏对智能预付费电能表运行至关重要。而国内、外继电器生产厂家众多，生产规模相差较大，技术水平相距悬殊，性能参数千差万别，因此，电能表生产厂家在继电器检测选型时必须有一套完善的检测装置，以保证电表质量。同时，国家电网也加强了智能电能表内继电器性能参数抽样检测，同样需要相应的检测设备，检验不同厂家生产的电表质量。然而，目前继电器检测设备不仅检测项目比较单一，检测过程不能实现自动化，检测数据需要人工处理和分析，检测结果具有各种随机性、人为性，而且，检测效率低，安全性也得不到保证。

近两年来，国家电网逐步规范了电表技术要求，制定相关行业标准以及技术规范，这为继电器参数检测提出了一些技术难题，如继电器的负载通断能力、开关特性测试等。因此，迫切需要研究一种设备，实现继电器性能参数的综合检测。

根据继电器性能参数测试要求，测试项目可以分为两大类：一是不带负载电流的测试项目，如动作值、触点接触电阻、机械寿命；二是带负载电流的测试项目，如触点接触电压、电寿命、过负荷能力。

主要测试项目简单介绍如下：

（1）动作值。继电器动作时所需电压值。

（2）触点接触电阻。触电闭合时，两触头之间的电阻值。

（3）机械寿命。机械部分在不损坏的情况下，继电器反复开关动作次数。

（4）触点接触电压。触电闭合时，触电回路中施加一定负载电流，触点间电压值。

（5）电寿命。继电器驱动线圈两端施加额定电压，触点回路中施加额定阻性负载时，每小时循环小于 300 次、占空比 1∶4 条件下，继电器的可靠动作次数。

（6）过负荷能力。继电器驱动线圈两端施加额定电压，触点回路中施加 1.5 倍额定负载时，动作频率（10±1）次/分条件下，继电器可靠动作次数。

七、可靠性

1. 环境对继电器可靠性的影响：继电器工作在 GB 和 SF 下的平均故障间隔时间最高，达到 820000h，而在 NU 环境下，仅 60000h。

2. 质量等级对继电器可靠性的影响：当选用 A1 质量等级的继电器时，平均故障间隔时间可达 3660000h，而选用 C 等级的继电器平均故障间隔时间为 110000，其间相差 33 倍，可见继电器的质量等级对其可靠性能的影响非常大。

3. 触点形式对继电器可靠性的影响：继电器的触点形式也会对其可靠性产生影响，单掷型继电器的可靠性都高于相同刀数的双掷型继电器，同时随刀数的增加可靠性逐渐降低，单刀单掷继电器的平均故障间隔时间是四刀双掷继电器的 5.5 倍。

4.结构类型对继电器可靠性的影响：继电器结构类型共有 24 种，不同类型均对其可靠性产生影响。

5.温度对继电器可靠性的影响：继电器工作温度范围在 -25 ~ 70℃之间。随着温度的升高，继电器的平均故障间隔时间逐渐下降。

6.动作速率对继电器可靠性的影响：随着继电器动作速率的提高，平均故障间隔时间基本呈指数型下降趋势。因此，若设计的电路要求继电器的动作速率非常高，那么在电路维修时就需要仔细检测继电器以便及时对它更换。

7.电流比对继电器可靠性的影响：所谓电流比是继电器的工作负载电流与额定负载电流之比。电流比对继电器的可靠性影响很大，尤其当电流比大于 0.1 时，平均故障间隔时间迅速下降，而电流比小于 0.1 时，平均故障间隔时间基本不变，因此在电路设计时应选用额定电流较大的负载以降低电流比，这样可保证继电器乃至整个电路不因工作电流的波动而使可靠性降低。

第二节　过电流保护

过电流保护就是当电流超过预定最大值时，使保护装置动作的一种保护方式。当流过被保护原件中的电流超过预先整定的某个数值时，保护装置启动，并用时限保证动作的选择性，使断路器跳闸或给出报警信号。

一、概念

过电流保护当电流超过预定最大值时，使保护装置动作的一种保护方式。

过电流保护主要包括短路保护和过载保护两种类型。短路保护的特点是整定电流大、瞬时动作。电磁式电流脱扣器（或继电器）、熔断器常用作短路保护元件。过载保护的特点是整定电流较小、反时限动作。热继电器、延时型电磁式电流继电器常用作过载保护元件。

在没有太大冲击电流的情况下，熔断器也常用作过载保护元件。

在 TN 系统中，采用熔断器作短路保护时，熔体额定电流应小于单相短路电流的 1/4；用断路器保护时，断路器瞬时动作或短延时动作过电流脱扣器的整定电流应小于单相短路电流的 2/3。

二、原理简介

电网中发生相间短路故障或者非正常负载增加，绝缘等级下降等情况下，电流会突然增大，电压突然下降，过流保护就是按线路选择性的要求，整定电流继电器的动作电流的。

当线路中故障电流达到电流继电器的动作值时，电流继电器动作按保护装置选择性的要求，有选择性的切断故障线路，通过其触点启动时间继电器，经过预定的延时后，时间继电器触点闭合，将断路器跳闸线圈接通，断路器跳闸，故障线路被切除，同时启动了信号继电器，信号牌掉下，并接通灯光或音响信号。

当出现负载短路、过载或者控制电路失效等意外情况时，会引起流过稳压器中开关三极管的电流过大，使管子功耗增大，发热，若没有过流保护装置，大功率开关三极管就有可能损坏。故而在开关稳压器中过电流保护是常用的。最经济简便的方法是用保险丝。由于晶体管的热容量小，普通保险丝一般不能起到保护作用，常用的是快速熔断保险丝。这种方法具有保护容易的优点，但是，需要根据具体开关三极管的安全工作区要求来选择保险丝的规格。这种过流保护措施的缺点是带来经常更换保险丝的不便。

在线性稳压器中常用的限流保护和电流截止保护在开关稳压器中均能应用。但是，根据开关稳压器的特点，这种保护电路的输出不能直接控制开关三极管，而必须使过电流保护的输出转换为脉冲指令，去控制调制器以保护开关三极管。为了实现过电流保护一般均需要用取样电阻串联在电路中，这会影响电源的效率，因此多用于小功率开关稳压器的场合。而在大功率的开关稳压电源中，考虑到功耗，应尽量避免取样电阻的接入。因此，通常将过电流保护转换为过、欠电压保护。

三、接线方式

过电流保护的接线方式是指保护中电流互感器与继电器的连接方式。正确地选择保护的接线方式，对保护的技术、经济性能都有很大影响。其基本接线方式有三种：三相三继电器的完全星形接线方式，两相两继电器的不完全星形接线方式，两相一继电器的两相电流差接线方式。其中三相三继电器完全星形接线方式，对各种形式的短路都起保护作用，且灵敏度高，而两相两继电器不完全星形接线和两相一继电器的两相电流差接线方式，只能对三相短路和各种相间短路起保护作用，当在没有装电流互感器的一相发生短路时，保护不会动作。

四、GL 过电流继电器结构及特性

1. 结构组成

GL 型电流继电器主要由电流线圈短路环、电磁铁、装在可偏转框架上的转动铝盘以及衔铁、触点、反作用力弹簧、制动永久磁铁、高速装置等组成。

2. 盘动电流的测定

盘动电流就是通过电流继电器线圈的电流使得铝盘开始不间断转动的最小电流。一般不超过感应元件整定值的 40%。

3. 启动电流与返回系数的测定

启动电流是当通过继电器线圈的电流在盘动电流的基础上继续增大，铝盘转速加大，通过铝盘轴的作用在可偏转框架上的力矩加大，且克服弹簧拉力使框架偏转，扇形齿轮与蜗杆开始啮合，带动扇形齿轮上升直到继电器触点动作的电流值。在继电器达到动作电流时，扇形齿杠杆上升至将碰而未碰到可动衔铁杠杆以前就开始减小电流至扇形齿轮与蜗母杆刚分开时的电流叫返回电流，返回电流与启动电流之比叫返回系数，Kf=If（返回电流）/Iqd（启动电流）一般要求返回系数在 0.8~0.9 之间。

4. 速断电流与返回系数的测定

一般速断元件动作电流需要调整确定，试验速断元件的动作电流时，应向继电器通入冲击电流，如果动作电流与整定值相差太大，可将刻度固定螺丝松开，旋转整定旋钮，当顺时针旋转时动作电流减小，逆时针旋转时动作电流增大，调整合适后用螺丝将旋钮固定。速断电流的返回电流无严格要求，只要求当电流降至零时，继电器的瞬动衔铁能返回原位即可。

一般要求 0.9 倍速断动作电流时的动作时间应在反时限特性部分；1.1 倍速断动作电流的动作时间不大于 0.15 秒。

5. 绘制反时限、定时限及速断特性曲线

6.10 倍整定电流的动作时限

GL 型过电流继电器的时限调整螺杆的标度尺是以 10 倍整定电流的动作时限来刻度的，若实际电流不同于 10 倍数整定电流时，其动作时限对应的特性曲线中查出。如曲线中标出 0.5、0.7、1.0、1.4 等，就是当 10 倍整定电流时的动作时限为 0.5、0.7、1.0、1.4 秒。

五、发展前景

电力系统在运行时常常因为系统中的过电流保护发生误动作而造成事故，给经济带来巨大的损失。该文针对过电流保护误动作及各种情况提出了应采取的措施，并提出了过电流保护改进的方向。我国正处在经济发展的重要时期，各行各业对电力的需求日益增加。因此，预防用电事故就成为迫切需要解决的问题。电力系统在运行中，可能发生各种故障和不正常运行状态，最常见的也是最危险的故障是发生各种形式的短路，在发生短路时流过故障点的短路电流很大，有可能破坏系统并列运行的稳定性，因此需要在系统中配置过电流保护。然而，在某些情况下，即使采用的过电流保护装置的动作值和时间匹配得很合理，但由于与系统中其他的保护不能很好地配合而导致其误动作，造成整个系统故障。因此随着电网结构的日趋紧密，过电流保护能否正确动作，对电力系统安全、稳定运行非常重要。

第三节 变压器的继电保护

一、继电保护理论知识

（一）继电保护概述

研究电力系统故障和危及安全运行的异常工况，以探讨其对策的反事故自动化措施。因在其发展过程中曾主要用有触点的继电器来保护电力系统及其元件，使之免遭损害，所以称继电保护。

（二）基本原理和保护装置的组成

继电保护装置的作用是起到反事故的自动装置的作用，必须正确地区分"正常"与"不正常"运行状态、被保护元件的"外部故障"与"内部故障"，以实现继电保护的功能。因此，通过检测各种状态下被保护元件所反映的各种物理量的变化并予以鉴别。依据反映的物理量的不同，保护装置可以构成下述各种原理的保护：

1. 反映电气量的保护

电力系统发生故障时，通常伴有电流增大、电压降低以及电流与电压的比值（阻抗）和它们之间的相位角改变等现象。因此，在被保护元件的一端装没的种种变换器可以检测、比较并鉴别出发生故障时这些基本参数与正常运行时的差别. 就可以构成各种不同原理的继电保护装置。

除此以外，还可根据在被保护元件内部和外部短路时，被保护元件两端电流相位或功率方向的差别，分别构成差动保护、高频保护等。同理，由于序分量保护灵敏度高，也得到广泛应用。新出现的反映故障分量、突变量以及自适应原理的保护也在应用中。

2. 反映非电气量的保护

如反应温度、压力、流量等非电气量变化的可以构成电力变压器的瓦斯保护、温度保护等。

继电保护相当于一种在线的开环的自动控制装置，根据控制过程信号性质的不同，可以分模拟型和数字形两大类。对于常规的模拟继电保护装置，一般包括测量部分、逻辑部分和执行部分。测量部分从被保护对象输入有关信号，再与给定的整定值比较，以判断是否发生故障或不正常运行状态；逻辑部分依据测量部分输出量的性质、出现的顺序或其组合，进行逻辑判断，以确定保护是否应该动作；执行部分依据前面环节判断得出的结果予以执行：跳闸或发信号。

（三）对继电保护的要求

继电保护装置为了完成它的任务，必须在技术上满足选择性、速动性、灵敏性和可靠性四个基本要求。

1. 选择性

选择性就是指当电力系统中的设备或线路发生短路时，其继电保护仅将故障的设备或线路从电力系统中切除，当故障设备或线路的保护或断路器拒动时，应由相邻设备或线路的保护将故障切除。

2. 速动性

速动性是指继电保护装置应能尽快地切除故障，以减少设备及用户在大电流、低电压运行的时间，降低设备的损坏程度，提高系统并列运行的稳定性。

对于反应不正常运行情况的继电保护装置，一般不要求快速动作，而应按照选择性的条件，带延时地发出信号。

3. 灵敏性

灵敏性是指电气设备或线路在被保护范围内发生短路故障或不正常运行情况时，保护装置的反应能力。保护装置的灵敏性是用灵敏系数来衡量。

系统最大运行方式：被保护线路末端短路时，系统等效阻抗最小，通过保护装置的短路电流为最大运行方式；

系统最小运行方式：在同样短路故障情况下，系统等效阻抗为最大，通过保护装置的短路电流为最小的运行方式。

4. 可靠性

可靠性包括安全性和信赖性，是对继电保护最根本的要求。

安全性：要求继电保护在不需要它动作时可不动作，即不发生误动。

信赖性：要求继电保护在规定的保护范围内发生了应该动作的故障时可动作，即不拒动。

以上四个基本要求是设计、配置和维护继电保护的依据，又是分析评价继电保护的基础。这四个基本要求之间是相互联系的，但往往又存在着矛盾。因此，在实际工作中，要根据电网的结构和用户的性质，辩证地进行统一。

二、电力变压器继电保护

（一）变压器瓦斯保护

变压器瓦斯保护的主要元件就是瓦斯继电器，变压器瓦斯保护是利用安装在变压器油箱与油枕间的瓦斯继电器来判别变压器内部故障；当变压器内部发生故障时，电弧使油及绝缘物分解产生气体。故障轻微时，油箱内气体缓慢的产生，气体上升聚集在继电器里，使油面下降，继电器动作，接点闭合，这时让其作用于信号，称为轻瓦斯保护；故障严重时，油箱内产生大量的气体，在该气体作用下形成强烈的油流，冲击继电器，使继电器动作，接点闭合，这时作用于跳闸并发信，称为重瓦斯保护。

（二）变压器纵差动保护

三绕组变压器差动保护的动作原理是按循环电流原理构成的。正常运行和外部短路时，三绕组变压器三侧电流向量和（折算至同一电压等级）为零。它可能是一侧流入另两侧流出，也可能由两侧流入，而从第三侧流出。所以，若将任何两侧电流相加再和第三侧电流相比较，就构成三绕组变压器的纵差动保护。

（三）复合电压启动的过电流保护

当保护区内发生不对称故障，系统出现负序电压，负序过滤器 13 有电压输出使继电器 7 常闭触点打开，欠压继电器 8 失压，常闭触点闭合，接通中间继电器 9，若电流继电器 4、5、6 任何一个动作，则启动时间继电器 10，经过整定时限后，跳开两侧断路器。在对称短路情况下，电压继电器 7 不启动，但欠压继电器 8 因电压降低，常闭触点接通，保护启动。

负序电压整定值，可取额定电压的 6%；电流整定值，可取大于变压器额定电流，但不必大于最大电流。

（四）变压器中性点直接接地零序电流保护

中性点直接接地零序电流保护：中性点直接接地零序电流保护一般分为两段，第一段由电流继电器 1、时间继电器 2、信号继电器 3 及压板 4 组成，其定值与出线的接地保护第一段相配合，0.5s 切母联断路器。第二段由电流继电器 5、时间继电器 6、信号继电器 7 和 8 压板 9 和 10 等元件组成。定值与出线接地保护的最后一段相配合，以短延时切除母联断路器及主变压器高压侧断路器，长延时切除主变压器三侧断路器。

中性点间隙接地保护：当变电站的母线或线路发生接地短路，若故障元件的保护拒动，则中性点接地变压器的零序电流保护动作将母联断路器断开，此时中性点的电位将升至相电压，分级绝缘变压器的绝缘会遭到破坏，中性点间隙接地保护的任务就是在中性点电压升高至危及中性点绝缘之前，可靠地将变压器切除，以保证变压器的绝缘不受破坏。间隙接地保护包括零序电流保护和零序过电压保护，两种保护互为备用。

大电流接地系统普遍采用分级绝缘的变压器，当变电站有两台及以上的分级绝缘的变压器并列运行时，通常只考虑一部分变压器中性点接地，而另一部分变压器的中性点则经间隙接地运行，以防止故障过程中所产生的过电压破坏变压器的绝缘。为保证接地点数目的稳定，当接地变压器退出运行时，应将经间隙接地的变压器转为接地运行。由此可见并列运行的分级绝缘的变压器同时存在接地和经间隙接地两种运行方式。为此应配置中性点直接接地零序电流保护和中性点间隙接地保护。

第七章 远距离输电

第一节 高压直流输电

一、高压直流输电简介

（一）高压直流输电的概念

高压直流输电（High Voltage Direction Current， HVDC）是电力电子技术应用中最为重要、最为传统，也是发展最为活跃同时也较为成熟的技术。高压直流输电是将三相交流电通过换流站整流变成直流电，然后通过直流输电线路送往另一个换流站逆变成三相交流电的输电方式。从结构上看，高压直流输电是交流 - 直流 - 交流形式的电力电子转换电路。高压直流输电的主要设备是两个换流站和直流输电线。两个换流站分别与两端的交流系统相连接。

关于高压直流输电的主要设备将在1.3高压直流输电的主要设备中作较为详细的介绍。

（二）高压直流输电的特点（优缺点）及其应用场合

直流输电由于自身的结构及性能，具有以下特点：

1. 经济性

高压直流输电的合理性和适用性在远距离大容量输电中已得到明显的表现。由于直流输电线路的造价和运行费用比交流输电低，而换流站的造价和运行费用均比交流变电所要高。因此对于同样输电容量，输送距离越远，直流比交流的经济型越好。在实际应用中，对于架空线路此等价距离为 600 ~ 700km，电缆线路等价距离则可以降低至 20 ~ 40km。

另一方面，直流输电系统的结构使得其工程可以按照电压等级或级数分阶段投资建设。这也同样体现了高压直流输电经济性方面的特点。

2. 互联性

交流输电能力受到同步发电机间功角稳定问题的限制，且随着输电距离的增大，同步机间的联系电抗增大，稳定问题更为突出，交流输电能力受到更大的限制。相比之下，直流输电不存在功角稳定问题，可在设备容量及受段交流系统允许的范围内，大量输送电力。

交流系统联网的扩展，会造成短路容量的增大，许多场合不得不更换断路器，而选择合适的断路器又十分困难。而采用直流对交流系统进行互联时，不会造成短路容量的增加，也有利于防止交流系统的故障进一步扩大。因此对于已经存在的庞大交流系统，通过分割成相对独立的子系统，采用高压直流互连，可有效减少短路容量，提高系统运行的可靠性。

直流输电所连的两侧电网无须同步运行，原因是直流输电不存在传输无功问题，两侧的系统之间没有无功的交换，也不存在交流系统中频率的问题。由于直流输电的这个特性，它可以实现电网的非同步互连。进而也可实现不同频率交流电网的互联，起到频率变换器的作用。

3. 控制性

直流输电另一个重要特点是潮流快速可控，可由于锁链交流系统的稳定与频率控制。直流输电的换流器为基于电力电子器件构成的电能控制电路，因此其对电力潮流的控制迅速而精确。且对于双端直流输电而言，可迅速实现潮流的反转。潮流反转有正常运行中所需要的慢速潮流反转和交流系统发生故障需要紧急功率支援时的快速潮流反转。其迅速的潮流控制对于所连交流系统的稳定控制，交流系统正常运行过程中应对负荷随机波动的频率控制及故障状态下的频率变动控制都能发挥重要作用。

4. 缺点

当然，直流输电也存在一系列的缺点。直流输电换流站的设备多、结构复杂、造价高、损耗大、运行费用高、可靠性也差。换流站的工作过程中会产生大量谐波，处理不当而流入交流系统的谐波就会对交流电网的运行造成一系列问题。因此必须通过设置大量、成组的滤波器消除这些滤波。其次传统的电网换相直流输电在传送有功功率的同时，会吸收大量无功功率，可达有功功率的 50% ~ 60%。需要大量的无功功率补偿设备及其相应的控制策略。另外，直流输电的接地极问题、直流断路器问题，都还存在一些没有很好解决的技术难点。

当受端交流系统的短路容量与直流输送容量之比小于 2 时，称为弱受端系统，这时为了控制受端电压的稳定性，保证直流输送的可靠运行，通常要增设调相机、静止无功功率补偿器或静止无功发生器，且应实现 HVDC 与这些补偿设备的协调控制。

由于上述直流输电自身的一系列的特点，使得直流输电有其适用的领域，接下来论述这些适于高压直流输电应用的领域。

（1）海底电缆输电　从世界范围来看，直流输电工程的约三分之一为海底电缆送电。

（2）长距离架空线输电　有研究工作表明，对于输送 10GW、300km 的电力，直流架空线路输送已开始占有优势，依据这一分析报告，适用直流架空线路的输电容量将占到全球总输电容量的 26% 以上。

BTB方式 BTB方式工程约占全世界直流工程的40%，主要用于在不增加交流电网短路容量的情况下，实现功率的融通和紧急功率支援。其以应用可分为交流系统互联或不同频率交流系统互联。如我国的灵宝工程（一般交流系统互联），日本国内工程（不同频率交流系统互联）。

（3）短路容量对策 世界范围内，随着电力负荷的增加，电源及电网建设不断扩充，交流电网的规模越来越大。在这种情况下，短路故障发生的故障电流越来越大，直流输电作为限制短路电流的对策获得极大的关注。

1）负荷供电：都市负荷集中地区供电，有时必须采用地下电缆送电。这种情况下，要求设备占空间小，短路电流过大时，断路器的选择就有困难，这时采用直流输电就表现出一定的优势。采用器件换相的轻型直流输电就更显示出直流输电的这一优点。

2）系统分割：将已有的大规模交流系统分割为若干相对较小的独立运行的小系统，系统之间采用BTB等直流方法互联，可有效减少故障短路电流。这方面的工程实例还没有，但日本学者对日本的关西、中国、九州、四国的串行系统进行的研究表明，若通过在关西与中国、中国与九州、九州与四国、四国与关西间采用直流方式连接，将可大大抑制短路电流，并实现小系统向大系统的输电。

（三）高压直流输电的主要设备

高压直流输电系统的基本工作原理是通过换流装置，将交流电转变为直流电，将直流电传送到受端，再由受端换流装置将直流电转变变为交流电送入受端交流系统。整个过程中换流装置是最重要的电器一次设备。为了满足直流输电中系统的安全稳定及电能质量的要求还需要其他一些设备，如：换流变压器、平波电抗器、无功补偿装置，滤波器、直流接地极、交直流开关设备，直流输电线路等一次设备以及控制与保护装置、远程通信系统等二次设备。下面就高压直流输电的主要设备作以简单介绍。

换流装置。构成换流装置的基本器件是各种电力电子器件。其中应用最为多的是晶闸管。由几十到数百个晶闸管器件串联可构成一个晶闸管换流阀。换流器一般由6或12个桥臂（换流阀）构成，因此一个直流输电工程所需晶闸管的数量巨大，一般在数千只以上。

换流装置是直流输电工程中最重要的装置。

1. 换流变压器。换流变压器也是直流输电工程中的主要设备之一，它不仅参与了换流器的交流电与直流电的相互转变，而且承担着改变交流电压数值、抑制直流短路电流的作用。此外还可以削弱交流系统侵入直流系统的过电压，减少换流器注入交流系统的谐波，同时实现交、直流系统的电器隔离。

2. 无功补偿设备。在直流输电系统中换流器所需的无功功率只能采取无功就地补偿原则。在换流站中加装足够容量的无功补偿装置。常见的无功补偿装置有：机械投切式无功补偿装置，静止无功补偿装置同步调相机等。

3. 滤波器。滤波器按照其在直流输电中的用途可分为交流滤波器和直流滤波器，分别接在交、直流母线上，抑制换流器产生的谐波注入交流系统或直流线路。按照其连接方式还可分为串联滤波器、并联滤波器。按电源特性分为有源滤波器和无源滤波器。

4.直流输电线路。直流输电线路是指直流正极、负极传输导线、金属返回线以及直流接地极引线，其作用是为整流站向逆变站传送直流电流后直流功率提供通路。

（四）HVDC 技术的发展

1.大容量和直接触发式晶闸管的应用

直流输电的关键设备换流器最初使用水银汞弧阀，在 20 世纪 70 年代开始就逐步被晶闸管所替代。早期的晶闸管是用空气冷却，80 年代后采用水冷却，大大减少了控制阀的几何尺寸，使换流器的结构更为紧凑。随着电力电子技术的发展，晶闸管承受电压和电流的能力不断增强，控制阀中使用的晶闸管数量不断减少。1985 年英—法直流联网工程中，2 个 Φ56mm 直径的晶闸管并联后电流为 1850A，要用 125 个晶闸管串联才能够承受额定电压，每极 500MW 用了 3000 个组件。而在 1997 年印度的 Chandrapur 直流背靠背互联工程中，用单个 Φ100mm 晶闸管额定电流就达 2450A，反向承受电压 6kV，最大持续电流 4000A。54 个晶闸管串联成一个阀，每极 500MW 仅用了 648 个组件，比 12 年前减少了近 75%。但这并不是目前晶闸管制造的极限水平。现在 Φ150mm 晶闸管反向承受电压已超过 8kV，可以预期，控制阀中串并联晶闸管的数量将会进一步减少，使换流器成本进一步降低。

晶闸管技术的另一个突出发展是出现了直接触发晶闸管。普通晶闸管需较大的触发功率，在门极设有触发脉冲放大和保护、监测的电子单元，并需要有抽取能量的电路。光脉冲控制发生器处于低电位，由光纤与处于高电位的晶闸管绝缘。由于这个电子单元处于高电位，运行维护都极为不便。在采用了直接触发晶闸管后，脉冲信号可用光信号通过光纤直接触发晶闸管。这种晶闸管的触发放大、保护监测等已与主管合为一体，取消了门极的外加电子单元，大大简化了控制阀电路。具有这种自保护功能的直接触发晶闸管已实用化，试验装置正在运行中。

2.串联电容器换相技术

传统的 HVDC 换流器在工作时要从交流电网吸收大量的无功功率，约占直流输送功率的 40% ~ 60%，因此需要大量无功补偿设备，同时要求受端交流系统有足够的容量，否则易产生换相失败。为了克服这些问题，正在研究一些新的电路接线方式，其中之一就是串联电容器换相电路。在换流变压器和换流器之间接入一个固定电容器，研究表明，这种串联电容器换相电路能进一步提高换流器的转换效率，减少换流器的无功消耗，有效减少因受端交流系统扰动引起换相失败的可能性，提高 HVDC 运行的稳定性。如果与有源滤波器相结合，甚至可以取消大型并联补偿装置。这是串联电容器换相技术的最大应用潜力之一。

3. 电压源换流器

传统的换流器中晶闸管触发后，只能在电流过零点才能自然关闭，而且二端交流系统必须是有源的，这使 HVDC 的控制和应用受到了一定的限制。而新型的电压源换流器（VSC—Voltage Sourced Con2verters）使用大功率门极可关断晶闸管，可自由地控制电流的导通或关断，从而使 HVDC 换流器具有更大的控制自由度。主要特点有：

（1）VSC 可独立地控制有功和无功功率，不但不会吸收无功功率，相反可发出无功功率，起到静态无功补偿器的作用，有利于交流系统电压的稳定。

（2）由于工作时不需要外加的换相电压，克服了传统 HVDC 受端必须是有源的约束，可向无源网络负荷供电。

（3）VSC 通常采用 PWM 技术，晶闸管开关频率较高，经过低通滤波器后就可得到所需的交流电压，甚至可不用变压器，所需的滤波器容量也大大减少。1997 年，世界上第 1 个 VSC 式的容量为 3MW、±10kV 的 HVDC 输电工程在瑞典的 Hellejon 投入运行。1999 年连接 2 个 500kV 和 1 个 275kV 系统，容量为 37MW 的 VSC 式三端背靠背 HVDC 工程在日本的 Shin Shinano 变电站投入运行，可见 VSC 应用的发展速度相当快。目前，VSC 主要受晶闸管开关损耗和额定功率的限制，但在未来几年内，随着电力电子技术的进步，VSC 将会对 HVDC 特别是在中小功率传输中产生重大的影响。

4. 新型直流电缆

与 HVDC 技术的发展相平行，直流电缆制造技术也有了长足的进步。ABB 公司采用新的挤压工艺技术，制造的新型交联聚乙烯直流电缆，承受电压能力强，可靠性高，有非常好的柔性和机械强度。更突出的是每单位长度的质量很轻，一根 30MW，100kV 的直流电缆每米质量仅为 1kg，便于传统敷设机械进行敷设。从经济角度看，在相同功率下，比交流架空输电线路更具竞争力，而且更安全。另外，气体绝缘直流开关装置（直流 GIS）也在开发中，瑞典哥德兰的直流系统一部分使用 150kV 的直流 GIS。

5. 其他方面

（1）由于计算机和光纤技术的应用，HVDC 系统的控制、调节、保护功能更趋完善。在 20 世纪 60 年代，弱交流系统中要准确控制晶闸管的触发是比较困难的，进而产生了锁相环控制技术来保持触发的同步性。虽然这仍是目前 HVDC 控制系统的基本控制技术，但使用了计算机技术后，控制系统工程更为简化。所有控制功能都在一个数字化平台上进行，可以非常方便地修改控制特性，系统冗余和备用更完备，大大增强了 HVDC 的可靠性。

（2）为消除换流装置产生的谐波电流和电压，常规 HVDC 系统都使用大量的滤波设备。而新型的有源滤波器，利用可控的电力电子器件产生与原谐波幅值相同，相位相反的电流，在一个宽频范围内抵消谐波。现已有 60MV·A 的产品。有源滤波器的应用，可以大大减少甚至取消大而笨重的无源滤波设备。c.提高 HVDC 远距离输电的电压可将线损降低到最低限度。直流输电电压已从最初的 ±100kV 上升到 ±600kV，海底直流输电电压也在逐年提高，目前最高电压已达 ±450kV。当然，电压的提高和设备的投资之间有一个平衡，现在 ±500kV 输电技术已相当成熟且广泛应用，预计在未来 10a 内仍将占主导地位。

二、直流输电的优点

1.输送相同功率时，直流输电所用线材仅为交流输电的 2/3 ~ 1/2，直流输电采用两线制，以大地或海水作回线，与采用三线制三相交流输电相比，在输电线截面积相同和电流密度相同的条件下，即使不考虑趋肤效应，也可以输送相同的电功率，而输电线和绝缘材料可节约 1/3。如果考虑到趋肤效应和各种损耗（绝缘材料的介质损耗、磁感应的涡流损耗、架空线的电晕损耗等），输送同样功率交流电所用导线截面积大于或等于直流输电所用导线的截面积的 1.33 倍。因此，直流输电所用的线材几乎只有交流输电的一半；同时，直流输电杆塔结构也比同容量的三相交流输电简单，线路走廊占地面积也少。

2.在电缆输电线路中，直流输电没有电容电流产生，而交流输电线路存在电容电流，引起损耗。在一些特殊场合，必须用电缆输电，例如高压输电线经过大城市时，采用地下电缆；输电线经过海峡时，要用海底电缆。由于电缆芯线与大地之间构成同轴电容器，在交流高压输线路中，空载电容电流极为可观，一条 200kV 的电缆，每千米的电容约为 $0.2\mu F$，每千米需供给充电功率约 3×10^3kw，在每千米输电线路上，每年就要耗电 2.6×10^7kw·h.而在直流输电中，由于电压波动很小，基本上没有电容电流加在电缆上。

3.直流输电时，其两侧交流系统不需同步运行，而交流输电必须同步运行，交流远距离输电时，电流的相位在交流输电系统的两端会产生显著的相位差；并网的各系统交流电的频率虽然规定统一为 50HZ，但实际上常产生波动。这两种因素引起交流系统不能同步运行，需要用复杂庞大的补偿系统和综合性很强的技术加以调整，否则就可能在设备中形成强大的循环电流损坏设备，或造成不同步运行的停电事故。在技术不发达的国家里，交流输电距离一般不超过 300km 而直流输电线路互联时，它两端的交流电网可以用各自的频率和相位运行，不需进行同步调整。

4.直流输电发生故障的损失比交流输电小。两个交流系统若用交流线路互连，则当一侧系统发生短路时，另一侧要向故障一侧输送短路电流。因此使两侧系统原有开关切断短路电流的能力受到威胁，需要更换开关。而直流输电中，由于采用可控硅装置，电路功率能迅速、方便地进行调节，直流输电线路上基本上不向发生短路的交流系统输送短路电流，故障侧交流系统的短路电流与没有互联时一样。因此不必更换两侧原有开关及载流设备。

三、我国直流输电的发展

我国自 20 世纪 50 年代末就开始直流输电技术的研究，60 年代在电科院建立起汞弧阀模拟装置。70 年代在上海，完全依靠国内技术力量，利用报废的交流电缆线路，建立起 31kV 直流试验线路，开始了直流输电技术在我国的运用。

（一）已经投运的直流输电工程

1. 舟山直流输电工程，是我国自己制造的第一项跨海直流输电试验工程，额定电压100kV，功率50MW。1987年12月投入试运行，主要用于向舟山群岛供电。

2. 葛上直流输电工程是我国第一项大型直流工程。该工程的设计、设备制造由瑞士ABB（瑞士BBC）公司和德国西门子公司承包。1987年底建成单极500 kV，输送电力600MW；1998年建成双极 ±500 kV，输送电力1200MW。

3. 天广直流输电工程额定直流电压 ±500 kV，额定输送功率1800MW。三广直流的建成，使南方电网成为我国第一个交直流并联输电系统。天广线采用的直流输电新技术有直流有源滤波器、直流电流光检测元件、脉冲回声检测装置以准确定位故障位置、实时多处理控制保护系统（西门子公司的SINSDYND系统）、局域网控制系统、运行人员操作工作站和GPS技术。

4. 嵊泗直流输电工程，是我国自己制造的另一项小功率跨海直流输电试验工程。该工程采用双极海水回路，额定直流电压 ±50 kV，额定输送功率双极60MW。2003年正式投入运行，主要用于向嵊泗岛宝钢矿石码头供电。

（二）在建的直流输电工程

1. 三常直流输电工程，是我国在建的输电容量最大的直流工程之一。该工程从2000年开始建设，2002年年底已建成单极500 kV，输送电力1500MW；2003年5月建成双极±500 kV，输送电力3000MW，输电线路全长890km。采用的新技术有实时多处理控制保护系统（瑞典ABB公司的MSRCH2系统）、光纤通信、运行人员操作工作站的GPS技术。

2. 三广直流输电工程，从2001年开始建设，2003年年底建成单极500 kV，输送电力1500MW；2004年上半年建成双极 ±500 kV，输送是力3000MW，是华中——南方两大电网联络线。也采用了ABB的MSRCH2实时多处理器控制保护系统、光纤通信和检测、GPS等多项新技术。

3. 贵广直流输电工程，从2001年开始建设，2004年建成单极500 kV，输送电力1500MW；2005年建成双极 ±500 kV，输送电力3000MW，输电线路全长900km，是南方电网西电东送的第2条直流线路。采用了西门子公司的SINADYND实时多处理器控制保系统、GPS直流电流光检测元件和光纤通信等新技术。

4. 灵宝背靠背直流输电工程，将西北与华中联网。从2003年开始建设，2005年建成，双极 ±120 kV，输送电力360MW，该直流工程设备完全国产化。

（三）规划中的直流输电工程在2020年前计划建设的直流输电工程有

1. 小湾、糯扎渡送广东的300万 kW 工程。

2. 溪落渡、向家坝向华中、华东送电1600万 kW。

3. 西南水电送江西、福建的300万 kW 项目。

4. 广东与海南用直流电缆联网，输送容量为 100 万 kW。2008 年将投运三峡右—练塘，±500 kV，300 万 kW 直流工程；开远—江门，±600 kV，300 kW 万直流工程；糯扎渡—湛江市，±600 kV，350 万 kW，向海南送电。

高压直流输电技术在我国电力系统中的运用，集中了当代电力电子、通信等各个领域的新技术。这些新技术通过在直流输电系统的应用，也得到了有断的完善和发展。

四、我国直流输电的规划

近些年我国经济快速发展，使得电力工业面临巨大的挑战，据相关部门的预测，到 2020 年时，我国的发电装机总容量将会达到 9.5 亿 Kw，而将电能从发电站安全、稳定、经济的输送到指定地区，是电网建设的主要目的，而直流输电的方式，由于其优越的特点，必然会在未来的电网建设中，发挥出重要的作用。如我国建设的西电东输工程，输电的距离很远，输电的容量较大，直流输电方式更加适合，尤其是超高压交流输电的电压等级有限，采用直流输电目前是最佳的方式。

随着科学技术的发展，智能电网的建设越来越多，将一定区域内的电网联合起来，在某个电网缺失功率时，另一个电网可以支援，提高电网的工作效率，而交流输电的方式，由于同步范围的延伸，某个电网发生故障时，通常会造成其他的电网也产生故障，影响正常的输电。直流输电的方式，可以很好地避免这个问题，将不同的电网隔绝开，把故障控制在一定的范围内，目前我国已经建设了多条远距离直流输电工程，如三常直流输电工程、贵广直流输电工程等，输送的距离都在 1000 公里左右，送电容量都在 300 万 Kw。多年的实践经验表明，直流输电技术有着很大的优势，我国已建、在建和计划建设的直流输电工程有很多，输送电容量和输电距离都在逐渐地提高，如金沙江等水电站输送到华东电网等工程，输送距离可以达到 2000 公里左右，全国联网工程中，在逐步地实现直流背靠背互联。随着直流输电技术的发展，高压输电技术已经比较成熟，人们在此基础上开始研发直流特高压输电，如我国的金沙江送出工程等，已经开始直流特高压输电的实践，根据我国的计划，在未来的一段时间内，我国将与俄罗斯和中亚等国家合作，在我国建设超过 10 条直流特高压输电工程，并打造世界上容量最大、电压最高、距离最长、技术最先进的直流特高压样板工程。

五、HVDC 在新能源建设中的优势

1. 高压直流输电在长距离输电上损耗更低，所占用的输电走廊面积更小。（符合电源分散化的要求，尤其针对我国新能源资源分布与负荷分布距离较远这一问题）。

2. 可实现长距离的电缆输电，而这在交流输电上是不可行的。（学生认为这里应该是"几乎不可行"）。

3. 实现不同额定频率或相同额定频率交流系统之间的非同步互联，增加与之并列运行

的交直流系统的稳定性。

4. 高压直流输电易于快速控制，使系统稳定性增强。（这也有利于电源形式多样化，便于提升更灵活有效的并网技术，把各种形式的发电电源纳入电网中）。

5. 对有功和无功功率进行控制。尤其是柔性直流输电，可实现有功和无功功率大范围的精确控制，控制更加灵活。（利于电能资源的合理分配，且抑制新能源电厂的电压波动，进而提高并网系统的暂态稳定性，大幅改善新能源并网性能）。

6. 柔性直流输电无需换相电源，适用于各种电源和负荷的接入（这一点在独立分布式电源并网方面能起到很大的作用）。

7. 直流输电线路稳态运行时无电容电流，线路部分无需无功补偿。

8. 相同输电能力，DC 的投资要少。

第三节　柔性交流输电系统

柔性交流输电系统（FACTS）的英文表达为：Flexible Alternative Current Transmission Systems，是综合电力电子技术、微处理和微电子技术、通信技术和控制技术而形成的用于灵活快速控制交流输电的新技术。

比较常见的 FACTS 包括静止无功补偿器，静止同步补偿器，固定串联补偿装置和可控串联补偿装置。除了实现潮流控制和电压控制以外，还为电力系统提供了一种较为灵活的抑制低频振荡的方式。

一、概述

20 世纪 80 年代中期，美国电力科学研究院（EPRI）N.G.Hingorani 博士首次提出 FACTS 概念：应用大功率、高性能的电力电子元件制成可控的有功或无功电源以及电网的一次设备等，以实现对输电系统的电压、阻抗、相位角、功率、潮流等的灵活控制，将原基本不可控的电网变得可以全面控制，从而大大提高电力系统的灵活性和稳定性，使得现有输电线路的输送能力大大提高。

FACTS 技术，也即技术系统应用技术及其控制器技术，已被国内外一些权威的电力工作者确定为"未来输电系统新时代的三项支持技术之一"。这三项支持技术指的是：柔性输电技术、先进的控制中心技术和综合自动化技术。

柔性交流输电系统能够增强交流电网的稳定性并降低电力传输的成本。该技术通过为电网提供感应或无功功率从而提高输电质量和效率。作为世界领先的供应商，西门子的多种柔性交流输电系统已经在全球的多个项目中成功应用。

串联补偿（SC）串联补偿系统通过提高输电系统的稳定性，从而提高输电系统的输电量。串联补偿应用包括了定额串联补偿，晶闸管控制型串联补偿 TCSC，晶闸管保护型串联补偿 TPSC。

静止无功补偿器（SVC）是一种采用与输电网络并联以实现动态的感应或无功功率补偿。其主要作用是控制输电线路和系统结点上的电压质量和无功功率。

创新的 SVC PLUS 是一种最经济的、最节约空间和灵活的无功功率补偿系统，采用箱式结构。其基于多级环流器技术（VSC），能够提高输电系的可靠性和电能质量。

机械开关电容器（MSC/MSCDN）是稳定状态下控制电压和稳定网络的有效的解决方案。包含阻尼网络功能的 MSCDN 是 MSC 的升级解决方案，能够使高压系统避免共振现象的发生。

二、技术特性

柔性交流输电系统的主要决议有如下几点：

1. 能在较大范围有效地控制潮流；

2. 线路的输送能力可增大至接近导线的热极限，例如：一条 500kV 线路的安全送电极限为 1000~2000MW，线路的热极限为 3000MW，采用 FACTS 技术后，可使输送能力提高 50%~100%；

3. 备用发电机组容量可从典型的 18% 减少到 15%，甚至更少；

4. 电网和设备故障的危害可得到限制，防止线路串级跳闸，以避免事故扩大；

5. 以阻短消除电力系统振荡，提高系统的稳定性。

三、FACTS 技术的发展和现状

柔性交流输电系统的概念是由美国电力科学研究院 N.G.Hingorani 博士于 1988 年首先提出的，在此以前出现的静止无功补偿设备（SVC）也属于此范畴。1997 年 IEEEPES 冬季会议上正式对 FACTS 做了定义。从早期出现的 SVC 开始，FACTS 技术的发展经历了 20 多年。按其性能和功能的不同可划分为以下三代，而是否含有常规电力器件（电容器和电抗器，抽头，抽头变压器等）可以说是 FACTS 技术发展的分界线。

1. 第一代 FACTS 技术

从 20 多年前就出现的 SVC 开始，主要由晶闸管开关快速控制的电容器和电抗器组成的装置，以提供动态电压支持，其技术基础是常规晶闸管整流器（SCR），后来出现的第一代 FACTS 装置是晶闸管控制的串联电容器（TCSC），它利用 SCR 控制串接在输电线路中的电容器组来控制线路阻抗，从而提高输送能力。

2. 第二代 FACTS 技术

这一代装置同样具有支持电压和控制功率等功能，但在外部回路中不需要加设大型的电力设备（指电容器和电抗器组或移相变压器等）。这些新装置如静止无功发生器（STATCOM）和串联补偿器（SSSC）设备采用了门极可关断设备（GTO；IGBT）等一类全控型器件，起电子回路模拟出电容器和电抗器组的作用，装置造价大大降低，性能却明显提高。

3. 第三代 FACTS 技术

将两台或多台控制器复合成一组 FACTS 装置，并使其具有一个共同的、统一的控制系统。如将一台 STATCOM 和一台 SSSC 复合而成的综合潮流控制器（UPFC），它可以控制线路阻抗，电压或功角的方法同时控制输电线路的有功和无功潮流。调节双回路潮流的线间潮流控制器（IFPC）和可控移相器（TCPR）都属于复合控制器。

FACTS 技术用于配电领域也取得了显著进展，它主要用于改善配电网的电压和电流质量，包括有功、无功电压、电流的控制、高次谐波的消除、蓄能等应用。目前已开发的装置有 SVC、配电静止补偿器（DSTATCOM）、电池蓄能器（BESS）、超导蓄能（SMES）、有源电力滤波器（APF）、动态电压限制器（DVL）及固态断路器（SSCB）等。在此，主要介绍输电用的 FACTS 技术。

四、FACTS 技术的分类及其技术原理

FACTS 技术按其接入系统方式可分为并联型，串联型和综合型。并联型 FACTS 设备包括 SVC 和 STATCOM（SVG），主要用于电压控制和无功潮流控制；串联型 FACTS 包括可控串补（TCSC）和基于 GTO 的串联补偿器（SSSC），主要用于输电线路的有功潮流控制、系统的暂态稳定和抑制系统功率振荡；综合型 FACTS 设备主要包括潮流控制器（UPFC）和可控移相器（TCPR），UPFC 适用于电压控制、有功和无功潮流控制、暂态稳定和抑制系统功率振荡，TCPR 适用于系统的有功潮流控制和抑制系统功率振荡。各种类型设备的技术原理介绍如下：

1. 并联型 FACTS 装置

典型的并联型 FACTS 装置是 SVC 和 STATCOM，它们代表了 FACTS 技术发展的两个阶段：

SVC 是指由固定电容器组、晶闸管控制的电容器组（TSC）和电抗器组（TCR）组合成的无功补偿系统。通过调节 TCR 和 TSC，使整个装置无功输出呈连续变化，静态和动态地使电压保持在一定范围内，提高系统的稳定性，但由于这种设备在电网电压的波动超出一定范围时表现出恒阻抗特性，因而在电网电压波动大时不能充分发挥其作用。

STATCOM 主回路主要是由大功率电力电子器件（如门极可关断晶闸管 GTO）组成的电压型逆变器和并联直流电容器构成，是与传统 SVC 原理完全不同的无功补偿系统。这种装置脱离了以往无功功率概念的约束，不采用常规电容器和电抗器来实现无功补偿，而是利用逆变器产生无功功率。它所输出的三相交流电压 V0 通过变压器与系统电压 Vs 同步，

并通过控制 V0 来调节无功功率的输出，当 V0 > Vs 时，输出容性无功功率；当 V0 < Vs 时，输出感性无功功率，因此，设备无功功率的大小都由它输出的电流来调整，而其输出的电流与系统电压基本无关，这些功能、原理上类似于同步调相机，但它是完全的静态装置，因此 STATCOM 又称为静止调相器，它的动态性能远优于同步调相机，启动无冲击，调节连续范围大，响应速度快，损耗小。由于采用了 GTO，可以避免换相失败，直流侧的电容器只是用来维持直流电压，不需要很大容量，而且可以用直流电容器构成，因而装置体积小且经济。

2. 串联型 FACTS 装置

典型的串联型 FACTS 装置是可控串补（TCSC）和基于 GTO 的串联补偿器（SSSC）。

TCSC 通常指采取晶闸管控制的分路电抗器与串联电容器组并联组成的串联无功补偿系统，通过改变晶闸管的触发角来改变分路电抗器的电流，使串联补偿器的等效阻抗大小能够连续平滑快速变化，因而 TCSC 可以等效成一个容量连续可变的电容器；其接入的输电线路的等效阻抗也可以连续变化，在给定的线路两端电压和相角情况下，线路的输送功率将可实现快速连续控制，以适应系统负载变化和动态干扰，达到控制线路潮流，提高系统暂态稳定极限的目的，也可以用于阻尼系统功率振荡和抑制次同步振荡。

SSSC 是指采用大功率电力电子器件（如 GTO）组成的电压型逆变器和并联直流电容器构成的串联补偿器，其基本结构和 STATCOM 类似，不同的是装置通过变压器串接入高压线路中；但原理与 TCSC 不同，TCSC 在串入线路中可以等效成可变容抗，而串入的 SSSC 可以等效成电压源，其输出的是与串入线路的电流幅值基本无关的电压量，通过控制换流器，连续改变其输出电压的幅值和相位，从而改变线路两端的电压（幅值和相位），实现对线路有功、无功潮流的控制和阻尼系统的功率振荡，提高系统暂态稳定极限的目的。

3. 综合型 FACTS 装置

典型的综合型 FACTS 设备是综合潮流控制器（UPFC）。

UPFC 是将并联补偿的 STATCOM 和串联补偿的 SSSC 组合成具有一个共同统一的控制系统的新型潮流控制器，它结合了多种 FACTS 技术的灵活控制手段，是 FACTS 技术中功能最强大的装置，它通过将换流器产生的交流电压串接入相应的输电线上，使其幅值和相角均可连续变化，从而控制线路等效阻抗，电压或功角，同时控制输电线路的有功和无功潮流，提高线路输送能力和阻尼系统振荡，它最基本的特点之一是注入系统的无功是其本身装置控制和产生的，但注入系统的有功必须通过直流回路由并联回路 STATCOM 传至串联回路 SSSC，作为 UPFC 整体，并不大量消耗或提供有功功率。

五、FACTS 技术的作用及适用范围

FACTS 技术由于采用具有单独或综合功能的电力电子控制装置，比常规的输电控制技术，如串并联电容电抗、PSS 和同步调相机等具有优越的快速性能和灵活的控制能力，

同时还具有良好的适应性。由于 FACTS 技术与现有的交流输电系统是并行发展的，并完全兼容，能在现有设备不做重大改动的条件下，采用合适有效的 FACTS 技术，充分发挥现有电网的潜力。因此，在电力系统中具有广泛而良好的应用前景。综合而言，应用 FACTS 技术的重要作用和意义体现在：

1. 为充分利用现有的输电线路的能力和资源。现行电力系统由稳定条件限定的输送功率的极限偏低，输电线路的能力远未被充分利用，而采用 FACTS 技术，理论上可使输电线路的输送功率极限大大提高，甚至接近导线的热稳极限，从而提高输电线路资源的利用率。

2. 提高电网和输电线路的安全稳定性、可靠性和运行经济性。FACTS 技术的应用将有助于抑制功率振荡，提高系统的安全稳定水平；有助于控制电网中的潮流大小和方向，实现潮流的合理流动和电网的经济运行；有助于限制电网和设备故障的影响范围，减小事故恢复时间及停电损失。

3. 优化整个电网的运行状况。在电网中采用 FACTS 有助于建立全网统一的实时控制中心，实现全系统的优化控制。以提高全系统运行的安全性和经济性。

4. 将改变交流输电的传统应用范围。整套应用并协调控制的 FACTS 控制器将使常规交流输电柔性化，改变交流输电的功能范围，使其在更多方面发挥作用。由于应用 FACTS 控制器的方案常常比新建一条线路或换流站的方案更便宜，它甚至可以扩大到原属于直流输电专有的应用范围，如定向传输电力，功率调制，延长水下或地下交流输电距离等。

六、FACTS 技术的应用

世界上第一台 SVC 设备由 GE 公司制造，于 1977 年在 Tri-StateGT 系统投入运行，到目前为止，世界上已投运的 SVC 已超过 180 台，我国广东江门、郑州小刘、东北沙窝、湖南云田和武汉凤凰山等 500kV 变电站也有 6 台投运。

世界上第一台 SVG 设备（20Mvar）于 1980 年在日本投入运行，该装置采用了晶闸管强制换流的电压型逆变器；世界上首台采用大功率 GTO 作为逆变器元件的 STATCOM （±1Mvar）于 1986 年 10 月在美国投入运行；1996 年容量为 ±100MvarSTATCOM 在美国 500kVSullivan 变电站投入运行；清华大学与河南电力局联合研制的 20MvarSTATCOM 也于 1999 年投入现场运行。日本最近也在联合研制用于 275kV 系统的容量为 300MvarSTATCOM 装置，这是目前容量最大的 STATCOM 设备。

1991 年 12 月，世界上第一台容量为 131Mvar 的晶闸管投切部分串联电容补偿装置在 AEP 公司的 345kV 线路上投入运行，将该线路的输送能力从 950MW 提高到 1450MW。世界上第一个可控串补工程项目则是 1992 年在美国西部的一条 230kV 线路上安装的 165MvarTCSC 装置，其后，1994 年美国西北部的 Slatt 变电站 500kV 线路上安装了

208Mvar 的 TCSC 装置投入工业运行。世界上第一台 GTO-CSC 设备也已在美国的 161kV 的电网中运行。

我国东北电力系统将首次在伊敏—冯屯输电线路冯屯侧安装 TCSC，以解决伊敏电厂两台 500MW 和两台 600MW 发电机经双回 500kV 线路向东北电网主网送电时存在严重暂态稳定问题。目前西电东送的主交流通道——天生桥—平果双回线装设了 40% 固定串补和 10% 可控串补 TCSC 设备，以充分利用已有的交流线路，尽可能输送更多功率到广东。

在综合型设备方面，1998 年世界上首台大容量的 UPFC 装置（±320MVA，由 160MVA 的 SSSC 和 160MVA 的 STATCOM 组成）在美国 500kVInez 变电站运行；可控移相器 TCPR 首次应用在美国中西部的 230kV 联络线上，提高了线路的动态稳定性和暂态稳定性，使中西部联络线交换功率增加 200MVA。

七、FACTS 技术的经济评价

和常规的补偿电容器电抗器比较，目前 FACTS 设备的设计制造较复杂，成本也高。即使相对采用常规电容器和电抗器的 SVC 和 TCSC 来说，制造成本也略高。但随着电力电子技术的飞速发展，其设计制造将越来越模块化，成本也将迅速降低。可以预料到 FACTS 设备的成本将迅速降到和同容量的 SVC 成本相当或更低的水平。

根据加拿大 Manitoba 高压直流研究中心提供的信息看，以常规并联电容器造价为基准单位，常规串联电容器是它的 2.5 倍，SVC，TCSC 是它的 5 倍，STATCOM 是它的 6.25 倍，包括了所有相关的无功功率可控设备部分，如晶闸管阀体，控制和保护，交流断路器和变压器等，可见各种设备的单位容量造价差距明显。FACTS 技术是目前电力系统输配电技术的最新发展方向，对电网规划建设和运行将带来重要的影响。国内部分高校和科研单位已经做了大量的研究工作，部分地区的电力部门已经在 FACTS 新技术应用方面走在前面，但广东电网在 FACTS 新技术的研究和应用方面仍然是空白。目前广东电网在规划建设和运行中碰到的众多问题，实际上都可以采用 FACTS 技术来解决，因此，在广东电网开展对 FACTS 技术的应用研究是极其迫切的。

第四节 柔性直流输电

一、柔性直流输电技术概述

（一）直流输电技术的发展历程

虽然历史上第一个实用的电力系统采用直流输电，但由于在电力工业发展初期，直流输电与交流输电相比存在很多劣势，如灵活变压能力差、电压低、损耗大、联网能力差、供电范围小、输电和用电设备复杂、维护量大和成本高等，导致直流输电的发展较慢。在很长一段时间内，直流输电都处于劣势，而交流输电发展迅速，占据了电力工业的主导地位。但是随着电力系统的不断发展壮大，电网联系日趋复杂，交流系统也暴露了一些其固有的特点，特别是交流远距离输电受到同步运行稳定性的限制，直流输电技术重新为人们重新重视，从而推动直流输电技术的快速发展。由于电力系统的发输配电各个环节绝大部分均为交流电，要采用直流输电，就必须要解决换流问题，因此，直流输电技术的发展主要体现在换流器件的发展变化上。根据换流器件的不同可以看出直流输电技术的发展过程。

1. 可控汞弧阀换流器

20世纪50年代，可控汞弧阀（mercury arc valve）换流器的研制成功并投入运行，为发展高电压、大功率直流输电开辟了道路。1954年，世界上第一个采用汞弧阀换流器的商业化直流输电系统——瑞典大陆到哥特兰岛的直流输电工程的成功投入运行，标志着HVDC输电的诞生。20世纪50~70年代是HVDC的汞弧阀换流器换流时期。在此期间，世界上共有12项汞弧阀换流的HVDC工程投入运行，总容量约为5000MW。但是由于汞弧阀制造技术复杂、价格昂贵、逆弧故障率高、可靠性较差、运行维护不便等因素，它很快被新兴的晶闸管阀换流技术所代替。到20世纪末期，全世界依然采用汞弧阀换流的HVDC工程尚存4个。

2. 晶闸管换流器

由于晶闸管换流器克服了汞弧阀易发生逆弧、控制复杂、启动时间长等缺点，而且制造、维修和维护也都比汞弧阀方便，因此，随着高压大容量的可控硅元件组成的晶闸管换流器的出现，逐渐代替汞弧阀，并将HVDC输电带入一个新的发展时期，即所谓的晶闸管换流时期。1970年，瑞典首先采用可控硅换流器叠加在原有汞弧阀换流器上，对哥特兰岛直流输电系统进行了扩建增容，增容部分的直流电压为50kV、电流为200A、送电功率为10MW，扩建成为150kV、30MW的直流输电系统。1972年投入的加拿大伊尔河非同步联络站（80kV、320MW）是世界上第一个全部采用晶闸管换流器的直流输电工程。1976年以后，世界上建成的直流输电工程几乎全部采用可控硅换流器，包括目前世界上容量最大、电压等级最高的巴西 Itaipu HVDC 输电工程（1987 年投运，±600kV，6300MW，传输距离约为 800km）。晶闸管换流器的应用，使直流输电有了较快的发展。1960~1975 年间，直流输电容量的年平均增长速度仅 450MW，而 1976~1980 年间，年平均增长速度达 1500MW。

虽然我国的直流输电工程起步较晚，但发展异常迅速，从 1987 年我国第一个直流输电工程——舟山直流输电工程开始，到 2004 年年底已有 7 项直流输电工程投入运行，还有多项直流工程正在实施或计划建设，如三峡向上海送电的第二个 HVDC 工程，西北 - 华北 HVDC B2B 互联的灵宝工程，西南水电向华南、华中、广东输送的 HVDC 工程等。

3. 新型半导体换流元件构成的换流器

目前，HVDC 中应用最广泛的仍然是基于晶闸管的换流器，但是随着新型电力电子器件的出现，特别是可关断器件的发展，其电压等级不断提高，容量不断增大，而且具有高频开关特性，给 HVDC 技术注入新的活力。其中"轻型直流输电（HVDC light）"（即柔性直流输电）被认为是 HVDC 发展史上的一次重大技术突破。它一改传统的采用的 CSC 的做法，而是采用 IGBT 等可关断器件构成的 VSC，从而给 HVDC 技术带来了诸多新特点。

1997 年，世界上第一个采用 IGBT 组成的电压源型换流器的 HVDC Light 工业性试验工程在瑞典投入运行，输送功率和电压为 3MW 和 ±10kV，输送距离为 10km，标志着直流输电技术开始了新的发展。第一个商业化 HVDC light 工程，即瑞典 Gotland 地下电缆送电工程，于 1999 年投运，用于连接 Gotland 岛上风力发电厂和 Visby 市电网，输送功率和电压为 50MW。目前已投运最大容量的 HVDC Light 输电项目是于 2002 年投运的连接康涅狄格和纽约长岛的水下电缆输电工程，输送容量和电压达 330MW 和 ±150kV，输电距离为 40km。

总的来说，直流发电和输电技术在电力工业诞生时经过短暂的辉煌（19 世纪 80 年代）后，交流电迅速取代它而成为占据绝对优势的发电、输电和供电技术；直到 20 世纪中期，随着大容量、高电压汞弧阀换流器，特别是随后的电力电子变换技术的发展，高压直流输电技术从新获得重视。由于它在远距离输电的成本和一些特殊的环境（背靠背、地下、海下）中具有明显的优势而得到应用，从而形成了当前电力工业中 HVAC 输电占主导地位、HVDC 输电作为有益补充的格局。

（二）基本原理

轻型直流输电技术是 20 世纪 90 年代开始发展的一种新型直流输电技术，核心是采用以全控型器件（如 GTO 和 IGBT 等）组成的电压源换流器（VSC）进行换流。这种换流器功能强、体积小，可减少换流站的设备、简化换流站的结构，故称之为轻型直流输电。

其中两个电压源换流器 VSC1 和 VSC2 分别用作整流器和逆变器，主要部件包括全控换流桥、直流侧电容器；全控换流桥的每个桥臂均由多个绝缘栅双极晶体管 IGBT 或门极可关断晶体管 GTO 等可关断器件组成，可以满足一定技术条件下的容量需求；直流侧电容为换流器提供电压支撑，直流电压的稳定是整个换流器可靠工作的保证；交流侧换流变压器和换流电抗器起到 VSC 与交流系统间能量交换纽带和滤波作用；交流侧滤波器的作用是滤除交流侧谐波。由于柔性直流输电一般采用地下或海底电缆，对周围环境产生的影响很小。

假设换流电抗器是无损耗的，在忽略谐波分量时，换流器和交流电网之间传输的有功功率 P 及无功功率 Q 分别为：

$$P = \frac{U_s U_c}{X_L} \sin\delta$$

$$Q = \frac{U_s\ (U_s - U_c \cos\delta)}{X_L}$$

式中：UC 为换流器输出电压的基波分量；US 为交流母线电压基波分量；δ 为和之间的相角差；XL 为换流电抗器和换流变压器的电抗。

由式（1）（2）可以看出，有功功率的传输主要取决于 δ，无功功率的传输主要取决于 UC。而 UC 是由换流器输出的脉宽调制（PWM）电压的脉冲宽度控制的。

轻型直流输电技术是在大功率全控型器件组成的电压源换流器（VSC）和用于高压直流输电的交联聚乙烯（XLPE）电缆出现之后，采用脉宽调制控制技术而发展起来的。柔性直流输电技术中的一项核心技术是正弦脉宽调制（Sine Pulse Width Modulation，SPWM）。一般 A 相 SPWM 的调制参考波 UAref 与三角载波 Utri 进行数值比较，当参考波数值大于三角载波，触发 A 相的上桥臂开关导通，并关断下桥臂开关，反之则触发下桥臂开关导通，并关断上桥臂开关。伴随上下桥臂开关的交替导通与关断，VSC 交流出口电压 UAo 将产生幅值为正负 Ud/2 的脉冲序列，Ud 为 VSC 的直流侧电压。该脉冲序列中的基频电压分量 UAo1 与调制参考波相位一致，幅值为 Ud/2。因此从调制参考波与出口电压基频分量的关系上看，VSC 可视为无相位偏移、增益为 Ud/2 的线性放大器。由于调制参考波的幅值与相位可通过 PWM 的脉宽调制比 M（VSC 交流输出基频相电压幅值与直流电压的比值）以及移相角 δ 实现调节，因此 VSC 交流输出电压基频分量的幅值与相位亦可通过这两个变量进行调节。这样，采用 SPWM 技术的 VSC 可以同时独立地控制调制比 M 和移相角 δ 两个物理量。

（三）技术特点

柔性直流输电是采用可控关断型电力电子器件和 PWM 技术，它与传统直流输电相比，主要有以下技术特点：

1. VSC 电流能够自关断，可以工作在无源逆变方式，所以不需要外加的换相电压，受端系统可以是无源网络，克服了传统的 HVDC 受端必须是有源网络的根本缺陷，使利用 HVDC 为远距离的孤立负荷送电成为可能。

2.正常运行时，VSC 可以同时且独立地控制有功功率和无功功率，控制更加灵活方便。而传统 HVDC 中控制量只有触发角，不可能单独控制有功功率或无功功率。

3. VSC 不仅不需要交流侧提供无功功率而且能够起到 STATCOM 的作用，动态补偿交流母线的无功功率，稳定交流母线电压。这意味着故障时，如 VSC 容量允许，那么柔性直流输电系统既可向故障系统提供有功功率的紧急支援，又可提供无功功率紧急支援，从而既能提高系统的功角稳定性，还能提高系统的电压稳定性。

4. 柔性直流输电系统在潮流反转时，直流电流方向反转而直流电压极性不变，与传统的 HVDC 恰好相反。这个特点有利于构成既能方便地控制潮流又有较高可靠性的并联多端直流系统，克服了传统多端 HVDC 系统并联连接时潮流控制不便、串联连接时又影响可靠性的缺点。

5. 由于 VSC 交流侧电流可以被控制，所以不会增加系统的短路功率。这意味着增加新的柔性直流输电线路后，交流系统的保护整定基本不需改变。

6.VSC 通常采用 PWM 技术，开关频率相对较高，经过低通滤波后就可得到所需交流电压，可以不用变压器，从而简化了换流站的结构，并使所需滤波装置的容量也大大减小。

7. 模块化设计使柔性直流输电的设计、生产、安装和调试周期大大缩短。同时，换流站的占地面积仅为同容量下传统直流输电的 20% 左右。

8. 换流站间的通讯不是必需的，其控制结构易于实现无人值守。

9. 柔性直流输电具有良好的电网故障后的快速恢复控制能力。

10. 在连接两个独立的交流系统的柔性直流输电系统中，一侧交流系统发生故障或扰动时，并不会影响到另一侧交流系统和换流器的工作。

（四）应用领域

柔性直流输电克服了传统 HVDC 的固有缺陷，使得直流输电的应用范围得到扩展，为直流输电技术的发展开辟了一个新的方向。其主要应用领域是：

1. 连接分散的小型发电厂。受环境条件限制，清洁能源发电一般装机容量小、供电质量不高并且远离主网，如中小型水电厂、风电场（含海上风电场）、潮汐电站、太阳能电站等，由于其运营成本很高以及交流线路输送能力偏低等原因使采用交流互联方案在经济和技术上均难以满足要求，利用柔性直流输电与主网实现互联是充分利用可再生能源的最佳方式，有利于保护环境。

2. 不同额定频率或相同额定频率的交流系统间的非同步运行。模块化结构及电缆线路使柔性直流输电对场地及环境的要求大为降低，换流站的投资大大下降，因此可根据供电技术要求选择最理想的接入系统位置。

3. 构筑城市直流输配电网。由于大中城市的空中输电走廊已没有发展余地，原有架空配电网络已不能满足电力增容的要求，合理的方法是采用电缆输电。而直流电缆不仅比交流电缆占有空间小，而且能输送更多的有功，因此采用柔性直流输电向城市中心区域供电可能成为未来城市增容的最佳途径。

4. 向偏远地区供电。偏远地区一般远离电网，负荷轻而且日负荷波动大，经济因素及线路输送能力低是限制架设交流输电线路发展的主要因素，制约了偏远地区经济的发展和人民生活水平的提高。采用柔性直流输电进行供电，可使电缆线路的单位输送功率提高，线路维护工作量减少，并提高供电可靠性。

5. 海上供电。远离陆地电网的海上负荷如：海岛或海上石油钻井平台等负荷，通常靠价格昂贵的柴油或天然气来发电，不但发电成本高、供电可靠性难以保证，而且破坏环境，用柔性直流输电以后，这些问题得以解决，同时还可将多余电能（如用石油钻井产生的天然气发电）反送给系统。

6. 提高配电网电能质量。柔性直流输电系统可以独立快速地控制有功和无功，且能够保持交流系统的电压基本不变，它使系统的电压和电流较容易地满足电能质量的相关标准。因此，柔性直流输电技术是未来改善配网电能质量的有效措施。

7. 电力市场模式下的应用。通过柔性直流输电的直接连接，可以构筑地区电力供应商之间交换电力的可行的技术平台，增加了运行灵活性和可靠性。

二、国内外研究及应用动态

高压直流（HVDC）输电技术始于 20 世纪 20 年代，到 1954 年，连接哥特兰岛与瑞典大陆之间的世界上第一条高压直流输电线路建成，才进入了商业化时代。多年来，HVDC 输电技术的性能有了很大的提高，但在技术上没有发生根本性的变化，采用的是基于晶闸管器件的自然换相技术。20 世纪末出现了采用电压源换流器（VSC）技术的柔性直流输电。

随着新型高压大功率可控关断电力电子器件，如 IGBT、GTO、IGCT 的不断涌现，及其额定电压、电流的快速增长，原来在中低压和小功率系统中广泛使用的基于脉宽调制（PWM）技术的新型换流技术已开始在输电领域得到了部分应用，并有可能将来取代相控换流技术，其中基于电压源换流技术的柔性直流输电技术相对较为成熟。1990 年，利用脉宽调制控制的 VSC 的直流输电概念首先由加拿大 McGill 大学的 Boon-Teck Ooi 等提出。在此基础上，ABB 公司把 VSC 和聚合物电缆相结合提出了柔性直流输电的概念，并与 1997 年 3 月在瑞典中部的赫尔斯杨和格兰斯堡之间进行了首次的 HVDC light 的工业试验。该试验站的功率为 3MW，直流电压等级为 ±10kV，输电距离为 10km，分别连接到现有的 10kV 交流电网中。从此柔性直流输电作为一种新兴的输电技术开始进入大发展的商业应用阶段。

（一）国内外研究现状

1. 国外研究现状

随着 1997 年第一条柔性直流输电工程的出现，世界范围内关于柔性直流输电的研究一直处于十分活跃的状态。目前，国际上关于柔性直流输电的研究，无论在工程实用化方面还是在基础理论方面都已比较深入。这种以电压源换流器、可关断器件和脉宽调制（PWM）技术为基础的新一代直流输电技术，国际上电力方面的权威学术组织 CIGRE 和 IEEE，将其正式称为"VSCHVDC"，即"电压源换流器型直流输电"。而 ABB 公司则称之为轻型直流输电（HVDC Light），并作为商标注册；西门子公司则称之为 HVDC Plus。国际大电网会议 CIGRE 于前些年已经成立了专门研究 VSC-HVDC 输电的 B4-37 工作组，以推动柔性直流输电技术的发展，目前已经完成了关于 VSC-HVDC 输电的工作组研究报告；另外，国际大电网会议最近又成立了研究采用 VSC-HVDC 将风电场接入电网的 B4-39 工作组。针对实际工程中所遇到的困难，国际上的研究热点包括如何提高柔性直流输电的容量、降低输电损耗、降低造价，如何提高柔性直流输电的安全可靠性，以及对交流电网的支持、与交流电网相互作用等。

2. 国内研究现状

国内关于柔性直流输电技术的研究开始的比较晚，目前还属于起步阶段。中国电力科学研究院、浙江大学、华北电力大学、华中科技大学、合肥工业大学等单位已经开展了这方面的基础理论研究，研究工作主要集中在柔性直流输电的建模仿真，柔性直流输电的控制和保护策略等。国内，由于受 ABB 公司宣传的影响较多，常常将柔性直流输电叫作轻型直流输电。为了促进并形成自有知识产权，2006 年 5 月，由中国电力科学研究院组织国内权威专家在北京召开"柔性（轻型）直流输电系统关键技术研究框架研讨会"，会上，与会专家一致建议国内将该技术统一命名为"柔性直流输电"，对应英文为 HVDC Flexible。

2007 年 12 月，中国电科院开始了柔性直流输电技术的前期研究及柔性直流输电的基础理论研究。2008 年 12 月 24 日，国家电网公司"十一五"重大科技项目之一"柔性直流关键技术研究及示范工程前期研究"在北京召开项目合同签约仪式，由上海市电力公司与中国电科院签署技术开发合同及设备供货合同，由此正式启动了我国柔性直流输电技术的科研攻关及上海南汇风电场柔性直流输电系统并网试验示范工程。

据报道，继 2010 年 4 月 23 日我国首个柔性直流输电样机试验圆满完成后，中国电力科学研究院与上海市电力公司合作于 5 月 27 日顺利完成了模块化多电平柔性直流输电换流站控制性能测试，标志着我国电力科研人员已经基本掌握了柔性直流输电核心技术，向柔性直流输电技术工程化应用迈出坚实的一步。

（二）国内外应用情况

自 1997 年第一条柔性直流输电工程投入工业试验运行以来，至今已有多个柔性直流输电工程投入商业运行。这些柔性直流输电工程全部由 ABB 公司制造，主要应用于风力发电、电力交易、电网互联、海上钻井平台供电等领域。

1. 瑞典 Hellsjon 直流工程：容量为（3MW，±10kV），直流传输线为 10km 架空线路，工程目的是将 Hellsjon 和 Grangeberg 两个交流电网互联，1997 年 4 月投运；

2. 瑞典 Gotland 直流工程：容量为（54MW，±80kV），直流传输线为 2×70km 直流电缆，工程目的是将 Gotland 岛上的风力发电站发出的电力送至负荷中心，1999 年 11 月投运；

3. 澳大利亚 Directlink 直流工程：容量为（180MW），直流传输线为 6×65km 直流电缆，工程目的是将 Queensland 和 New South Wales 两个交流电网互联，2000 年 7 月投运；

4. 丹麦 Tiaereborg 直流工程：容量为（7.2MW，±9kV），直流传输线为 2×4.3km 直流电缆，工程目的是将 Tiaereborg 的风力发电站与交流主网相连，2000 年 9 月投运；

5. 美国和墨西哥 Eagle Pass 直流工程：容量为（36MW，±15.9kV），背靠背，工程目的是将美国的德克萨斯（Texas）州电网与墨西哥电网互联，2000 年 11 月投运；

6. 美国 Cross-Sound 直流工程：容量为（330MW，±150kV），直流传输线为 2×40km 直流电缆，工程目的是将 New Mavend 的 Connecticut 电网与纽约长岛电网互联，2002 年 7 月投运；

7. 澳大利亚 Murraylink 直流工程：容量为（200MW，±15kV），直流传输线为 2×180km 直流电缆，该工程是目前世界上最长的地下电缆输电项目，工程目的是将澳大利亚南部电网与 Victoria 州的电网互联，2002 年 8 月投运；

8. 挪威 Troll A 工程：两端换流站分别位于 Troll A 和 Kollsnes，容量为（82MW，±60kV），直流传输线为 67km 的直流电缆，该工程利用 VSC-HVDC 向 Troll A 海上石油钻井平台供电，2002 年 8 月投运；

9. 爱沙尼亚 Estlink 工程：两端换流站分别位于 Espoo 和 Harku，容量为（350MW，±150kV），直流传输线为 105km 的直流电缆，该工程主要用于电能交易并实现电网互联，2006 年投运；

10. 德国 NORD E.ON 1 VSC-HVDC 工程：该项目把世界最大的风电场通过额定功率为 400MW，额定电压 ±150kV，2×178km 海底电缆和 2×75km 地下电缆系统接入德国电网，两端交流电压为 170/380kV，该工程主要目的是为了解决远距离通过海底和地下电缆引入风电的问题，于 2009 年投运。

11. 纳米比亚 CAPRIVI Link VSC-HVDC 工程：该项目把纳米比亚的两部分弱交流电网通过 970km 线路连接起来以加强南非电网，ABB 的 HVDC-Light 技术用于稳定两个交流系统，该项目将 HVDC-Light 的电压提升到 350kV 并首次使用架空线路，两端交流电压为 400/330kV，于 2009 年投运。

（三）实际工程应用中需开展的研究工作

柔性直流输电工程涉及电力系统、材料、控制等学科。由于目前国内相关的工程实践经验还非常少，因此在开展柔性直流输电技术工程应用的研究中，要充分调研国外柔性直流输电技术的研究成果和相关工程经验，并需对以下几方面技术进行重点研究。

1. 柔性直流输电的主电路拓扑结构及调制方式。通过主电路拓扑结构和调制方式的研究，比较和明确适用于柔性直流输电的各种换流器拓扑结构、技术特点及其相应的调制方式，为示范工程的建设提供理论依据。

2. 在研究和总结现有电压源型换流器数学模型的基础上，建立柔性直流输电系统的数学模型，针对不同的换流器拓扑结构和系统结线方式，建立相应的电磁暂态仿真模型和机电暂态仿真模型，并对不同仿真模型下所得结果进行对比研究，为系统的主电路拓扑结构、开关调制方式、控制保护策略，系统过电压和绝缘配合等相关课题的研究提供有效的仿真手段。

3. 针对柔性直流输电的不同应用领域，对其控制保护策略展开研究。从保护系统安全运行的角度出发，提出相应的器件级、装置级和系统级保护策略和保护优先级别，为示范工程的保护系统方案设计提供理论支撑。

4. 进行柔性直流输电系统交直流侧的谐波理论计算、仿真分析和优化分析，为交直流侧滤波系统、PWM 控制的设计及其优化、噪音和无线电干扰的降低提供相应的理论基础。对中性点接地系统在正常、异常工况下的环流及其对柔性直流输电系统运行、各个主设备及其控制保护功能影响进行理论分析和仿真研究，提出相应的对策，确保系统安全可靠运行。通过上述方面的研究，提出柔性直流输电相应的谐波标准和中性点接地系统配置原则。

5. 对柔性直流输电系统在正常运行及故障状态下的关键设备的损耗进行分析，主要包括：换流变压器的损耗分析、换流电抗器的损耗分析、交直流滤波器的损耗分析、输电线电缆及架空线的损耗分析以及 VSC 阀的损耗分析，其中以 VSC 阀的损耗分析最为重要。

三、城市电网供电方式

随着我国经济的迅速发展，电力需求日益增加，特别是随着城市经济的持续发展和市民生活水平的不断提高，我国一些大城市的市区负荷密度和人均用电量增长尤为迅速，城市电网承受的负荷压力越来越大，已接近其功率传输极限；另一方面，由于主力电厂多数分布在城市外围，高压架空线引入市区会对环境产生严重的影响，与城市建设、公共福利事业及旅游业的矛盾日益突出；再加上城市土地资源的限制，跨越电气化铁路、高速公路和立交桥的难度越来越大，使得新增架空线输电走廊的安装和补偿等投资费用越来越高，甚至出现缺少线路走廊的尴尬境地。因此，未来在市区内采用架空输电线路的可能性越来越小，必须通过地下高压、超高压输电线路向市中心高负荷密度地区实施送电，地下输、变、配电工程的建设将逐渐成为今后城市电网发展的一个重点。

目前向城市供电可以采用的地下供电方式有三种：交流电缆供电（HVAC）、传统高压直流供电（HVDC CSC）和柔性直流供电方式（HVDC Flexible）。

（一）交流电缆供电（HVAC）

目前向城市供电的地下供电方式大多采用高压交流电缆供电，主要设备包括交流连接网络、变电站、HVAC 电缆和无功补偿装置。

为提高城市电网的供电可靠性，根据电缆产品的发展潮流和国外的运行经验，一般采用固体介质电缆，特别是交联聚乙烯（简称 XLPE）电缆。目前，230 kV 及以下电压等级的 XLPE 电缆已在英、法、日等发达国家得到广泛使用，显示了优良的技术、经济性能，如损耗小、容性充电电流小、载流量大、重量轻、安装简便、维护量小以及耐火、易加装外冷装置等。

然而，在相同的电压等级下，交流电缆的充电电流比架空线高得多，较高的容性充电电流限制了电缆的最大传输距离和传输容量，而且交流电缆产生的容性无功功率随着电压等级和电缆长度的增加而增加。因此，为了增大交流电缆的最大传输距离和传输容量必须在电缆的两端进行无功补偿。

另一方面，由于电磁感应和互感的作用，使得交流电缆的集肤效应对电缆的电阻影响很大，造成包括导体损耗、金属套损耗、磁滞损耗和电介质损耗在内的电缆损耗明显增大，而且由于容性电流的存在大大降低了电缆的载流能力。

（二）传统高压直流供电（HVDC CSC）

从 1954 年连接哥特兰岛与瑞典大陆之间的世界上第一条 HVDC 输电线路建成至今，高压直流输电的换流元件经历了从汞弧阀、晶闸管半控元件阀和 GTO、IGBT 等全控元件阀的变革。目前广泛应用的基于晶闸管的电流源换流器型直流输电技术（HVDC CSC），由于晶闸管阀关断不可控，因此需要依靠电网交流线电压或电路的电容器电压来完成换相。传统高压直流供电（HVDC CSC）的主要元件包括：

换流器：主要完成交流 / 直流和直流 / 交流的变换，由基于晶闸管元件的阀桥和带负载调节分接头的变压器组成。

平波电抗器：在电流源换流站中，对应每一相分别安装一个高达 1.0H 电感的大型电抗器，主要用来减小直流线路的谐波电压和电流、防止逆变器的换向失败、防止轻载时电流不连续和限制直流线路短路时整流器的峰值电流。

滤波器：交流侧和直流侧都需要安装滤波器。交流滤波器不但用来吸收换流阀产生的谐波电流以减少对交流系统的谐波污染，而且还为换流器提供所需的部分无功功率；直流滤波器用来滤除直流侧的谐波电压以改善直流电压质量。

无功功率电源：提供换流器所需的无功功率以维持无功功率平衡。

直流电缆：构成回路进行有功功率传送。

传统高压直流供电（HVDC CSC）的主要缺点是容易造成换相失败、产生大量的低次谐波和吸收大量的无功功率。

（三）柔性直流供电方式（HVDC Flexible）

与基于自然换相技术的传统直流输电（HVDC CSC）不同，HVDC Flexible 是一种以电压源换流器、可控关断器件和脉宽调制（PWM 技术）为基础的新型直流输电技术。这种输电技术能够瞬时实现有功和无功的独立解耦控制、能向无源网络供电、换流站间无需通讯且易于构成多端直流系统。另外，该输电技术能同时向系统提供有功功率和无功功率的紧急支援，在提高系统的稳定性和输电能力等方面具有优势。柔性直流供电（HVDC Flexible）的主要元件 [35] 包括：

换流器：主要完成交流 / 直流和直流 / 交流的变换，由基于 GTO、IGBT 等全控元件的阀桥和带负载调节分接头的变压器组成。换流变压器的主要作用是通过调节分接头来调节二次侧的基准电压，进而获得最大的有功和无功输送能力。换流变压器的另一个重要作用是将系统交流电压变换到与换流器直流侧电压相匹配的二次侧电压，以确保开关调制度不至于过小，以减小输出电压和电流的谐波量，进而可以减小交流滤波装置的容量。

换流电抗器：在电压源换流站中，对应每一相分别安装一个换流电抗器。它是电压源换流站的一个关键部分，是 VSC 与交流系统之间传输功率的纽带，决定换流器的功率输送能力、有功功率与无功功率的控制；同时，换流电抗器能抑制换流器输出的电流和电压中的开关频率谐波量，以获得期望的基波电流和基波电压。另外，换流电抗器还能抑制短路电流。

直流侧电容器：直流侧电容是 VSC 的直流侧储能元件，它可以缓冲桥臂开断的冲击电流、减小直流侧的电压谐波，并为受端站提供电压支撑。同时，直流侧电容的大小决定其抑制直流电压波动的能力，也影响控制器的响应性能。

交流滤波器：与基于晶闸管的传统直流输电系统不同，电压源型直流输电系统采用 PWM 技术。因此，换流站在较高的开关频率下，其输出的交流电压和电流中含有的低次谐波很少，又由于换流电抗器对输出电流具有滤波作用，使得电流的谐波能较容易符合标准。然而，在没有任何滤波装置的情况下，输出的交流电压中还含有一定量的高次谐波，且其总的谐波畸变率并不能达到相关的谐波标准。因此，通常要在换流母线处安装适当数量的交流滤波器（接地或不接地）。

直流电缆：构成回路进行有功功率传送。由 ABB 公司研制的输电电缆是采用新型的三层聚合材料挤压的单极性电缆，它由导体屏蔽层、绝缘层、绝缘屏蔽层三层同时挤压成绝缘层；中间导体一般为铝材单芯导体，它不同于传统纸或者油绝缘电缆，这种新型电缆具有高强度、环保和方便掩埋等特点，适合用于深海等恶劣环境。另外，这种新型电缆重量轻、传输功率密度大，对于一对 $95mm^2$ 的铝电缆在直流电压为 100kV 时能够传输 30MW 的功率，其重量为 1kg/m，绝缘厚度为 5.5mm，可以方便地掩埋入地中。

柔性直流供电的主要缺点是造价高和换流器损耗大。

（四）几种输电技术的比较

表 7-4-1 列出了交流输电、传统直流输电和柔性直流输电技术的比较。

表 7-4-1 集中输电技术的比较

比较项目	交流输电	传统直流输电	柔性直流输电
结构组成	1. 电力变压器 2. 交流线路或电缆 3. 无功补偿设备	1. 换流变压器 2. 大型无功补偿设备和滤波装置 3. 直流平波电抗器 4. 直流线路	1. 换流变压器或仅需换流电抗器 2. 小型滤波器 3. 直流电容支撑及滤波 4. 直流电缆入地，环境友好
应用场合	广泛应用于输配电	大容量、远距离，受端交流系统中必须配有相应的旋转电机——发电机或同步调相机	中小容量，经济容量已扩展到几十到几百兆瓦： 1. 远距离无源网络供电，如岛屿，钻井平台 2. 电缆距离超过 50-100km，或功率大 3. 分布式电源和风力发电接入 4. 城市供电系统增容 5. 交流系统非同步互联
对系统的影响	增加短路容量	不增加短路容量和短路比，可以提高系统稳定性	不增加短路容量和短路比，可以提高系统稳定性
当前换流器功率极限	——	6400MW，±800kV（架空线）	1200MW，±320kV（电缆）
技术优点	设备简单，可靠，成本较低	大功率，远距离输电	1. 模块化，体积小，可搬迁，模块化的设计使 HVDC Light 的设计、生产、安装和调试周期大为缩短。换流站的主要设备能够先期在工厂中组装完毕，并预先做完各种试验。换流站的设计非常紧凑且占地面积很小。一个 65MVA 的换流站仅占 800m²。一个 250MVA 的换流站将占地 3000m²。占地面积仅为同等容量下传统直流输电换流站的 20% 2. 潮流反转时直流电流方向反转，而直流电压极性不变，易于实现多端直流网络 3. 不仅不需要交流侧提供无功功率而且能够起到 STATCOM 的作用。因此，在交流系统故障时，HVDC Light 可同时向系统提供有功和无功支援，从而提高系统功角和电压的稳定性 4. 送端与受端可不通信 5. 交流侧电流可以被控制，所以不会增加系统的短路功率。交流系统的保护整定基本不需改变

比较项目	交流输电	传统直流输电	柔性直流输电
运行与控制	采用传统的调节电力潮流措施，如机械控制的移相器、带负荷调变压器抽头、开关投切电容和电感、固定串联补偿装置等，只能实现部分稳态潮流的调节功能，而且，由于机械开关动作时间长，响应慢	由于开通滞后角 α 和熄弧角 γ 的存在及波形的非正弦，常规的 HVDC 要吸收大量的无功功率，其数值约为输送直流的 40～60%，这就需要大量的无功补偿及滤波设备	HvDCLight 可在很短的时间调节逆变器输出电压的相角及幅值，进而可以对有功和无功功率进行单独地、迅速地调整，同时还可以做到对交流系统频率与电压的控制。存在高频谐波，易于滤除
有功潮流控制	——	可连续从 ±0.1 倍额定定功率至 ±1 倍额定功率调节（功率方向改变需要占用一些时间）	可连续从 0 至 ±1 倍额定功率调节
无功补偿及控制	——	不连续控制	通过换流器内部 PWM 连续无功控制
能否有功无功独立控制	——	否	是
典型损耗	——	2.5～4.5%	4～6%

注："——"表示本项未参加比较。

四、柔性直流输电的应用前景

（一）城市电网存在的问题

　　由于城市电网的用电负荷增长十分迅猛，而城市负荷中心主力电厂建设不足，大量的电能需要由 500kV 和 220kV 线路进行远距离输送，导致城市电网供电能力不足、供电可靠性差、短路电流过大、电压支撑较弱等一系列问题，严重威胁着城市电网的安全稳定运行。

1. 供电能力不足且供电可靠性差

　　随着我国城市经济的不断发展及城市用地面积的扩大，城市用电量和负荷增长迅速，并且中心城区的负荷密度逐年增大，现有的供电网络已经越来越不能适应城市负荷发展的要求。城市用电负荷的快速增长给城市电网带来了巨大压力，使得城市内的变电站和电力线路等设备负载率偏高，甚至曾出现过满负荷或过负荷情况，这不但对电网的安全运行不利，也无法满足用电负荷继续增长的趋势，更加限制了城市电网的供电容量和供电可靠性。

2. 城市电网短路电流过大

随着城市负荷以及负荷密度不断增大，城市电网发展迅速，省会城市和沿海大城市已经基本建成了 500kV 和 220kV 的超高压外环网或 C 形网，110~220kV 高压变电所已经广泛深入市区负荷中心，电网结构不断发展完善。电网联系紧密，在增强城市电网供电能力、提高电网的安全稳定水平的同时，但同时又造成系统阻抗不断下降，各级电压的短路电流逐年增大，短路电流水平越来越高，不少城网已出现短路容量超过《城市电力网规划设计导则》中短路容量的限制，甚至超过了断路器的开断能力。比如，目前北京、上海、广州等大城市的某些 500kV 和 220kV 变电站的短路电流水平已经超过 50kA，甚至有的已经超过 63kA，而且随着城市负荷的进一步增长，更会加剧短路电流超标问题，因此，短路电流超标问题不仅制约了城市电网的运行灵活性，而且对电网的安全运行构成了极大的威胁。

3. 城市负荷中心缺乏足够的电压支撑

随着我国经济的持续快速发展，电力需求保持着强劲的增长势头，特别是城市负荷需求增长更加迅猛。但是，在城市负荷中心因受土地资源、水资源、输电走廊、环境保护和高额投资等因素，限制了建立新电源的可能性，造成了大功率远距离、跨越大功角、大电压降落输电的现状，再加上电力市场下的新的系统运行方式，未来的系统不得不在接近其物理极限下运行。

近年来在城市电网中广泛应用带负荷调分头变压器（On-Load Tap Changing，OLTC）及并联电容器等也带来严重的电压稳定性隐患。OLTC 在系统低电压时的负调压作用或连续调节是电压失稳的主要原因之一，低电压时，OLTC 动作使次级电压升高，初级电压下降；OLTC 的连续动作，引起初级电压的不断下降，可能导致电压失稳或崩溃；并联电容器容许其附近的发电机接近单位功率因数运行，以使发电机具有最大的快速作用的无功储备，但是，在电压紧急情况下，并联电容器不像串联电容器那样具有自调节能力，它的无功出力随电压的平方下降。

不良的负荷特性也是可能造成电压不稳定 / 崩溃的重大隐患，特别是在温控负荷很重的地区。以北京电网为例，2006 年夏季北京地区空调负荷估计在 3650MW 左右，约为其最大负荷的 40% 左右，空调负荷的特性非常不利于电压稳定。日本东京电网 1987 年 7 月 23 日损失负荷 8168MW 的电压失稳事故，就与大量空调设备在低电压时吸收更多电流（特别是无功电流）的负荷特性密切相关。

由于电源远离城市负荷中心，负荷中心电源支撑弱、无功电压支撑能力不足，所以当系统受到干扰时，城市电网非常容易失去同步稳定和电压稳定。若此时没有采取必要的和强制性措施，来维持城市电网一定的电压水平，势必造成电压崩溃使系统失去稳定运行，从而发生大面积停电事故。

4. 缺乏灵活的调节手段且抗扰动能力差

由于交流系统的潮流分布取决于网络参数、发电机与负荷的运行方式，虽然利用传统的潮流调节手段和通过调度员的合理调度可以达到调节潮流目的，但是远不能满足现代电力系统安全经济运行的要求，使得目前城市电网的可控性依然较差，容易出现功率分布和走向不当，从而引起以下几方面的问题：部分线路和设备过载，部分线路和设备轻载，并且容易引发稳定性问题；系统的有功功率损耗增加，系统运行的经济性较差；容易形成"功率绕送"或"功率倒流"；系统功率分布不当，导致电压质量不满足要求；导致局部地方的短路水平过高，威胁电力系统的安全运行。

由于目前城市电网缺乏有效的调节和控制手段，导致系统的抗扰动能力较差，特别是在局部故障情况下，调节控制手段缺乏极易引起骨牌效应的连锁故障，无法控制事故的范围从而导致大面积停电事故。因此，需要增强系统的可控性，以隔离故障限制事故扩大避免连锁故障，提高系统安全经济运行的能力。

对于这些传统电力系统难以解决的问题，需要新的控制手段和控制设备，大幅度提高城市电网的调节控制能力，来减少无功潮流和避免环流以优化系统潮流实现系统的经济运行，并且提高系统抵御各种扰动的能力以维持系统的安全稳定运行。

（二）城市电网面临的挑战

随着城市化进程的加快，用电负荷快速增长，城市电网发展一方面要克服投资短缺、建设滞后，城网规划与城市规划不协调等问题，同时又要面临资源紧缺、成本上涨等各种矛盾。未来城市电网发展主要面临以下挑战：

1. 电网建设难度增大

为满足城市日益增长的负荷需求，需要较多的输电走廊来向城市供电。然而由于城市土地资源日趋紧张，变电站站址、线路走廊的保留和落实越来越困难，已经成为制约城市电网发展的重要因素。城市电网建设与其他市政建设，如城市绿化、道路交通等发生冲突的现象普遍存在，发展的适应性问题比较突出。

另一方面，随着可持续和谐发展战略的实施和公众对高质量生活的追求，人们对环境保护的要求越来越高，特别是人们对输变电设施的电磁辐射和噪音问题更加关注，这就需要把线路和变电站可能产生的电磁干扰、静电感应、噪音、电磁场的生态效应、以及对景观的影响降低到标准规定的水平以下。今后，变电站和输变电设备的电磁环境影响（无线电干扰、工频场暴露风险、噪声等）将受到更加严格的控制。在未来的发展中，低噪声、低干扰、低工频场的输配电设备将成为城市环保化电力建设的基本要求。

2. 电力供应要求越来越高

电网安全是社会公共安全的重要组成部分，确保电网安全尤其是城市电网安全，是构建社会主义和谐社会的基本要求。近年来，国际上相继发生了美加"8.14"、意大利、莫斯科等一系列大面积停电事故，危及城市正常秩序，造成了巨大的经济损失，值得引以为戒。

另一方面，随着我国国民经济及科技水平的快速发展，各行各业对电能质量的要求也越来越高，特别各种电子装置和精密设备的广泛应用，使得用户希望供电企业能够提供高效优质的电能。电能质量随着计算机系统、可编程控制器、微电子设备等敏感设备的广泛采用，用户对电能质量要求越来越高。谐波、闪变，电压的瞬时下降或升高，均可能导致信息、控制系统破坏、产品质量下降，造成重大损失。

3. 新能源发电的接入问题

随着现代社会的不断发展，环境污染和能源短缺成为现代文明社会的世纪性难题。人们的环保意识和危机感不断加强，各国政府纷纷制定自己的能源政策，给风能、太阳能、潮汐能、地热能等新能源带来了发展的契机。这一浪潮正在重新塑造着电力工业，使电力工业在可持续发展的能源工业中面临新的机遇和挑战。大力发展新能源发电，对环境保护、节约能源以及生态平衡都有重要的意义。

然而这些新能源发电的并网运行也会对系统带来一定的负面影响，比如系统电压、电能质量、继电保护等。因此，在未来大力提倡新能源发电的电力环境下，采取何种并网方式以减弱这些负面影响是必须亟待解决的问题。

4. 城市电网建设成本上涨，资金来源贫乏

随着城市土地资源的日益紧张，城市电网工程拆迁量巨大、成本昂贵、政策处理艰难、建设周期不确定性突出。近几年输变电工程建设涉及的拆迁费用、赔偿费用飞涨是城市电网建设成本增加的主要因素。根据对 31 个重点城市的统计，从 2003 年至 2005 年，城网建设成本增长约 30%。与此同时，我国城市电网建设资金短缺问题非常严重。

5. 电力市场化改革的影响

当前全球范围内正在逐步实行电力系统市场化的体制改革。尽管各国改革的模式不同，但根本宗旨都是企业打破电力行业垄断，促进市场竞争，提高效率，降低成本和电价，从而提高本国经济在国际市场上的竞争能力。英国从 20 世纪 90 年代开始的电力市场化改革，也取得了降低典型工业用户的电价 20% 以上的效果。然而电力市场化改革也给电力系统运行和控制带来一系列的新问题。根据电力市场运作的要求，电网首先必须提供能灵活控制潮流的能力，还应最大限度地满足电源与用户之间输送能力的要求。此外，在发电、输电和供电分别独立经营的条件下，供电公司为了追求利益的最大化，意味着将充分利用输电系统资源，并更接近其热稳定极限运行，此时损耗就会增加，电能质量就会恶化，同时网络的稳定性也会受到负面影响。因此，在电力工业解除管制、推行市场化改革的过程中，保持电网的安全稳定运行水平是需要解决的重要课题。

（三）柔性直流输电对城市电网的作用

由于柔性直流输电能够瞬时实现有功和无功的独立解耦控制、结构紧凑、占地面积小且易于构成多端直流系统。另外，该输电技术能同时向系统提供有功功率和无功功率的紧急支援，在提高系统的稳定性和输电能力等方面具有优势。利用这些特点不仅可以解决目前城市电网存在的问题，而且可以满足未来城市电网的发展要求，改善电力系统的安全稳定运行。主要表现在以下几个方面：

1. 增强城市电网的供电能力，满足城市日益增长的负荷需求

柔性直流输电采用新型的交联聚乙烯（XLPE）挤压聚合物直流电缆，不仅占用空间小、输电能力强，而且可以安装在现有的交流电缆管内或线路走廊内，这样可以充分利用输电走廊，增强城市电网的供电能力，满足城市的负荷需求。

2. 为城市负荷中心提供必要的无功支撑，克服电压稳定性所构成的限制

柔性直流输电可以实现有功和无功地独立快速控制，在对其输送的有功功率行快速、灵活控制的同时，还能够动态补偿交流母线的无功功率，稳定交流母线的电压，起到 STATCOM 的作用。这个特点不仅可以有效缓解城市中心区域大量的地下交流电缆以及空调负荷比例的日益增大造成的无功缺乏问题，而且可以为城市负荷中心提供必要的无功支撑，维持城市电网的安全稳定运行。

3. 提高城市电网的可控性和安全可靠性

柔性直流输电具有快速多目标控制能力，可以实现正常运行时潮流的优化调节、故障时交流系统之间的快速紧急支援和隔离故障限制事故扩大避免连锁故障，增强系统的可控性和抗扰动能力，达到提高其稳定性、运行可靠性和不增加短路容量、改善电能质量的目的。

4. 增强城市电网建设的可实施性，节省电力建设成本

柔性直流输电结构紧凑、占用空间小，模块化的设计使 HVDCLight 的设计、生产、安装和调试周期大为缩短，而且采用新型的交联聚乙烯（XLPE）挤压聚合物直流电缆不仅安装容易、快速，而且机械强度和柔韧性好、重量轻，更重要的是无油、电磁辐射和无线电干扰小，利于实现与市政设施和环境的协调，这样不仅增强城市电网建设的可实施性，而且可以节省征地、赔偿等电力建设成本。

5. 满足电力市场要求，方便新能源接入

柔性直流输电的快速灵活的有功无功的控制能力，可以实现电力市场运作的要求，即灵活控制潮流的能力，提供无功支撑等辅助服务，最大限度地满足电源与用户之间输送能力的要求。

柔性直流输电可以在 PQ 平面内四个象限运行，可以瞬时实现有功功率和无功功率的独立调节，不仅可以实现对输送功率的控制，而且改善所连接换流站的电压和频率，方便新能源的接入和增强系统的可扩展性。

第八章 电力生产事故

第一节 安全生产教育

安全教育系指对新工人（包括参加生产实习人员、参加生产劳动的学生和新调入本队工作的人员）的入队教育、现场教育和岗位教育。

一、教育对象

新工人或新调来的工作的工作人员，在没有分配到施工现场之前，要进行安全生产教育，由安全员及施工队长采取个别谈话方式进行。由主管安全工作的专业人员组织座谈、参观或阅读有关文件等方式进行教育。其教育内容主要有以下几个方面：

1. 安全生产的重要的意义；

2. 国家有关安全生产的方针、政策和规定；

3. 本队安全生产的情况、安全生产规章、制度、安全生产纪律等。

4. 本对近几年发生的重大伤亡事故及应吸取的教训；

5. 触电、高空坠落、物体打击、机械伤害等事故的预防和急救常识；

6. 发生事故后如何抢救、如何报告、如何保护事故现场等。

二、现场安全教育

对新工人或新调来的工长的工人在为分配到工作岗位前，要进行进入施工现场教育。由主管工长、工地安全员带领讲解施工现场的安全制度和规定、现场的各类区域及施工生产的一般要求。其主要内容归纳如下：

1. 本施工现场的施工特点、施工机械设备特点、预防事故的安全措施、方法等；

2. 本施工的规章制度及安全纪律；

3. 本工种的安全技术规程及安全生产注意事项；

4. 劳动防护用品发放标准及劳动防护用品使用的要求等。

三、操作岗位教育

岗位教育（即岗位安全教育）是指新工人或新调来工作的工人，被分配到施工班组固定岗位后，未开始工作前进行的安全生产教育。由班组长或班组安全员讲解，必要时指定有实际经验的老师傅进行安全操作规程等，用"以老带新"的方式进行教育。其主要内容如下：

1. 本班组施工的特点、安全生产情况、存在问题及安全注意事项。

2. 工作环境、工作条件及注意事项；

3. 经常使用的施工机械设备、工具、仪表等安全使用要求及预防事故的方法；

4. 班组安全管理制度和安全活动的要求。

5. 个人防护用品、用具使用、维护知识等。

6. 施工企业安全教育的主要内容可归纳为安全思想教育和安全技术教育两个方面。

7. 安全思想教育，主要是经常对全体职工进行党和国家有关安全生产的方针、政策、法规、制度、纪律教育，并结合本企业、本单位在安全生产方面的典型经验与事故教训进行教育。提高全体职工对安全生产重要性的认识，增强法制观念，自觉遵章守纪，消除违章指挥和违章作业，避免发生责任事故。

8. 安全技术教育，主要是对专业管理人员、生产工人进行本专业、本工种的安全技术、安全技术操作规程、安全技术措施等方面的教育。其目的是为了使专业管理人员和生产工人掌握本专业、本工种安全生产的技能技巧，提高安全生产的技术水平，掌握正确处理事故的应变能力。以避免因无知或错误操作而发生事故。

9. 安全思想教育和安全技术教育这两个方面都很重要，缺一不可。岗位培训安全教育的重点是安全技术教育。

四、国家的安全生产方针政策教育

1. 安全生产的目的和意义

安全生产的目的就是保护劳动者在生产中的安全和健康，促进经济建设的发展。具体包括以下几个方面：

（1）积极开展控制工伤活动，减少或消灭工伤事故，保障劳动者安全地进行生产建设。

（2）积极开展控制职业中毒和职业病的活动，防止职业中毒和职业病的发生，保障劳动者的身体健康。

（3）搞好劳逸结合，保障劳动者有适当的休息时间经常保持充沛的精力，更好地进行经济建设。

（4）针对妇女和未成年工的特点，对他们进行特殊保护，使其在经济建设中发挥更大的作用。

2. 安全生产方针

我国的安全生产方针是："安全第一、预防为主、综合治理"。安全第一要求认识与生产辩证统一的关系，在安全与生产发生矛盾时，坚持安全第一的原则。预防为主要求工作要事前做好，要依靠安全科学技术进步，加强安全科学管理，搞好事故的科学预测与分析，从本质安全入手，强化预防措施，保证生产安全化。

3. 消防安全方针

我国的消防方针：预防为主、防消结合。"预防"就是要从设备、设施、工艺等本质方面有高性能的防火措施，如用防爆电器，阻燃材料、自动喷淋系统等。"消"就是要有灭火措施，如消防系统、救火系统等。

4. 珍惜生命、勿忘安全、牢记安全、保护自己

（1）生命对于每个人来说只有一次，为了自己，为了家庭幸福，为了国家建设。必须珍惜生命。安全是生命的"保护神"，因此，必须牢记"安全"二字。

（2）在建筑施工时，我们一进入建筑工地就要和各种建筑材料、工具、机器、商务、建筑中的道路、基础、工程、桥架、高楼大厦打交道，这些都可能存在着各种意想不到的危险性，不安全因素，稍一疏忽就有可能发生各类伤亡事故，并使施工中断。

（3）所以，建筑业是比其他行业危险性要大的行业之一，主要发生事故有：高处坠落、物体打击、触电、机械伤害、坍塌等"五大伤害"。因此，安全必须牢牢记住，安全必须处处、事事、时时注意。要正确了解工具设备、安全防护设施的使用方法和操作，精心作业，保护自己和他人，只有牢记"安全"二字，才能保护自己，每个应该做到：

（4）专心学习

进入施工现场前，要认真学习有关安全操作知识，并且在熟练后上岗操作，在学习时只有专心认真，才能牢记掌握要领，操作时不会忘记，只有严格遵守安全操作规程和纪律，才有可能不发生事故。

（5）不懂就问

现在的建筑工地一般楼层高、场地小、工期紧、建筑设备多、机械化程度高、立体交叉作业多、工作环境复杂。因此，对各种工具、设备、安全防护措施以及安全要求，不清楚的、不懂的要多问，不能一知半解、不懂装懂，避免在工作时出差错而造成事故。

（6）勤学苦练

对安全操作技术要勤学苦练，因为在工作时有时会发生知道怎么干而手脚不听使唤的情况而造成事故。只有反复练习，才能得心应手、熟能生巧，工作干得又好又安全；再进一步，还要注意学习如何正确处理出现的异常情况，保证万无一失。

（7）细心操作

进行施工时，由于作业是多工种立体交叉进行，还有许多流动性作业，以及经常要在无固定、无任何防护设施的情况下进行操作。所以，在作业前应看天、看地、看环境；作

业时应仔细认真；作业后要检查一下是否留下隐患，保护好自己，也防止别人受到伤害。

5. 严格遵守安全规程

（1）国有国法，厂有厂规，为了建筑施工所制定的各项安全规章制度和安全操作规程。就是要施工能正常地进行下去，在施工中，保护建筑工人不受到伤害。

（2）制定这些规定是前人用鲜血、伤残、死亡的悲痛、悔恨、不可挽回的损失和惨痛的教训换来的。同时它们也是赏罚严明的"执法官"，严格遵守可以不再重复发生前人的流血、伤残、死亡事故工作也就顺利；否则，即违反就会受到惩罚，宁要得到"安全"的骂，不愿得到死亡、伤残的哭。有些人因违反规定侥幸没有发生事故，认为不一定发生事故，小心点就行了，这种想法十分危险，这是与恶魔共舞，躲得过初一，躲不过十五，所以我们身为一名建筑工人，一定要确保施工安全珍惜自己的生命，严格遵守安全规程，和安全规章制度，千万不要去违反它。

（3）反对"三违"，做到三不伤害。

（4）我们大家都知道"三违"，"三违"到底是什么？它是：违章作业、违章指挥、违反劳动纪律，它是安全生产的大敌，要坚决反对。

（5）通常建筑工地的事故有百分之九十左右是由"三违"造成的；有是冒险作业，心存侥幸，有的是吊儿郎当，马马虎虎，平常不好好学习，不懂装懂，不按规定作业，为了抢进度，片面追求效益，瞎找"窍门"，不安科学规律办事，给施工现场造成了许多不安全的危险因素。

6. 其主要表现有：（违章作业方面）

（1）不戴或不正确戴好防护用品（如戴安全帽不系帽带）；

（2）未经允许私自挪动、拆除安全信号、安全标志和安全设施；

（3）未经培训合格就独立上岗操作；

（4）从事非本工种的工作、无证接电、焊割、操作起重机和机动设备、操作电梯等；

（5）将机器设备、材料堆放在不安全场所；

（6）在高处往下抛掷工具或其他物品；

（7）使用缺档或无防滑措施的梯子；

（8）使用有缺陷的不合要求的工具、索具、机器设备等；

（9）对正在运转中的机器设备，戴着手套进行清理、加油、搬运等；

（10）跨越或停留在危险区域等等。

7. 违章指挥方面

（1）强令工人冒险作业；

（2）不按安全技术规程办事；

（3）长期让工人加班加点，等等。

8.违反劳动纪律方面

（1）干私活；

（2）酒后操作；

（3）工作时嬉戏打闹；

（4）工作时离岗、串岗；

（5）在木工车间或易燃易爆物品堆放处吸烟或动用明火，等等。

以上"三违"现象是非常危险的，好比是将自己或他人往虎口里送，我们一定要坚决杜绝，并且提高"三不伤害"的意识和自我保护能力。

在建筑工地常有人提到"三不伤害"，有的可能还不知道何为"三不伤害"。

（1）不伤害自己

它是指工作时，因为自己的过失行为造成对自己的伤害，这就要求每个人在工作时仔细认真遵章守纪，杜绝"三违"，例如戴好安全帽、系好安全带，穿好防滑鞋等，在危险区作业时除戴好穿好防护用品外，一定要思想集中。

（2）不伤害他人

是指工作时要认真、负责，考虑周到，不要因为自己的过失造成对他人的伤害，如私自拆除脚手架的连接点和洞口临边的防护设施，电气线路乱接乱拉，顺地乱拖，任意开动机器，乱合电闸等，都可能伤害到他人。

（3）不被他人伤害

是指工作时要多加小心，不要怕麻烦，不要为他人的过失行为造成对自己的伤害，如在检修电器线路或转动设备时切断电源，挂上安全标志，有人监护，不在吊臂及吊运物体的下方停留或工作，等等。

要做到"三不伤害"的前提必须坚决反对"三违"，所以在建筑工地不管是领导或是操作工，都要以身作则遵守安全规章制度，不违章指挥、作业和违反劳动纪律，杜绝一切违章行为，同样每个负责人，职工也有权提醒和抵制别人的违章行为。

五、形势和事故教训

每年全球由于意外事故导致人类死亡 350 万人，其中劳动工伤与职业病造成死亡 110 万人，交通事故 80 余万人，每秒钟 7 个家庭饱尝事故灾难带来的苦果，造成巨大的经济损失。生产和生活中发生意外事故和职业危害，如同"无形的战争"在侵害着我们的社会、经济和家庭。正像一个政治家所说：意外事故是除自然死亡以外人类生存的第一杀手。

由于管理上和统计的原因，事故的漏报、瞒报现象普遍。因此，实际的状况要比上述数据严重得多。

六、伤亡事故的紧急救护

1. 时间就是生命

在施工现场发生事故切莫惊慌，要冷静地、争分夺秒地进行抢救，时间就是生命。发生工伤事故后 4~8 分钟是关键时刻，失去这段时间，伤势会急剧恶化，甚至死亡。因此，学习现场急救技术很有好处。

2. 急救要点

发生伤亡事故，如高处坠落、触电、物体打击、机械伤害、坍塌、重大交通事故等，现场人员要进行紧急抢救，但也要遵守下面的急救要点。

机智、果断一方面要紧急呼救，立即拨打"120"电话；另一方面要迅速弄清事故及现场情况，机智、果断、因地制宜地去采取应急措施，防止伤害进一步扩大。

及时、稳妥如现场十分危险，伤害会进一步扩大，就要及时、稳妥地帮助伤员脱离危险区，但一定要确保你自己、他人和伤员无危险。

正确、迅速要正确、迅速地检查伤员的伤害情况，如发现心跳、呼吸停止，要立即进行人工呼吸、心脏按压，直到医生到来；如有大出血，要立即进行止血；如有骨折，要设法固定等等。医生来后要简单反映伤员情况、抢救经过和采取的措施。

细致、全面对伤员检查要细致、全面，特别是当伤员没有危险时，要再次进行检查，防止临界阵慌乱、疏忽遗漏。

3. 人工呼吸和心脏按压

人工呼吸，呼吸停止，心脏仍然跳动或刚停止跳动，要用人工的方法使空气进入伤员肺部，给予人体需要的氧气。方法有：

口对口人工呼吸将伤员平放在平整的地域物体上，清除口内异物，一手捏住鼻孔，另一手抬起下巴，深吸气后对准伤员口部用力吹气，待伤员胸廓扩张后停止吹气，迅速移开紧贴的口，每分钟进行 20 次。

心脏按压心脏突然停止跳动，用外力按压心脏，暂时维持心脏输血功能。

将伤员仰卧在平整的地上或木板上，头放平，跪在伤员一侧，用一手掌根部放在伤员胸骨体的中、下三分之一交界处，另一只手放在按压的手背上，二手背伸直，用自身重量和上臂的力量有节奏地垂直按压（切忌用力过大，防止肋骨骨折），力量要均匀，不要摇晃，使其下陷约三厘米；然后，放松。反复进行，每分钟 70 ~ 80 次。同时，要注意观察伤员情况，如果伤员面有红润，摸到脉搏，说明急救有效，重复上述动作，直至有心脏的自律搏动，才可以停止。

心脏按压和人工呼吸并用一般由两人同时进行，两人各司其职，保证供给伤员氧气，恢复伤员心跳。通常，吹一口气按压胸骨 3 ~ 4 次。

4. 外伤四大急救技术

止血；成年人大约有5000毫升血液，当发生工伤事故出血量达2000毫升左右，就会有生命危险。因此，紧急止血法十分重要。止血的方法有直接压迫止血法、加压包扎法、填塞止血法（适用于颈部等大而深的伤口）、指压动脉止血法（用手掌或手指压迫伤口近心端动脉）。止血用物品要干净，防止再次污染伤口（见图）；止血带使用时间不能超过一小时，不能用金属丝、线、带等作止血带。

包扎；包扎是为了保护伤口减少感染、止血止痛、固定敷料、板。包扎材料可用绷带、三角巾或干净的衣服、床单、毛巾等。

固定；固定是为防止骨折部位移动（折骨端部在移动时会损伤血管、神经、肌肉），减轻伤员痛苦。需要注意的是：伤员休克或大出血时、先要（或同时）处理休克、止血；刺出伤口的骨头不要送回伤口；体位或伤肢畸形要按照畸形进行固定；固定时动作要轻、牢，松紧要适当，皮肤与夹板间垫一些衣服或毛巾之类东西，防止因局部受压而引起坏死。

搬运；搬运也是急救的重要步骤，搬运方法要根据病情和各种具体情况而定。但要特别小心保护受伤处，不能使伤口创伤加重；要先固定好再搬动。对昏迷、休克、内出血、内脏损伤和头部创伤的必须用担架或木板搬运；尤其是颈、胸、腰段骨折的病人，一定要保证受伤部位平直，不能随意摆动。

第二节　电力生产事故报告与调查处理

一、事故定义和级别

（一）电力生产和电网运行过程中，根据造成的与电力生产有关工作释人员伤亡（含生产性急性中毒造成的伤亡，下同）或者直接经济损失，或者影响电力系统安全稳定运行、影响电力正常供应（包括热电厂发生的影响热力正常供应）的程度等情形，判定为不同种类和级别的事故。

事故种类主要有人身事故、设备事故和火灾事故、交通事故等，其等级分为特别重大事故、重大事故、较大事故、一般事故和内部统计事故（简称统计事故，下同）。

（二）事故

1. 有下列情形之一的，为特别重大事故：

（1）造成30人以上死亡，或者100人以上重伤（包括急性工业中毒，下同），或者电力设备、设施、施工机械、运输工具损坏，直接经济损失达1亿元以上的。直接经济损失包括更换的备品配件、材料、人工和运输费用。如设备损坏不能再修复，则按同类型设备重置金额计算损失费用。保险公司赔偿费和设备残值不能冲减直接经济损失（下同）。

（2）本企业负同等以上责任的特别重大电网减供负荷事故。

2. 有下列情形之一的，为重大事故：

（1）造成 10 人以上 30 人以下死亡，或者 50 人以上 100 人以下重伤，或者 5000 万元以上 1 亿元以下直接经济损失。

3. 有下列情形之一的，为较大事故：

（1）造成 3 人以上 10 人以下死亡，或者 10 人以上 50 人以下重伤，或者电力设备、设施、施工机械、运输工具损坏，直接经济损失 1000 万元以上 5000 万元以下的。

（2）因一次安全故障造成全厂对外停电，导致周边电压监视控制点电压低于调度机构规定的电压曲线值 20% 并且持续时间 30 分钟以上的，或者导致周边电压监视控制点电压低于调度机构规定的电压曲线值 10% 且持续时间 1 小时以上。

（3）发电厂发电机组因安全故障停止运行超过行业标准规定的 A 级检修（标准见 DL/T838-2003，下同）时间两周，并导致电网减供负荷。

4. 有下列情形之一的，为一般事故：

（1）造成 3 人以下死亡，或者 10 人以下重伤，或者电力设备、设施、施工机械、运输工具损坏，直接经济损失 100 万元以上 1000 万元以下的。

（2）因一次安全故障造成全厂（站）对外停电，导致周边电压监视控制点电压低于调度机构规定的电压曲线值 5% 以上 10% 以下，且持续时间 2 小时以上。

（3）供热电厂因故障造成全厂对外停止供热且持续时间 72 小时以上。

（三）统计事故

未构成以上事故，符合下列条件之一的，为统计事故：

1. 造成 3 人以上群体轻伤。

2. 供热电厂发生全厂对外停止供热，持续时间超过 24 小时，且引发纠纷，遭受经济索赔。

3. 6 千伏以上电气设备发生下列恶性电气误操作：带负荷误拉（合）隔离开关、带电挂接地线（接地刀闸）、带接地线（接地刀闸）合断路器（隔离开关）。

4. 220 千伏以上断路器、电压互感器、电流互感器、避雷器发生爆炸。

5. 发生水淹厂房，造成机组停止运行。

6. 由于一般电气误操作、热机误操作、监控过失等原因，造成发电主设备被迫停止运行。

7. 生物质电厂因火灾造成机组停运，风电场因火灾造成集电线路停运。

8. 机组故障停运后，检修时间超过行业标准规定的 A 级检修时间未恢复运行。

9. 新能源公司认定的其他情形。

（四）对火灾事故、交通事故、特种设备事故和职业伤害事故的认定，执行国家有关规定。

二、事 故 报 告

（一）即时报告

1. 企业发生人身死亡事故和重伤事故后，事故现场有关人员应立即向上级电力调度机构及本单位负责人报告，单位负责人接到报告后应按照有关规定及时报告至企业所在地电力监管机构、政府安全生产监督管理主管部门、公安部门、工会等。同时立即以电话、传真、电子邮件等方式，汇报至新能源公司，汇报时间间隔不得超过 1 小时。自事故发生之日起30 日内（道路交通事故、火灾事故自发生之日起 7 日内），事故造成的伤亡人数发生变化的，应及时补报。

2. 企业发生设备事故、影响供热事故以及火灾事故和交通事故后，事故现场有关人员应立即向上级电力调度机构及本单位负责人报告，单位负责人接到报告应及时以电话、传真、电子邮件等方式，汇报至新能源公司，且时间间隔不得超过 2 小时。其中重大及以上设备事故，企业立即向所在地电力监管机构、政府安全生产监督管理主管部门报告，热电厂对外停止供热事故，还要上报所在地供热管理部门。

3. 即时报告应包括以下内容：

（1）事故发生的时间、地点（区域）以及事故相关单位。

（2）事故发生的简要经过、人员伤亡情况、直接经济损失的初步估计。

（3）电力设备、设施的损坏情况，停运发电（供热）机组数量，对电网停电（用户供热）影响的初步情况。

（4）事故原因的初步判断。

（5）事故发生后已经（正在）采取的措施、发电机组运行状况及事故控制情况。

事故报告后出现新情况时，要及时补报。

（二）事故发生企业应当将事故调查、抢险、抢修以及处理进展的实际情况，定期向新能源公司报告。

三、事 故 责 任 划 分

（一）发电企业发生的人身、设备事故（含障碍，下同）统计为该企业的事故。

（二）在企业生产区域内，外部承包企业从事与电力生产有关的工作中发生本企业负有特定责任的人身事故，定为本企业事故；如果经政府部门调查认定本企业为非主要责任单位，则依据调查结论，对本企业进行联责考核；外部承包企业造成发电企业的设备事故定为该发电企业的事故。

（三）发电企业在对外承包工程中，造成本企业人身事故，统计为该企业事故；造成其他单位人身事故，按所签订的安全管理协议确定事故责任。

（四）一次事故中如同时发生人身事故和设备事故，应分别各定为一次事故。

（五）电网发生事故，由于本单位的过失又造成事故扩大，本单位定为一次事故。

（六）由于本单位原因，一条线路在 4 小时内因同一原因发生多次跳闸停运时，定为一次事故。

（七）同一发电企业，由于自然灾害，如覆冰、暴风、水灾、火灾、地震、泥石流等原因，发生多次设备事故时，定为一次事故。

四、事故调查

（一）事故调查组织

特别重大事故由国务院或者国务院授权的部门组织调查组进行调查。其他事故按照以下规定执行。

1. 人身死亡事故，按照国家有关规定，由政府安全生产监督管理部门组织调查。事故发生单位配合事故调查组开展工作，新能源公司指派有关人员参加调查。政府部门委托企业自行调查的无人员伤亡的事故，由事故发生企业领导或者其指定人员组织安监、生技、人资（社保）以及工会等部门成员成立事故调查组进行调查。

2. 较大事故、重大事故由国家有关监管机构组织事故调查组进行调查。

3. 一般（统计）事故由事故发生企业领导或者其指定人员组织安监、生技、物资等部门组织事故调查组进行调查。必要时，新能源公司指派有关人员参加调查。根据事故调查工作的需要，事故调查组可以聘请有关专家协助调查。事故调查组组长由组织事故调查组的企业指定。

4. 火灾事故、交通事故，按照国家有关规定，由相应公安机关组织调查。事故发生企业配合事故调查组开展工作。

（二）事故调查程序

1. 保护事故现场

（1）事故发生后，事故单位必须迅速抢救伤员并派专人严格保护事故现场。未经调查和记录的事故现场，不得任意变动，并对事故现场和损坏的设备进行照相、录像、绘制草图，收集资料。必要时，通知所在地人民政府和公安部门，要求派人保护现场。

（2）有关企业和人员应当妥善保护事故现场以及工作日志、工作票、操作票等相关证据，及时保存故障录波图、电力调度数据、发电机组运行数据和输变电设备运行数据等相关资料。

（3）因事故处置、抢救人员、恢复电力生产需要改变事故现场、移动电力设备的，必须经企业有关领导和安监部门同意，并做出标记、绘制现场简图、制作现场视听资料、写出书面记录，妥善保存现场重要痕迹、物证。

（4）任何单位和个人不得故意破坏事故现场，不得伪造、隐匿或者毁灭相关证据。

2. 收集原始资料

（1）事故发生后，企业安监部门或其指定的部门应立即组织当值值班人员、现场作业人员和其他有关人员在下班离开事故现场前，分别如实提供现场情况并写出事故的原始材料。安监部门要及时收集有关资料，并妥善保管。

（2）事故调查组成立后，安监部门及时将有关材料移交事故调查组。事故调查组应根据事故情况查阅有关运行、检修、试验、验收的记录文件和事故发生时的录音、故障录波图、计算机打印记录、现场监控录像等，及时整理出说明事故情况的图表和分析事故所必需的各种资料和数据。

（3）事故调查组在收集原始资料时，应对事故现场搜集到的所有物件（如破损部件、碎片、残留物等）保持原样，并贴上标签，注明地点、时间、物件管理人。

（4）事故调查组有权向事故发生企业、有关部门及有关人员了解事故的有关情况，并索取有关资料，任何单位和个人不得拒绝。

3. 调查事故情况

（1）人身事故应查明伤亡人员和有关人员的单位、姓名、性别、年龄、文化程度、工种、技术等级、工龄、本工种工龄等。事故发生前工作内容、开始时间、许可情况、作业程序、作业监护、作业时的行为及位置、事故发生的经过、现场救护情况等；伤亡人员和相关人员的技术水平、安全教育记录、健康状况，过去的事故记录，违章违纪情况等。查明事故场所周围的环境情况（包括照明、湿度、温度、通风、声响、色彩度、道路，工作面状况以及工作环境中有毒、有害物质和易燃易爆物取样分析记录等）、安全防护设施和个人防护用品的使用情况（了解其有效性、质量及使用时是否符合规定）。

（2）设备事故、影响供热事故应查明发生的时间、地点、气象情况；查明事故发生前设备和系统的运行情况。查明设备事故发生经过、扩大及处理情况。查明设备事故有关的仪表、自动装置、断路器、保护、故障录波器、调整装置、遥测、遥讯、遥控、录音装置和计算机等记录和动作情况；调查设备资料（包括订货合同、大小修记录等）情况以及规划、设计、制造、施工安装、调试、运行、检修等质量方面存在的问题。查明供热管网运行方式，燃料供应和质量情况，影响供热程度，供热参数变化过程等；设备损坏程度、经济损失、损失电量、减供负荷以及是否对社会造成不良的影响和其影响程度等情况。

（3）了解现场规程制度是否健全，规程制度本身及其执行中暴露的问题；了解企业管理、安全生产责任制和技术培训等方面存在的问题；了解应急管理和隐患排查整改机制中暴露的问题。事故涉及两个及以上单位时，应了解相关合同或协议。

4. 分析原因和责任

（1）事故调查组在事故调查的基础上，分析并明确事故发生、扩大的直接原因和间接原因。必要时，事故调查组可委托专业技术部门进行相关计算、试验、分析。

（2）事故调查组在确认事实的基础上，分析是否人员违章、过失、失职、违反劳动纪律；安全措施是否得当；事故处理是否正确等。

（3）根据事故调查的事实，通过对直接原因和间接原因的分析，确定事故的直接责任者和领导责任者；根据其在事故发生过程中的作用，确定事故发生的主要责任者、次要责任者和事故扩大的责任者。

（4）凡事故原因分析中存在下列与事故有关的问题，确定为领导责任：企业安全生产责任制不落实；规程制度不健全；对员工教育培训不力；现场安全防护装置、个人防护用品、安全工器具不全或不合格；反事故措施不落实；同类事故重复发生；违章指挥。

5. 提出防范措施

事故调查组应根据事故发生、扩大的原因和责任分析，提出防止同类事故发生、扩大的组织措施和技术措施。

6. 提出人员处理意见

（1）事故调查组在事故责任确定后，要根据有关规定提出对事故责任人员的处理意见，由有关单位和部门按照人事管理权限进行处理。

（2）对下列情况应从严处理：

1）违章指挥、违章作业、违反劳动纪律造成事故；

2）事故发生后隐瞒不报、谎报或在调查中弄虚作假、隐瞒真相；

3）阻挠或无正当理由拒绝事故调查；拒绝或阻挠提供有关情况和资料。

（3）在事故处理中积极恢复设备运行和抢救、安置伤员；在事故调查中主动反映事故真相，使事故调查顺利进行的有关事故责任人员，可酌情从宽处理。

7. 事故调查报告书

（1）由发生事故企业组织调查的事故（含统计事故，下同），调查工作结束后，在事故发生后20天内，将《事故调查报告书（含影像资料）》（格式见附件）和《事故处理报告请示》以文件形式报新能源公司批复。

（2）政府部门组织调查的事故上报时限从其规定。自收到政府部门结案通知（或《事故调查报告书》）之日起7天内，将有关情况报新能源公司备案。

（3）由发生事故企业组织调查的一类障碍，调查工作结束后，在障碍发生后15天内，将《事故调查报告书（含影像资料）》（格式见附件）报新能源公司备案。

（4）根据新能源公司批复意见，有关单位应当对发生事故的部门、责任人进行处理。

（5）事故调查、处理结束后，负责事故处理的企业（或部门），应在30天内向本企业档案管理部门移交事故档案。归档文件质量要符合有关要求。根据情况应有以下资料：

1）事故调查报告书及领导批示。

2）事故调查组织工作的有关材料，包括事故调查组成立的文件、内部分工、调查组成员名单及签字等。

3）事故抢险救援报告。

4）现场勘查报告及事故现场勘查材料，包括事故现场图、照片、录像、资料，物证、人证材料，调查询问笔录、图纸、仪器表计打印记录等。

5）事故技术分析、取证、鉴定等材料，包括技术鉴定或试验报告，专家鉴定意见，物证材料的事后处理情况等。

6）安全生产管理情况材料，包括其他有关认定事故原因、管理责任的调查取证材料，事故责任单位资质证书复印件、作业规程等。

7）直接和间接经济损失材料。

8）事故责任者的自述材料。

9）伤亡人员名单，死亡证明或医疗部门对伤亡人员的诊断书。

10）发生事故时的工艺条件、操作情况和设计资料。

11）处分决定和受处分人的检查材料。

12）有关事故的通报、简报，包括事故调查组工作简报，与事故调查有关的会议记录、文件。

13）关于事故调查处理意见的请示（应附事故调查报告）。

14）事故处理决定、批复或结案通知。

15）关于事故责任单位和责任人的责任追究落实情况的文件材料。

五、统计报告与安全周期

（一）电力生产事故的统计和报告，按照电监会《电力安全生产信息报送暂行规定》办理。

（二）各发电企业的安全月报表，应及时、准确。有关报表在每月 5 日前报到新能源公司。

（三）月报内容为事故统计、人身事故、设备事故、火灾事故、交通事故、误操作和人员违章。有关事故及障碍发生情况应在月报表备注栏中说明。

（四）事故安全生产连续无事故的天数累计达到 100 天为一个安全周期。发生重伤以上人身事故，发生本单位应承担责任的一般以上电网事故、设备事故或者火灾事故，均应中断安全周期，打破安全生产天数记录，重新累计安全生产连续无事故天数。

第九章 触电及触电急救

第一节 电流对人体的伤害

电流对人体构成的伤害与其他一些伤害不同，电流对人体的伤害事先没有任何预兆。伤害往往发生在瞬息之间，而且受伤害的人体一旦遭受电击后，防卫能力迅速降低。这两个特点都增加了电流伤害的危险性。

一、电流对人体的伤害

电流对人体的伤害就是通常说的电击，是电流的能量直接作用于人体或转换成其他形式的能量作用于人体造成的伤害。

（一）电击

电击是电流通过人体，机体组织受到刺激，肌肉不由自主地发生痉挛性收缩造成的伤害。严重的电击是指人的心脏、肺部神经系统的正常工作受到破坏，乃至危及生命的伤害，数十毫安的工频电流即可使人遭到致命的电击。电击致伤的部位主要在人体内部，而在人体外部不会留下明显痕迹。

50mA（有效值）以上的工频交流电流通过人体，一般既可能引起心室颤动或心脏停止跳动，也可能导致呼吸中止。但是，前者的出现比后者早得多，即前者是主要的。

如果通过人体的电流只有 20 ~ 25mA，一般不会直接引起心室颤动或心脏停止跳动。但如时间较长，仍可导致心脏停止跳动。这时，心室颤动或心脏停止跳动，主要是由于呼吸中止，导致机体缺氧引起的，但当通过人体的电流超过数安时，由于刺激强烈，也可能先使呼吸中止。数安的电流流过人体，还可能导致严重烧伤甚至死亡。

电休克是机体受到电流的强烈刺激，发生强烈的神经系统反射，使血液循环、呼吸及其他新陈代谢都发生障碍，以致神经系统受到抑制，出现血压急剧下降、脉搏减弱、呼吸衰竭、神志昏迷的现象。电休克状态可以延续数十分钟到数天。其后果可能是得到有效的治疗而痊愈，也可能由于重要生命机能完全丧失而死亡。

（二）电伤

电伤是由电流的热效应、化学效应、机械效应等对人体造成的伤害，造成电伤的电流都比较大。电伤会在机体表面留下明显的伤痕，但其伤害作用可能深入体内。

与电击相比，电伤属局部性伤害。电伤的危险程度决定于受伤面积、受伤深度、受伤部位等因素。

电伤包括电烧伤、电烙印、皮肤金属化、机械损伤、电光眼等多种伤害。

电烧伤是最常见的电伤。大部分电击事故都会造成电烧伤。电烧伤可分为电流灼伤和电弧烧伤。电流越大、通电时间越长，电流途径的电阻越小，则电流灼伤越严重。由于人体与带电体接触的面积一般都不大，加之皮肤电阻又比较高，使得皮肤与带电体的接触部位产生较多的热量，受到严重的灼伤。当电流较大时，可能灼伤皮下组织。

因为接近高压带电体时会发生击穿放电，所以，电流灼伤一般发生在低压电气设备上，往往数百毫安的电流即可导致灼伤，数安的电流将造成严重的灼伤。

电烙印是电流通过人体后，在接触部位留下的斑痕。斑痕处皮肤硬变，失去原有弹性和色泽，表层坏死，失去知觉。

皮肤金属化是金属微粒渗入皮肤造成的。受伤部位变得粗糙而张紧。皮肤金属化多在弧光放电时发生，而且一般都伤在人体的裸露部位。当发生弧光放电时，与电弧烧伤相比，皮肤金属化不是主要伤害。

电光眼表现为角膜和结膜发炎。在弧光放电时，红外线、可见光、紫外线都可能损伤眼睛。对于短暂的照射，紫外线是引起电光眼的主要原因。

二、电流对人体危害的因素

（一）通过人体电流的大小

不同的电流会引起人体不同的反应，按习惯，人们通常把电击电流分为感知电流、反应电流、摆脱电流和心室纤颤电流等。

从安全角度考虑，规定男子的允许摆脱阈值电流为9mA，女子为6mA。

人体遭受电击后，引起心室纤颤概率大于5%的极限电流，称作心室纤颤阈值，习惯上也叫心室纤颤电流。当电击时间小于5s，可用式$I=165/t^{1/2}$来计算心室纤颤阈值。当电击时间大于5s，则以30mA作为引起心室纤颤的又一极限电流值。大量的试验表明，当电击电流大于30mA时，才会发生心室纤颤的危险。

（二）电流通过人体的持续时间

电击时间越长，电流对人体引起的热伤害、化学伤害及生理伤害就愈严重。特别是电流持续时间的长短和心室颤动有密切的关系。从现有的资料来看，最短的电击时间是8.3ms，超过 5s 的很少。从 5s 到 30s，引起心室颤动的极限电流基本保持稳定，并略有下降。更长的电击时间，对引起心室颤动的影响不明显，而对窒息的危险性有较大的影响，从而使致命电流下降。

另外，电击时间长，人体电阻因出汗等原因而降低，导致电击电流进一步增加，这也将使电击的危险性随之增加。

（三）电流通过人体的途径

电流通过心脏、脊椎和中枢神经等要害部位时，电击的伤害最为严重。因此从左手到胸部以及从左手到右脚是最危险的电流途径。从右手到胸部或从右手到脚、从手到手等都是很危险的电流途径，从脚到脚一般危险性较小，但不等于说没有危险。例如由于跨步电压造成电击时，开始电流仅通过两脚间，电击后由于双足剧烈痉挛而摔倒，此时电流就会流经其他要害部位，同样会造成严重后果；另一方面，即使是两脚受到电击，也会有一部分电流流经心脏，这同样会带来危险。

（四）人体电阻的影响

在一定的电流作用下，流经人体的电流大小和人体电阻成反比，因此人体电阻的大小对电击后果产生一定的影响。人体电阻有表面电阻和体积电阻之分。对电击者来说，体积电阻的影响最为显著，但表面电阻有时却能对电击后果产生一定的抑制作用，使其转化为电伤。这是由于人体皮肤潮湿，表面电阻较小，使电流大部分从皮肤表面通过。过去认为，人体越潮湿，电击危害性愈大，这种说法不是十分确切的，因为表面电阻对电击后果的影响是比较复杂的，只有当总的表面电阻较低时，才有可能抑制电击。反之，当人体局部潮湿时，特别是如果仅只有触及带电部分的皮肤潮湿时，那就会大大增加电击的危险性。这是因为人体局部潮湿，对表面电阻值不产生很大的影响，电击电流不会大量从人体表面分流，而电击处皮肤潮湿，将会使人体体积电阻下降，使电击的危害性增大。

皮肤电阻随条件不同，使得人体电阻的变化幅度也很大。当人体皮肤处于干燥、洁净和无损伤的状态时，人体电阻可高达 40～100kW；而当皮肤处于潮湿状态，如湿手、出汗、人体电阻会降到 1000W 左右；如皮肤完全遭到破坏，人体电阻将下降到 600～800W 左右。

（五）电流频率的影响

电流的频率除了会影响人体电阻外，还会对电击的伤害程度产生直接的影响。25～300Hz 的交流电对人体的伤害远大于直流电。同时对交流电来说，当低于或高于以上频率范围时，它的伤害程度就会显著减轻。

（六）人体状况的影响

电流对人体的作用，女性比男性更敏感，女性的感知电流和摆脱电流约比男性低三分之一。由于心室颤动电流约与体重成正比，因此小孩遭受电击比成人危险。

第二节　人体触电的方式

人体的触电一般有直接触电、跨步电压触电、接触电压触电等几种类型。

一、直接接触触电

人体直接接触带电导体造成的触电，或离高压电距离太近造成对人体放电引起的触电称之为直接接触触电。如果人体直接接触到电器设备或电力线路中一相带电导体，或者与高压系统中一相带电导体的距离小于该电压的放电距离造成对人体放电，这时电流将通过人体流入大地，这种触电称为单相触电。如果人体同时接触电气设备或线路中两相带电导体，或者在高压系统中，人体同时分别靠近两相导体而发生电弧放电，则电流将从一相导体通过导体流入另一相导体，这种触电称为两相触电。显然发生两相触电的后果更严重，因为这时作用于人体的电压是线电压。

二、跨步电压触电

当电气设备或线路发生接地故障时，接地电流通过接地体将向大地四周流散，这时在地面上形成分布电位，要20m以外，大地的电位才等于零。人假如在接地点周围（20m以内）行走，其两脚之间就有电位差，这就是跨步电压。图9-2-1中由跨步电压引起的人体触电，称为跨步电压触电。

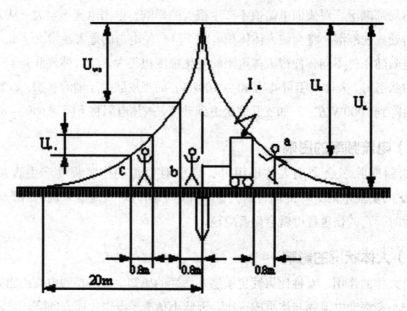

图9-2-1　对地电压、接触电压和跨步电压

跨步电压的大小取决于人体离接地点的距离和人体两脚之间的距离。离接地点越近，跨步电压的数值就越大。

高压设备发生接地时，室内不得接近故障点 4m 以内，室外不得接近故障点 8m 以内。进入上述范围人员必须穿绝缘靴，接触设备的外壳和构架时应戴绝缘手套。雷雨天气，需要巡视室外高压设备时，应穿绝缘靴，并不得靠近避雷器和避雷针。这些都是为了防止跨步电压触电。

三、接触电压触电

电气设备的金属外壳，本不应该带电，但由于设备使用时间过长，内部绝缘老化，造成击穿；或由于安装不良，造成设备的带电部分碰壳；或其他原因使电气设备的金属外壳带电时，人若碰到带电外壳，人就要触电。这种触电称之为接触电压触电。

常见的触电形式有如下几种：

（一）接触碰上了带电的导体。这种触电往往是由于用电人员缺乏用电知识或在工作中不注意，不按有关规章和安全工作距离办事等，直接地触碰上了裸露外面导电体，这种触电是最危险的。

（二）由于某些原因，电气设备绝缘受到了破坏漏了电，而没有及时发现或疏忽大意，触碰了漏电的设备。

（三）由于外力的破坏等原因，如雷击、弹打等，使送电的导线断落地上，导线周围将有大量的扩散电流向大地流入，将出现高电压，人行走时跨入了有危险电压的范围，造成跨步电压触电。

（四）高压送电线路处于大自然环境中，由于锋利等摩擦或因与其他带电导线并架等原因，受到感应，在导线上带了静电，工作时不注意或未采取相应措施，上杆作业时触碰带有静电的导线而触电。

第三节　防止人身触电的技术措施

为了达到安全用电的目的，必须采用可靠的技术措施，防止触电事故发生。绝缘、安全间距、漏电保护、安全电压、遮拦及阻挡物等都是防止直接触电的防护措施。保护接地、保护接零是间接触电防护措施中最基本的措施。所谓间接触电防护措施是指防止人体各个部位触及正常情况下不带电，而在故障情况下才变为带电的电器金属部分的技术措施。

专业电工人员在全部停电或部分停电的电气设备上工作时，在技术措施上，必须完成停电、验电、装设接地线、悬挂标示牌和装设遮拦后，才能开始工作。

一、绝缘

（一）绝缘的作用

绝缘是用绝缘材料把带电体隔离起来，实现带电体之间、带电体与其他物体之间的电气隔离，使设备能长期安全、正常地工作，同时可以防止人体触及带电部分，避免发生触电事故，所以绝缘在电气安全中有着十分重要的作用。良好的绝缘是设备和线路正常运行的必要条件，也是防止触电事故的重要措施。

绝缘具有很强隔电能力，被广泛地应用在许多电器、电气设备、装置及电气工程上，如胶木、塑料、橡胶、云母及矿物油等都是常用的绝缘材料。

（二）绝缘破坏

绝缘材料经过一段时间的使用会发生绝缘破坏。绝缘材料除因在强电场作用下被击穿而破坏外，自然老化、电化学击穿、机械损伤、潮湿、腐蚀、热老化等也会降低其绝缘性能或导致绝缘破坏。

绝缘体承受的电压超过一定数值时，电流穿过绝缘体而发生放电现象称为电击穿。

气体绝缘在击穿电压消失后，绝缘性能还能恢复；液体绝缘多次击穿后，将严重降低绝缘性能；而固体绝缘击穿后，就不能再恢复绝缘性能。

在长时间存在电压的情况下，由于绝缘材料的自然老化、电化学作用、热效应作用，使其绝缘性能逐渐降低，有时电压并不是很高也会造成电击穿。所以绝缘需定期检测，保证电气绝缘的安全可靠。

（三）绝缘安全用具

在一些情况下，手持电动工具的操作者必须戴绝缘手套、穿绝缘鞋（靴），或站在绝缘垫（台）上工作，采用这些绝缘安全用具使人与地面，或使人与工具的金属外壳，其中包括与相连的金属导体，隔离开来。这是目前简便可行的安全措施。

为了防止机械伤害，使用手电钻时不允许戴线手套。绝缘安全用具应按有关规定进行定期耐压试验和外观检查，凡是不合格的安全用具严禁使用，绝缘用具应由专人负责保管和检查。

常用的绝缘安全用具有绝缘手套、绝缘靴、绝缘鞋、绝缘垫和绝缘台等。绝缘安全用具可分为基本安全用具和辅助安全用具。基本安全用具的绝缘强度能长时间承受电气设备的工作电压，使用时，可直接接触电气设备的有电部分。辅助安全用具的绝缘强度不足以承受电气设备的工作电压，只能加强基本安全用具的保安作用，必须与基本安全用具一起使用。在低压带电设备上工作时，绝缘手套、绝缘鞋（靴）、绝缘垫可作为基本安全用具使用，在高压情况下，只能用作辅助安全用具。

二、屏护

屏护是指采用遮拦、围栏、护罩、护盖或隔离板等把带电体同外界隔绝开来，以防止人体触及或接近带电体所采取的一种安全技术措施。除防止触电的作用外，有的屏护装置还能起到防止电弧伤人、防止弧光短路或便利检修工作等作用。配电线路和电气设备的带电部分，如果不便加包绝缘或绝缘强度不足时，就可以采用屏护措施。

开关电器的可动部分一般不能加包绝缘，而需要屏护。其中防护式开关电器本身带有屏护装置，如胶盖闸刀开关的胶盖、铁壳开关的铁壳等；开启式石板闸刀开关需要另加屏护装置。起重机滑触线以及其他裸露的导线也需另加屏护装置。对于高压设备，由于全部加绝缘往往有困难，而且当人接近至一定程度时，即会发生严重的触电事故。因此，不论高压设备是否已加绝缘，都要采取屏护或其他防止接近的措施。

变配电设备，凡安装在室外地面上的变压器以及安装在车间或公共场所的变配电装置，都需要设置遮拦或栅栏作为屏护。邻近带电体的作业中，在工作人员与带电体之间及过道、入口等处应装设可移动的临时遮拦。

屏护装置不直接与带电体接触，对所用材料的电性能没有严格要求。屏护装置所用材料应当有足够的机械强度和良好的耐火性能。但是金属材料制成的屏护装置，为了防止其意外带电造成触电事故，必须将其接地或接零。

屏护装置的种类，有永久性屏护装置，如配电装置的遮拦、开关的罩盖等；临时性屏护装置，如检修工作中使用的临时屏护装置和临时设备的屏护装置；固定屏护装置，如母线的护网；移动屏护装置，如跟随天车移动的天车滑线的屏护装置等。

使用屏护装置时，还应注意以下

（一）屏护装置应与带电体之间保持足够的安全距离。

（二）被屏护的带电部分应有明显标志，标明规定的符号或涂上规定的颜色。

遮拦、栅栏等屏护装置上应有明显的标志，如根据被屏护对象挂上"止步，高压危险！""禁止攀登，高压危险！"等标示牌，必要时还应上锁。标示牌只应由担负安全责任的人员进行布置和撤除。

（三）遮拦出入口的门上应根据需要装锁，或采用信号装置、连锁装置。前者一般是用灯光或仪表指示有电；后者是采用专门装置，当人体超过屏护装置而可能接近带电体时，被屏护的带电体将会自动断电。

三、漏电保护器

漏电保护器是一种在规定条件下电路中漏（触）电流（mA）值达到或超过其规定值时能自动断开电路或发出报警的装置。

漏电是指电器绝缘损坏或其他原因造成导电部分碰壳时，如果电器的金属外壳是接地的，那么电就由电器的金属外壳经大地构成通路，从而形成电流，即漏电电流，也叫作接地电流。当漏电电流超过允许值时，漏电保护器能够自动切断电源或报警，以保证人身安全。

漏电保护器动作灵敏，切断电源时间短，因此只要能够合理选用和正确安装、使用漏电保护器，除了保护人身安全以外，还有防止电气设备损坏及预防火灾的作用。

必须安装漏电保护器的设备和场所：

（一）属于I类的移动式电气设备及手持式电气工具；

（二）安装在潮湿、强腐蚀性等恶劣环境场所的电器设备；

（三）建筑施工工地的电气施工机械设备，如打桩机、搅拌机等；

（四）临时用电的电器设备；

（五）宾馆、饭店及招待所客房内及机关、学校、企业、住宅等建筑物内的插座回路；

（六）游泳池、喷水池、浴池的水中照明设备；

（七）安装在水中的供电线路和设备；

（八）医院在直接接触人体的电气医用设备；

（九）其他需要安装漏电保护器的场所。

漏电保护器的安装、检查等应由专业电工负责进行。对电工应进行有关漏电保护器知识的培训、考核。内容包括漏电保护器的原理、结构、性能、安装使用要求、检查测试方法、安全管理等。

四、安全电压

把可能加在人身上的电压限制在某一范围之内，使得在这种电压下，通过人体的电流不超过允许的范围。这种电压就叫作安全电压，也叫作安全特低电压。但应注意，任何情况下都不能把安全电压理解为绝对没有危险的电压。具有安全电压的设备属于Ⅲ设备。

我国确定的安全电压标准是 42V、36V、24V、12V、6V。特别危险环境中使用的手持电动工具应采用 42V 安全电压；有电击危险环境中，使用的手持式照明灯和局部照明灯应采用 36V 或 24V 安全电压；金属容器内、特别潮湿处等特别危险环境中使用的手持式照明灯应采用 12V 安全电压；在水下作业等场所工作应使用 6V 安全电压。

当电气设备采用超过 24V 的安全电压时，必须采取防止直接接触带电体的保护措施。

五、安全间距

安全间距是指在带电体与地面之间、带电体与其他设施、设备之间、带电体与带电体之间保持的一定安全距离，简称间距。设置安全间距的目的是：防止人体触及或接近带电体造成触电事故；防止车辆或其他物体碰撞或过分接近带电体造成事故；防止电气短路事故、过电压放电和火灾事故；便于操作。安全间距的大小取决于电压高低、设备类型、安装方式等因素。

六、接零与接地

在工厂里，使用的电气设备很多。为了防止触电，通常可采用绝缘、隔离等技术措施以保障用电安全。但工人在生产过程中经常接触的是电气设备不带电的外壳或与其连接的金属体。这样当设备万一发生漏电故障时，平时不带电的外壳就带电，并与大地之间存在电压，就会使操作人员触电。这种意外的触电是非常危险的。为了解决这个不安全的问题，采取的主要的安全措施，就是对电气设备的外壳进行保护接地或保护接零。

（一）保护接零

将电气设备在正常情况下不带电的金属外壳与变压器中性点引出的工作零线或保护零线相连接，这种方式称为保护接零。当某相带电部分碰触电气设备的金属外壳时，通过设备外壳形成该相线对零线的单相短路回路，该短路电流较大，足以保证在最短的时间内使熔丝熔断、保护装置或自动开关跳闸，从而切断电流，保障了人身安全。保护接零的应用范围，主要是用于三相四线制中性点直接接地供电系统中的电气设备。在工厂里也就是用于 380/220 伏的低压设备上。

在中性点直接接地的低压配电系统中，为确保保护接零方式的安全可靠，防止零线断线所造成的危害，系统中除了工作接地外，还必须在整个零线的其他部位再进行必要的接地。这种接地称为重复接地。

（二）保护接地

保护接地是指将电气设备平时不带电的金属外壳用专门设置的接地装置实行良好的金属性连接。保护接地的作用是当设备金属外壳意外带电时，将其对地电压限制在规定的安全范围内，消除或减小触电的危险。保护接地最常用于低压不接地配电网中的电气设备。

第四节　触电急救

人触电以后，会出现神经麻痹、呼吸困难、血压升高、昏迷、痉挛，直至呼吸中断、心脏停搏等险象，呈现昏迷不醒的状态。如果未见明显的致命外伤，就不能轻率地认定触电者已经死亡，而应该看作是"假死"，施行急救。

有效的急救在于快而得法。即用最快的速度，施以正确的方法进行现场救护，多数触电者是可以复活的。

触电急救的第一步是使触电者迅速脱离电源，第二步是现场救护，现分述如下：

一、使触电者脱离电源

电流对人体的作用时间愈长，对生命的威胁愈大。所以，触电急救的关键是首先要使触电者迅速脱离电源。可根据具体情况，选用下述几种方法使触电者脱离电源：

（一）脱离低压电源的方法

脱离低压电源的方法可用"拉""切""挑""拽"和"垫"五字来概括：

"拉"。指就近拉开电源开关、拔出插销或瓷插保险。此时应注意拉线开关和板把开关是单极的，只能断开一根导线，有时由于安装不符合规程要求，把开关安装在零线上。这时虽然断开了开关，人身触及的导线可能仍然带电，这就不能认为已切断电源。

"切"。指用带有绝缘柄的利器切断电源线。当电源开关、插座或瓷插保险距离触电现场较远时，可用带有绝缘手柄的电工钳或有干燥木柄的斧头、铁锹等利器将电源线切断。切断时应防止带电导线断落触及周围的人体。多芯绞合线应分相切断，以防短路伤人。

"挑"。如果导线搭落在触电者身上或压在身下，这时可用干燥的木棒、竹竿等挑开导线或用干燥的绝缘绳套拉导线或触电者，使之脱离电源。

"拽"。救护人可戴上手套或在手上包缠干燥的衣服、围巾、帽子等绝缘物品拖拽触电者，使之脱离电源。如果触电者的衣裤是干燥的，又没有紧缠在身上，救护人可直接用一只手抓住触电者不贴身的衣裤，将触电者拉脱电源。但要注意拖拽时切勿触及触电者的体肤。救护人亦可站在干燥的木板、木桌椅或橡胶垫等绝缘物品上，用一只手把触电者拉脱电源。

"垫"。如果触电者由于痉挛手指紧握导线或导线缠绕在身上，救护人可先用干燥的木板塞进触电者身下使其与地绝缘来隔断电源，然后再采取其他办法把电源切断。

（二）脱离高压电源的方法

由于装置的电压等级高，一般绝缘物品不能保证救护人的安全，而且高压电源开关距离现场较远，不便拉闸。因此，使触电者脱离高压电源的方法与脱离低压电源的方法有所不同，通常的做法是：

1. 立即电话通知有关供电部门拉闸停电。

2. 如电源开关离触电现场不甚远，则可戴上绝缘手套，穿上绝缘靴，拉开高压断路器，或用绝缘棒拉开高压跌落保险以切断电源。

3. 往架空线路抛挂裸金属软导线，人为造成线路短路，迫使继电保护装置动作，从而使电源开关跳闸。抛挂前，将短路线的一端先固定在铁塔或接地引线上，另一端系重物。抛掷短路线时，应注意防止电弧伤人或断线危及人员安全，也要防止重物砸伤人。

4. 如果触电者触及断落在地上的带电高压导线，且尚未确证线路无电之前，救护人不可进入断线落地点 8 ~ 10m 的范围内，以防止跨步电压触电。进入该范围的救护人员应穿上绝缘靴或临时双脚并拢跳跃地接近触电者。触电者脱离带电导线后应迅速将其带至

8～10m 以外立即开始触电急救。只有在确证线路已经无电,才可在触电者离开触电导线后就地急救。

（三）在使触电者脱离电源时应注意的事项

1. 救护人不得采用金属和其他潮湿的物品作为救护工具。
2. 未采取绝缘措施前,救护人不得直接触及触电者的皮肤和潮湿的衣服。
3. 在拉拽触电者脱离电源的过程中,救护人宜用单手操作,这样对救护人比较安全。
4. 当触电者位于高位时,应采取措施预防触电者在脱离电源后坠地摔伤或摔死。
5. 夜间发生触电事故时,应考虑切断电源后的临时照明问题,以利救护。

二、现场救护

触电者脱离电源后,应立即就地进行抢救。"立即"之意就是争分夺秒,不可贻误。"就地"之意就是不能消极地等待医生的到来,而应在现场施行正确的救护的同时,派人通知医务人员到现场并做好将触电者送往医院的准备工作。

根据触电者受伤害的轻重程度,现场救护有以下几种抢救措施:

（一）触电者未失去知觉的救护措施

如果触电者所受的伤害不太严重,神志尚清醒,只是心悸、头晕、出冷汗、恶心、呕吐、四肢发麻、全身乏力,甚至一度昏迷,但未失去知觉,则应让触电者在通风暖和的处所静卧休息,并派人严密观察,同时请医生前来或送往医院诊治。

（二）触电者已失去知觉（心肺正常）的抢救措施

如果触电者已失去知觉,但呼吸和心跳尚正常,则应使其舒适地平卧着,解开衣服以利呼吸,四周不要围人,保持空气流通,冷天应注意保暖,同时立即请医生前来或送往医院诊察。若发现触电者呼吸困难或心跳失常,应立即施行人工呼吸或胸外心脏按压。

（三）对"假死"者的急救措施

如果触电者呈现"假死",（即所谓电休克）现象,则可能有三种临床症状:一是心跳停止,但尚能呼吸;二是呼吸停止,但心跳尚存（脉搏很弱）;三是呼吸和心跳均已停止。"假死"症状的判定方法是"看""听""试"。"看"是观察触电者的胸部、腹部有无起伏动作;"听"是用耳贴近触电者的口鼻处,听他有无呼气声音;"试"是用手或小纸条试测口鼻有无呼吸的气流,再用两手指轻压一侧（左或右）喉结旁凹陷处的颈动脉有无搏动感觉。如"看""听""试"的结果,既无呼吸又无颈动脉搏动,则可判定触电者呼吸停止或心跳停止或呼吸心跳均停止。"看""听""试"的操作方法当判定触电者呼吸和心跳停止时,应立即按心肺复苏法就地抢救。所谓心肺复苏法就是支持生命的三项基本措施,即通畅气道;口对口（鼻）人工呼吸;胸外按压（人工循环）。

1.通畅气道

若触电者呼吸停止，要紧的是始终确保气道通畅，其操作要领是：

（1）清除口中异物

使触电者仰面躺在平硬的地方，迅速解开其领扣、围巾、紧身衣和裤带。如发现触电者口内有食物、假牙、血块等异物，可将其身体及头部同时侧转，迅速用一个手指或两个手指交叉从口角处插入，从中取出异物，操作中要注意防止将异物推到咽喉深处。

（二）采用仰头抬颌法通畅气道

操作时，救护人用一只手放在触电者前额，另一只手的手指将其颏颌骨向上抬起，两手协同将头部推向后仰，舌根自然随之抬起、气道即可畅通。为使触电者头部后仰，可于其颈部下方垫适量厚度的物品，但严禁用枕头或其他物品垫在触电者头下，因为头部抬高前倾会阻塞气道，还会使施行胸外按压时流向脑部的血量减小，甚至完全消失。

2.口对口（鼻）人工呼吸

救护人在完成气道通畅的操作后，应立即对触电者施行口对口或口对鼻人工呼吸。口对鼻人工呼吸用于触电者嘴巴紧闭的情况。

（1）先大口吹气刺激起搏救护人蹲跪在触电者的左侧或右侧；用放在触电者额上的手的手指捏住其鼻翼，另一只手的食指和中指轻轻托住其下巴；救护人深吸气后，与触电者口对口紧合，在不漏气的情况下，先连续大口吹气两次，每次1~1.5s；然后用手指试测触电者颈动脉是否有搏动，如仍无搏动，可判断心跳确已停止，在施行人工呼吸的同时应进行胸外按压。

（2）正常口对口人工呼吸

大口吹气两次试测颈动脉搏动后，立即转入正常的口对口人工呼吸阶段。正常的吹气频率是每分钟约12次。正常的口对口人工呼吸操作姿势如上述。但吹气量不需过大，以免引起胃膨胀，如触电者是儿童，吹气量宜小些，以免肺泡破裂。救护人换气时，应将触电者的鼻或口放松，让他借自己胸部的弹性自动吐气。吹气和放松时要注意触电者胸部有无起伏的呼吸动作。吹气时如有较大的阻力，可能是头部后仰不够，应及时纠正，使气道保持畅通。

（3）触电者如牙关紧闭，可改行口对鼻人工呼吸。吹气时要将触电者嘴唇紧闭，防止漏气。

3.胸外按压

胸外按压是借助人力使触电者恢复心脏跳动的急救方法。其有效性在于选择正确的按压位置和采取正确的按压姿势。

（1）确定正确的按压位置的步骤：

1）右手的食指和中指沿触电者的右侧肋弓下缘向上，找到肋骨和胸骨接合处的中点。

2）右手两手指并齐，中指放在切迹中点（剑突底部），食指平放在胸骨下部，另一只手的掌根紧挨食指上缘置于胸骨上，掌根处即为正确按压位置。

（2）正确的按压姿势

1）使触电者仰面躺在乎硬的地方并解开其衣服，仰卧姿势与口对口（鼻）人工呼吸法相同。

2）救护人立或跪在触电者一侧肩旁，两肩位于触电者胸骨正上方，两臂伸直，肘关节固定不屈，两手掌相叠，手指翘起，不接触触电者胸壁。

3）以髋关节为支点，利用上身的重力，垂直将正常成人胸骨压陷 3～5cm（儿童和瘦弱者酌减）。

4）压至要求程度后，立即全部放松，但救护人的掌根不得离开触电者的胸壁。

按压有效的标志是在按压过程中可以触到颈动脉搏动。

（3）恰当的按压频率

1）胸外按压要以均匀速度进行。操作频率以每分钟 80 次为宜，每次包括按压和放松一个循环，按压和放松的时间相等。

2）当胸外按压与口对口（鼻）人工呼吸同时进行时，操作的节奏为：单人救护时，每按压 15 次后吹气 2 次（15：2），反复进行；双人救护时，每按压 15 次后由另一人吹气 1 次（15：1），反复进行。

三、现场救护中的注意事项

（一）抢救过程中应适时对触电者进行再判定

1.按压吹气 1 分钟后（相当于单人抢救时做了 4 个 15：2 循环），应采用"看、听、试"方法在 5～7s 钟内完成对触电者是否恢复自然呼吸和心跳的再判断。

2.若判定触电者已有颈动脉搏动，但仍无呼吸，则可暂停胸外按压，而再进行 2 次口对口人工呼吸，接着每隔 5s 钟吹气一次（相当于每分钟 12 次）。如果脉搏和呼吸仍未能恢复，则继续坚持心肺复苏法抢救。

3.在抢救过程中，要每隔数分钟用"看、听、试"方法再判定一次触电者的呼吸和脉搏情况，每次判定时间不得超过 5～7s。在医务人员未前来接替抢救前，现场人员不得放弃现场抢救。

（二）抢救过程中移送触电伤员时的注意事项

1.心肺复苏应在现场就地坚持进行，不要图方便而随意移动触电伤员，如确有需要移动时，抢救中断时间不应超过 30s。

2.移动触电者或将其送往医院，应使用担架并在其背部垫以木板，不可让触电者身体蜷曲着进行搬运。移送途中应继续抢救，在医务人员未接替救治前不可中断抢救。

3.应创造条件，用装有冰屑的塑料袋作成帽状包绕在伤员头部，露出眼睛，使脑部温度降低，争取触电者心、肺、脑能得以复苏。

（三）触电者好转后的处理

如触电者的心跳和呼吸经抢救后均已恢复，可暂停心肺复苏法操作。但心跳呼吸恢复的早期仍有可能再次骤停，救护人应严密监护，不可麻痹，要随时准备再次抢救。触电者恢复之初，往往神志不清、精神恍惚或情绪躁动、不安，应设法使他安静下来。

（四）慎用药物

人工呼吸和胸外按压是对触电"假死"者的主要急救措施，任何药物都不可替代。无论是兴奋呼吸中枢的尼可刹米、洛贝林等药物，或者是有使心脏复跳的肾上腺素等强心针剂，都不能代替人工呼吸和胸外心脏按压这两种急救办法。必须强调指出的是，对触电者用药或注射针剂，应由有经验的医生诊断确定，慎重使用。例如肾上腺素有使心脏恢复跳动的作用，但也可使心脏由跳动微弱转为心室颤动，从而导致触电者心跳停止而死亡，这方面的教训是不少的。因此，现场触电抢救中，对使用肾上腺素等药物应持慎重态度。如没有必要的诊断设备条件和足够的把握，不得乱用。而在医院内抢救触电者时，则由医务人员据医疗仪器设备诊断的结果决定是否采用这类药物救治。此外，禁止采取冷水浇淋、猛烈摇晃、大声呼唤或架着触电者跑步等"土"办法刺激触电者的举措，因为人体触电后，心脏会发生颤动，脉搏微弱，血流混乱，如果在这种险象下用上述办法强烈刺激心脏，会使触电者因急性心力衰竭而死亡。

（五）触电者死亡的认定

对于触电后失去知觉、呼吸心跳停止的触电者，在未经心肺复苏急救之前，只能视为"假死"。任何在事故现场的人员，一旦发现有人触电，都有责任及时和不间断地进行抢救。"及时"就是要争分夺秒，即医生到来之前不等待，送往医院的途中也不可中止抢救。"不间断"就是要有耐心坚持抢救，有抢救近5小时终使触电者复活的实例，因此，抢救时间应持续6小时以上，直到救活或医生做出触电者已临床死亡的认定为止。

只有医生才有权认定触电者已死亡，宣布抢救无效，否则就应本着人道精神坚持不懈地运用人工呼吸和胸外按压对触电者进行抢救。

四、关于电伤的处理

电伤是触电引起的人体外部损伤（包括电击引起的摔伤）、电灼伤、电烙伤、皮肤金属化这类组织损伤，需要到医院治疗。但现场也必须预作处理，以防止细菌感染，损伤扩大。这样，可以减轻触电者的痛苦和便于转送医院。

（一）对于一般性的外伤创面，可用无菌生理食盐水或清洁的温开水冲洗后，再用消毒纱布防腐绷带或干净的布包扎，然后将触电者护送去医院。

（二）如伤口大出血，要立即设法止住。压迫止血法是最迅速的临时止血法，即用手指、手掌或止血橡皮带在出血处供血端将血管压瘪在骨骼上而止血，同时火速送医院处置。如果伤口出血不严重，可用消毒纱布或干净的布料叠几层盖在伤口处压紧止血。

（三）高压触电造成的电弧灼伤，往往深达骨骼，处理十分复杂。现场救护可用无菌生理盐水或清洁的温开水冲洗，再用酒精全面涂擦，然后用消毒被单或干净的布类包裹好送往医院处理。

（四）对于因触电摔跌而骨折的触电者，应先止血、包扎，然后用木板、竹竿、木棍等物品将骨折肢体临时固定并速送医院处理。

第十章　电气防火及防爆

第一节　消防基本知识

一、燃烧的本质和条件

（一）燃烧的本质

国际（GB5907-86）规定：燃烧是可燃物与氧化剂作用发生的放热反应，通常伴有火焰、发光和（或）发烟现象。

（二）燃烧的条件

1. 燃烧的必要条件

燃烧过程的发生和发展，必须具备以下三个条件，即：可燃物、氧化剂（助燃剂）和温度（点火源）。三个条件无论缺少哪一个，燃烧都不能发生。

2. 燃烧的充分条件

（1）一定浓度的可燃物

要燃烧，必须使可燃物质与助燃物（氧化剂）有一定的浓度比例，如果可燃物与助燃物比例不当，燃烧就不一定发生。

（2）一定比例的助燃剂

要使可燃物质燃烧，助燃物的数量必须足够，否则燃烧就会减弱，甚至熄灭。

（3）一定能量的点火源

无论何种能量点火源，都必须达到一定的强度才能引起可燃物质着火，也就是说，点火源必须有一定的温度和足够的热量，否则，燃烧便不会发生。

（4）必须使可燃物、助燃物和点火源三者相互作用。

实验证明，燃烧不仅必须具备可燃物、助燃物和点火源，并且满足相互之间的数量比例，同时还必须使三者相互结合、相互作用。否则，燃烧也不能发生。

（三）燃烧条件在消防工作中的应用

1. 防火的基本措施

根据燃烧条件，一切防火措施都是为了防止燃烧的三个条件同时结合在一起。为此，防火的基本措施是：

1. 控制可燃物；

2. 隔绝助燃物；

3. 消除着火源；

4. 阻止火势蔓延。

2. 灭火的基本原理

灭火的基本原理可以归纳为四个方面，即冷却、窒息、隔离和化学抑制。

（四）火灾的定义和分类

1. 火灾的定义

根据国家标准（GB5907-85《消防基本术语　第一部分》，将火灾定义为：在时间和空间上失去控制的燃烧所发生的灾害。

2. 火灾的分类

根据国家标准（GB4968-86《火灾分类》的规定，将火灾分为A、B、C、D四类。

（1）A类火灾：指固体物质火灾。这种物质往往具有有机物性质，一般在燃烧时能产生灼热的余烬。如木材、棉、毛、麻、纸张火灾等。

（2）B类火灾：指液体火灾和可熔化的固体物质火灾。如汽油、煤油、原油、甲醇、乙醇、沥青、石蜡火灾等。

（3）C类火灾：指气体火灾。如煤气、天然气、甲烷、乙烷、丙烷、氢气等。

（4）D类火灾：指金属火灾。如钾、钠、镁、钛、锆、锂、铝、镁合金火灾等。

二、燃烧的类型

燃烧有许多类型，主要是闪燃、着火、自燃和爆炸等。

（一）闪燃

1. 闪燃

在液体（固体）表面上能产生足够的可燃蒸气，遇火能产生一闪即灭的燃烧现象称为闪燃。

也就是说，液体可燃物表面会产生可燃蒸气，固态可燃物也因蒸气、升华或分解产生可燃气体或蒸气，这些可燃气体或蒸气与空气混合而形成可燃性气体，当遇明火时会发生一闪即灭的火苗或闪光的现象。

2. 闪点

在规定的试验条件下，液体（固体）表面能产生闪燃的最低温度称为闪点。在低于某液体的闪点温度下，就不可能点燃它上面的空气和蒸气混合物。

3. 液体的闪点

同系物的闪点随其分子量的增加而升高，随其沸点升高而升高。如甲醇的闪点为 7℃，丙酮的闪点为 -10℃，

4. 固体的闪点

木材垢闪点在 260℃左右，从这一温度起木材热分解加快，放出的分解产物加多。

（二）着火

可燃物在空气受着火源的作用而发生持续燃烧的现象，叫作着火。物质着火，需要一定的温度。可燃物开始持续燃烧所需要的最低温度，叫作燃点（又称着火点）。如丙酮的燃点为 55℃，萘的燃点为 86℃。

（三）自燃

可燃物在空气中没有外来着火源的作用，靠自燃或外热而发生的燃烧现象叫作自燃。根据热的来源不同，物质的自燃可分为两种：一是本身自燃；二是受热自燃。本身自燃，就是由于物质内部自行发热而发生的燃烧现象。受热自燃就是物质加热到一定温度时发生的燃烧现象。

（四）爆炸

由于物质急剧氧化或分解反应产生温度、压力增加或两者同时增加的现象，被称为爆炸。在发生爆炸时，势能（化学能或者机械能）突然转变为动能，有高压气体生成或者释放出高压气体，这些高压气体随之作机械功，如移动、改变，或抛射周围的物体。

爆炸可分为物理爆炸和化学爆炸。

1. 物理爆炸

是由于液体变成蒸气或者气体迅速膨胀，压力急速增加，并大大超过容器的极限压力而发生的爆炸。

2. 化学爆炸

因物质本身化学反应，产生大量气体和高温而发生的爆炸。

三、消防管理与消防法规

（一）消防管理

1. 消防工作方针

《中华人民共和国消防法》第二条规定，我国的消防工作方针是"预防为主，防消结合"。

"预防为主"是指在同火灾做斗争中，必须把预防火灾的工作放在首位，从思想上、组织上、制度上及物资保障上采取各种积极措施。

"防消结合"是指在积极做好预防火灾工作的同时，在人力、物力、技术上积极做好灭火的充分准备，加强公安消防部队、企事业专职和义务消防队的建设，配备足够的消防器材装备，加强灭火训练，做好战备执勤，做到常备不懈，尽备无患。

2. 消防工作原则

《中华人民共和国消防法》第二条规定：消防工作坚持专门机关与群众相结合的原则。

3. 消防工作任务

消防工作总任务就是《中华人民共和国消防法》第一条明确提出的"预防火灾和减少火灾危害，保护公民人身、公共财产和公民财产安全、维护公共安全，保障社会主义现代化建设的顺利进行"。

4. 消防管理职责

（1）机关、团体、企业事业单位职责

1）制定消防安全制度、消防安全操作规程；

2）实行防火安全责任制，确定本单位和所属各部门、岗位的消防安全责任人；

3）针对本单位的特点对职工进行消防宣传教育；

4）组织防火检查，及时消除火灾隐患；

5）按照国家有关规定配置消防设施和器材、设置消防安全标志，并定期组织检验维修，确保消防设施和器材完好、有效；

6）保障疏散通道、安全出口畅通，并设置符合国家规定的消防安全疏散标志。

（2）法人代表是防火工作的责任人。主要有以下职责：

1）贯彻执行消防法和其他有关消防法规；

2）组织实施逐级防火责任制和岗位防火责任制；

3）建立健全防火制度和安全操作规程；

4）把消防工作列入工作、生产、施工、运输、经营、管理的内容；

5）对职工进行消防知识的宣传教育；

6）组织防火检查，消除火灾隐患，改善消防条件，完善消防设施；

7）领导专职或者义务消防组织；

8）组织制定灭火方案，带领职工扑救火灾，保护火灾现象。

9）追查处理火灾事故，协助调查火灾原因。

（3）防火干部职责

1）贯彻执行消防法和有关消防法规；

2）参与研究制定本单位的消防制度，督促、指导落实"谁主管、谁负责"的原则，推行逐级防火责任制和岗位防火责任制并督促落实；

3）对职工群众进行防火安全教育，提高遵守消防法规和搞好安全工作的自学性；

4）开展防火检查，制定消防规章，督促消除火灾隐患，建议领导改善消防安全条件、完善消防设施；

5）协助主管部门对重点工程人员进行消防安全教育，对电工、焊接工、油漆工和从事操作、保管易燃易爆危险物品等有关人员进行消防知识的专业培训和考核工作；

6）负责消防器材设备的管理、维护、保养；

7）组织群众扑救火灾，保护火灾现象。参与调查处理火灾事故；

8）组织消防工作考评，对在消防工作中做出成绩的单位和个人向行政领导提出表彰建议。

（4）车间防火负责人职责

1）认真完成上级布置的消防工作任务，针对本车间的火灾特点和消防安全情况，建立健全相应的规章制度，妥善落实安全措施；

2）组织班（组）建立岗位防火责任制，做到责、权、利相结合；

3）贯彻车间防火月检查制度，对发现的火灾隐患认真整改，本车间无能力解决的要及时上报；

4）向厂部报告消防器材、工具添置计划，并负责本车间各种消防器材的保管、维修工作；

5）领导车间义务消防队（组），定期组织义务消防队学习消防业务，提高消防技术；

6）负责对车间职工的消防安全教育，并对新工人、换岗工人进行教育、考核；

7）对车间的消防安全情况，定期向厂防火责任人和有关职能部门汇报；

（5）班（组）防火负责人职责

1）负责制订各工作岗位防火责任制，并督促认真贯彻执行；

2）负责本班（组）的各项消防管理工作，定期进行宣传、检查、整改，保证安全；

3）对班（组）解决不了的问题，及时向车间防火负责人汇报；

4）保管好本班（组）消防器材；

5）负责对重点部位的消防管理工作；

6）发现火警，立即报警，并积极扑救，协助有关单位查清火灾原因，认真处理。

（二）消防法规

1. 消防法规特征

（1）共有特征

1）意志性和利益性；

2）规范性和平等性；

3）强制性和权威性；

4）连续性和稳定性。

（2）独有特征

1）有专门的调整对象；

2）有调整社会关系的特有手段。

2. 消防法规的作用

（1）消防法规的规范作用

1）指引作用；

2）评价作用；

3）教育作用；

4）预测作用；

5）强制作用。

（2）消防法规的社会作用

1）维护和稳定社会公共秩序的作用；

2）保障和促进社会主义经济发展的作用；

3）保障和促进社会主义精神文明建设的作用。

3. 依法处罚的依据和程序

（1）处理处罚

根据《行政处罚法》第八条的规定，行政处罚主要有六大类：

1）警告；

2）罚款；

3）没收违法所得、没收非法财物；

4）责令停产停业；

5）暂扣或者吊销许可证、暂扣或者吊销执照；

6）行政拘留。

（2）治安管理处罚

1）警告；

2）罚款；

3）拘留。

（三）火灾的分类和统计范围

1. 火灾的分类

根据《火灾统计管理规定》第四条之规定："凡在时间或空间上失去控制的燃烧所造成的灾害，都为火灾"。按照一次火灾事故所造成的人员伤亡、受灾户数的财物直接损失金额，火灾划分为三类：

（1）具有下列情形之一的列为特大火灾：

1）死亡十人以上（含本数，下同）；

2）重伤二十人以上；

3）死亡、重伤二十人以上；

4）受灾五十户以上；

5）烧毁财物损失一百万元以上。

（2）具有下列情形之一的列为重大火灾：

1）死亡三人以上；

2）重伤十人以上；

3）死亡、重伤十人以上；

4）受灾三十户以上；

5）烧毁财物损失三十万元以上。

（3）不具有前列两项情形的火灾，为一般火灾。

2. 火灾统计的范围

《火灾统计管理规定》第五条规定："所有火灾不论损害大小，都列入火灾统计范围"。即从一次火灾事故造成的财物直接损失一元（含本数）以上，轻伤一人以上的小火灾，均列入火灾的统计范围。除此之外，以下情况也列入火灾统计范围：

（1）易燃易爆化学物品燃烧爆炸引起的火灾；

（2）破坏性试验中引起非实验体的燃烧；

（3）机电设备因内部故障导致外部明火燃烧或者由此引起其他物件的燃烧；

车辆、船舶、飞机以及其他交通工具的燃烧（飞机因飞行事故而导致本身燃烧的除外），或者由此引起其他物件的燃烧。

（四）灭火的基本方法

火灾过程一般可以分为初起、发展、猛烈、下降和熄灭五个阶段。扑救火灾要特别注意火灾的初起、发展和猛烈阶段。

灭火的基本方法有隔离法、窒息法、冷却法和抑制法四种。

（五）扑救火灾的一般原则

1. 报警、损失小

报警要沉着冷静，及时准确，要说清楚起火的部门和部位，燃烧的物质，火势大小。如果是拨叫 119 火警电话向公安消防队报警，还讲清楚起火单位名称、详细地址、报警电话号码，同时指派人员到消防可能来到的路口接应，并主动及时地介绍燃烧的性质和火场内部情况，以便迅速组织扑救。

2. 边报警、边扑救。

3. 先控制，后灭火。

4. 先救人，后救物。

5. 防中毒，防窒息。

6. 听指挥，莫惊慌。

（六）化工企业火灾的扑救

1. 灭火的基本措施

（1）采取各种方法，消除爆炸危险。

（2）消灭外围火焰，控制火势发展。

（3）当反应器和管道上呈火炬形燃烧时，可组织突击小组，配备必要数量的水枪，冷却掩护战斗员接近火源，采取关闭阀门或用覆盖窒息等方法扑灭火焰。必要时，也可以用水枪的密集射流来扑灭火焰。

（4）加强冷却，筑堤堵截。

（5）正确使用灭火器。

2. 扑救化工企业火灾的要求

（1）做好防爆炸、防烧伤、防中毒和防腐蚀等安全保护工作。

（2）搞好关阀堵漏工作。

3. 化学危险物品的扑救

（1）易燃和可燃液体火灾扑救

液体火灾特别是易燃液体火灾发展迅速而猛烈，有时甚至会发生爆炸。这类物品发生的火灾主要根据它们的比重大小，能否溶于水和哪一种方法对灭火有利来确定。

一般来说，对比水轻又不溶于水的有机化合物，如乙醚、苯、汽油、轻柴油等的火灾，可用泡沫或干粉扑救。当初起火灾时，燃烧面积不大或燃烧物不多时，也可用二氧化碳或"1211"灭火器扑救。但不能用水扑救，因为当用水扑救时，因液体比水轻，会浮在水面上随水流淌而扩大火灾。

能溶于水或部分溶于水的液体，如甲醇、乙醇等醇类和酮类发生火灾时，应用雾状水或抗溶性泡沫、干粉等灭火器扑救。

不溶于水、比重大于水的液体，如二硫化碳等着火时，可用水扑救，但覆盖在液体表面的水层必须有一定厚度，方能压住火焰。

（2）易燃固体火灾扑救

易燃固体发生火灾时，一般都能用水、砂土、石棉毯、泡沫、二氧化碳、干粉等灭火器扑救。

4. 电气火灾扑救方法

电气设备发生火灾时，为了防止触电事故，一般都在切断电源后才进行扑救。发电机和电动机发生火灾时，可用二氧化碳、1211 等灭火器扑救。

5. 人身着火扑救方法

（1）身上着火，千万不能奔跑；

（2）身上着火，最重要的是先设法把衣、帽脱掉；如果一时来不及，可把衣服撕碎扔掉。

（3）身上着火，如果来不及脱衣，也可卧倒在地上打滚，把身上的火压灭。倘若有其他人在场，可用湿麻袋、湿毯子等把身上着火的人包裹起来，就能使火扑灭；或者向着火人身上烧水，或者帮助将烧着的衣服撕下。

（4）人身上着火，切不可用灭火器直接向着火人身上喷射。因为，多数灭火器内所装的药剂会引起烧伤者的创口产生感染。

（5）如果身上火势较大，来不及脱衣服，旁边又没有其他人协助灭火，则可以跳入附近池塘、小河等水中把身上的火熄灭。

（七）自救的基本方法

1. 火初起时，除立即报警、积极扑救外，应设法疏散物质，尤其是贵重物质和易燃易爆物品。但当火势猛烈，确已无法抢救时，则不得再犹豫，应迅速离开火场，免遭围困和伤亡。

2. 对初起火灾的处理

（1）初起火灾一般很小，居住者不要只顾自行灭火，而以迅速报警。

（2）人员从起火房间撤离后，要立即关闭起火房间的门，这样可控制火势的发展，延长逃生的允许时间。

（3）在着火期间不要重返房间（或建筑物）；火被扑灭后，进入房间（或建筑物）要谨慎。

3. 逃生准备

（1）逃离后要随手关门。

（2）爬行

当夜间你察觉有烟时，要翻身下床，朝门口爬去，即使站起来受得了，也应极力避免。因为 1.5 米以上空气里，早已含有大量的一氧化碳，千万不要站立开门。

（3）利用防毒面具或湿毛巾

逃生者多数要穿过烟雾弥漫的走廊，才能离开起火区。如果身边有防毒面具，则要充分利用，如果没有可用折叠几层的湿毛巾（用水浸湿后拧干），无水时干毛巾也可，捂严口和鼻，冲出火场。

（4）自制救生绳索，不到万不得已，切勿跳楼

如果受到火势直接威胁，必须立即脱离时，可以利用绳子拴在室内重物、桌子腿、牢固的窗等可以承重的地方，将人吊下或慢慢自行滑下，下落时可戴手套，如无手套用衣服毛巾等代替，以防绳索将手勒伤。如无绳索，可将窗帘、床单等撕成条做成绳子用。下滑时，一是要保证绳索可以承受你的体重，二是下面某个未起火的楼层将玻璃踢破进入。如果不跳楼即死，则在跳楼前先选择一些富有弹性的东西丢下，如弹簧床垫、沙发棉被等，跳下时双手抱头部，屈膝团身跳下，如果下面的救生气垫，则要四肢伸展，面朝天平躺对准垫上的标志跳下。

（5）利用自然条件，作为救生滑道。

如果烟火封住楼梯通道，可以利用建筑物的天窗、阳台、落水管或竹竿等谨慎逃离火场。

（6）不要乘坐电梯

电梯井直通大楼各层，烟、热、火很容易涌入。在热的作用下会造成电梯失控或变形，烟与火的毒性或熏烤可危及人的生命，所以火灾时千万不要乘坐电梯。

（7）疏散楼梯的选择

在高级建筑物中，发出火警后走廊里都会亮起疏散的指向装置，按指示灯方向逃离。如果下楼楼梯已起火，可用床单等物打湿披在身上冲下去。如果下楼楼梯已烧塌，可上行至天面、楼顶拖延时间，等待救生时机。

第二节　防火与灭火的基本知识

一、火灾防控基本原理及方法

燃烧是可燃物、氧化剂和着火源这三个基本条件的相互作用才能发生，根据这个原理，采取措施，防止燃烧三个基本条件的同时存在或者避免它们的相互作用，是防火技术的基本原理。所有防火技术措施的实质，就是防止燃烧基本条件的同时存在或者是避免它们的相互作用。具体有以下几种方法：

（一）消除着火源

防火的基本原则应建立在消除着火源的基础之上。人们不管是在自己家中或办公室里还是在生产现场，都经常处在或多或少的各种可燃物质包围之中，而这些物质又存在于人

们生活所必不可少的空气中。这就是说，具备了引起火灾燃烧的三个基本条件中的两个条件（可燃物、氧化剂），因此，只有消除着火源才能预防火灾和爆炸；消除着火源的措施有很多，如禁止烟火、安装防爆灯具、接地避雷、隔离和控温等。

（二）控制可燃物

防止燃烧三个基本条件中的任何一条，都可防止火灾的发生。若同时控制燃烧条件中的两条，就更具安全可靠性。如同时采取消除着火源和控制可燃物比单一消除着火源更具保障性。控制可燃物的措施主要有：在生活中和生产的可能条件下，以难燃和不燃材料代替可燃材料，如用水泥代替木材建筑房屋；降低可燃物质在空气中的浓度，如在车间或库房采取全面通风或局部排风，使可燃物不易积聚，从而不会超过最高允许浓度；防止可燃物质的跑、冒、滴、漏；对于那些相互作用能产生可燃气体或蒸气的物品应加以隔开，分开存放，例如电石与水接触会相互作用产生乙炔气，所以必须采取防潮措施，禁止自来水管道、热水管道通过电石库，等等。

（三）隔绝空气

必要时可以使生产在真空条件下进行，在设备容器中充装惰性介质保护。例如，水入电石式乙炔发生器在加料后，应采取惰性介质氮气吹扫；燃料容器在检修焊补前，用惰性介质置换等。此外，也可将可燃物隔绝空气贮存，如钠存于煤油中、磷存于水中、二硫化碳用水封存放，等等。

（四）防止形成新的燃烧条件，阻止火灾范围的扩大

设置阻火装置，如在乙炔发生器上设置水封回火防止器，或水下气刻时在割炬与胶管之间设置阻火器，一旦发生回火，可阻止火焰进入乙炔罐内，或阻止火焰在管道里蔓延；在车间或仓库里筑防火墙，或在建筑物之间留防火间距，一旦发生火灾，使之不能形成新的燃烧条件，从而防止扩大火灾范围。

通过上述的方法可以总结，防火技术措施包括两个方面：一是防止燃烧基本条件的产生；二是避免燃烧基本条件的相互作用。

二、灭火基本原理及方法

灭火是着火的反问题，也是火灾预防控制最关心的方面。实际上，着火的基本原理也为分析灭火提供了理论依据，如果采取某种工程措施，去除燃烧所需条件中的任何一个，火灾就会终止，基本的灭火方法有以下几种：

（一）降低反应区的温度

降低反应区的温度，使其温度降低到燃烧所需温度以下，从而使燃烧停止，通常将这种方法称为冷却灭火法。用水扑救火灾，其主要作用就是冷却灭火。火场上，除了用冷却

法直接灭火外，还经常使用水冷却尚未燃烧的可燃物质，防止其达到燃点而着火，还可用水冷却建筑构件、生产装置和容器等，以防止其受热变形或爆炸。

（二）降低系统内的可燃物或氧气浓度

燃烧是可燃物与氧化剂之间的化学反应，缺少其中任何一种都会导致火的熄灭。在反应区内减少与消除可燃物可以使系统灭火，当反应区的可燃气浓度降低到一定限度，燃烧过程便无法维持。将未燃物与已燃物分隔开来是中断了可燃物向燃烧区的供应，将可燃气体和液体阀门关闭，或将可燃、易燃物移走等，都是中断可燃物的方法，通常将这种方法称为隔离灭火。

降低反应区的氧气浓度，限制氧气的供应也是灭火的基本手段。当反应区的氧浓度约低于15%后，火灾燃烧一般就很难进行。用不燃或难燃的物质盖住燃烧物。就可断绝空气向反应区的供应。通常将这种方法称为窒息灭火。

（三）抑制灭火法

抑制灭火法，就是将化学灭火剂喷入燃烧区参与燃烧反应，中止连锁反应而使燃烧停止。如使用含氟（F）、氯（CI）、溴（Br）的卤族化学灭火剂喷向火焰，让灭火剂参与燃烧反应，并在燃烧中放出 Br、Cl、F 分子，与活化分子（O、H、OH）碰撞，使活化分子惰化，燃烧中的连锁反应中断，直至燃烧物完全停止。卤代烷灭火剂常用于贵重设备与计算机房等的灭火。

第三节 灭火设施和器材

一、消防设施

（一）火灾自动报警系统

自动消防系统应包括探测、报警、联动、灭火、减灾等功能。火灾自动报警系统主要完成探测和报警功能，控制和联动等功能主要由联动控制系统来完成。联动控制系统是由联动控制器与现场的主动型设备和被动型设备组成。现场主动型设备是指在火灾参数的作用下，设备自动执行某种动作；现场被动型设备是指在控制器或人为的控制下才能动作。

所以消防系统中有三种控制方式：自动控制、联动控制、手动控制。

火灾自动报警系统是由触发装置、火灾报警装置、火灾警报装置和电源等部分组成的通报火灾发生的全套设备。

在火灾自动报警系统中，自动或手动产生火灾报警信号的器件称为触发器件，主要包括火灾探测器和手动火灾报警按钮；用以接收、显示和传递火灾报警信号，并能发出控制信号和具有其他辅助功能的控制指示称为火灾报警装置，火灾报警控制器就是其中最基本的一种；用以发出区别于环境声、光的火灾警报信号的装置称为火灾警报装置，火灾警报器就是一种最基本的火灾警报装置，它以声、光音响方式向报警区域发出火灾警报信号，以警示人们采取安全疏散、灭火救灾措施；在火灾自动报警系统中，当接收到来自触发器件的火灾报警信号，能自动或手动启动相关消防设备并显示其状态的设备，称为消防控制设备。

1. 系统分类

根据工程建设的规模、保护对象的性质、火灾报警区域的划分和消防管理机构的组织形式，将火灾自动报警系统划分为三种基本形式：区域火灾报警系统、集中报警系统和控制中心报警系统。区域报警系统一般适用于二级保护对象；集中报警系统一般适用于一、二级保护对象；控制中心系统一般适用于特级、一级保护对象。

区域报警系统包括火灾探测器、手动报警按钮、区域火灾报警控制器、火灾警报装置和电源等部分。这种系统比较简单，但使用很广泛，例如行政事业单位，工矿企业的要害部门和娱乐场所均可使用；

集中报警系统由一台集中报警控制器；两台以上的区域报警控制器、火灾警报装置和电源等组成。高层宾馆、饭店、大型建筑群一般使用的都是集中报警系统。集中报警控制器设在消防控制室，区域报警控制器设在各层的服务台处。对于总线控制火灾报警控制系统，区域报警控制器就是重复显示屏。

控制中心报警系统除了集中报警控制器、区域报警控制器、火灾探测器外，在消防控制室内增加了消防联动控制设备。被联动控制的设备包括火灾警报装置、火警电话、火灾应急照明、火灾应急广播、防排烟、通风空调、消防电梯和固定灭火控制装置等。也就是说集中报警系统加上联动的消防控制设备就构成控制中心报警系统。控制中心报警系统用于大型宾馆、饭店、商场、办公室、大型建筑群和大型综合楼工程等。

2. 火灾报警控制器

火灾报警控制器（以下简称控制器）是火灾自动报警系统中的主要设备，它除了具有控制、记忆、识别和报警功能外，还具有自动检测、联动控制、打印输出、图形显示、通信广播等功能。当然，控制器功能的多少也反映出火灾自动报警系统的技术构成、可靠性、稳定性和性能价格比等因素，是评价火灾自动报警系统先进与否的一项重要指标。火灾报警控制器按其用途不同，可分为区域火灾报警控制器、集中火灾报警控制器和通用火灾报警控制器三种基本类型。

3. 火灾自动报警系统的适用范围

火灾自动报警系统是一种用来保护生命与财产安全的技术设施。理论上讲，除某些特殊场所如生产和储存火药、炸药、弹药、火工品等场所外，其余场所应该都能适用。由于建筑，特别是工业与民用建筑，是人类的主要生产和生活场所，因而也就成为火灾自动报警系统的基本保护对象。从实际情况看，国内外有关标准规范都对建筑中安装的火灾自动报警系统作了规定，我国现行国家标准《火灾自动报警系统设计规范》明确规定："本规定适用于工业与民用建筑和场所内设置的火灾自动报警系统，不适用于生产和储存火药、炸药、弹药、火工品等场所设置的火灾自动报警系统。"

（二）自动灭火系统

1. 水灭火系统

水灭火系统包括室内外消火栓系统、自动喷水灭火系统、水幕和水喷雾灭火系统。

2. 气体自动灭火系统

以气体作为灭火介质的灭火系统称为气体灭火系统。气体灭火系统的使用范围是由气体灭火剂的灭火性质决定的。灭火剂应当具有的特性是：化学稳定性好、耐储存、腐蚀性小、不导电、毒性低、蒸发后不留痕迹、适用于扑救多种类型火灾。

3. 泡沫灭火系统

泡沫灭火系统指空气机械泡沫系统。按发泡倍数泡沫系统可分为低倍数泡沫灭火系统、中倍数泡沫灭火系统和高倍数泡沫灭火系统。发泡倍数在 20 倍以下的称低倍数，发泡倍数 21 ~ 200 倍之间的称中倍数泡沫，发泡倍数在 201 ~ 1000 倍之间的称高倍数泡沫。

（三）防排烟与通风空调系统

火灾产生的烟气是十分有害的。火场的烟气，包括烟雾、有毒气体和热气，不但影响到消防人员的扑救，而且会直接威胁人身安全。火灾时，水平和垂直分布的各种空调系统、通风管道及竖井、楼梯间、电梯井等是烟气蔓延的主要途径。要把烟气排出建筑物外，就要设置防排烟系统，机械排烟系统可以减少着火层烟气及其向其他部位的扩散，利用加压进风有可能建立无烟区空间并可防止烟气越过挡烟屏障进入压力较高的空间。因此，防排烟系统能改善着火地点的环境，使建筑内的人员能安全撤离现场，使消防人员能迅速靠近火源，用最短的时间抢救濒危的生命，用最少的灭火剂在损失最小的情况下将火扑灭。此外，它还能将未燃烧的可燃性气体在尚未形成易燃烧混合物之前被驱散，避免轰燃或烟气爆炸的产生；将火灾现场的烟和热及时排去，减弱火势的蔓延，排除灭火的障碍，是灭火的配套措施。

排烟有自然排烟和机械排烟两种形式。排烟窗、排烟井是建筑物中常见的自然排烟形式，它们主要适用于烟气具有足够大的浮力、可能克服其他阻碍烟气流动的驱动力的区域。机械排烟可克服自然排烟的局限，有效地排出烟气。

（四）火灾应急广播与警报装置

火灾警报装置（包括警铃、警笛、警灯等）；是发生火灾时向人们发出警告的装置，即告诉人们着火了，或者有什么意外事故。火灾应急广播，是火灾时（或意外事故时）指挥现场人员进行疏散的设备。为了及时向人们通报火灾，指导人们安全、迅速地疏散。火灾事故广播和警报装置按要求设置是非常必要的。

二、消防器材

消防器材主要包括灭火器、火灾探测器等。

（一）灭火器

1. 灭火剂

灭火剂是能够有效地破坏燃烧条件，中止燃烧的物质。一切灭火措施都是为了破坏已经产生的燃烧条件，并使燃烧的连锁反应中止。灭火剂被喷射到燃烧物和燃烧区域后，通过一系列的物理、化学作用，可使燃烧物冷却、燃烧物与氧气隔绝、燃烧区内氧的浓度降低、燃烧的连锁反应中断，最终导致维持燃烧的必要条件受到破坏，停止燃烧反应，从而起到灭火作用。

（1）水和水系灭火剂。水是最常用的灭火剂，它既可以单独用来灭火，也可以在其中添加化学物质配制成混合液使用，从而提高灭火效率，减少用水量。这种在水中加入化学物质的灭火剂称为水系灭火剂。

1）水能从燃烧物中吸收很多热量，使燃烧物的温度迅速下降，使燃烧中止。

2）水在受热汽化时，体积增大1700多倍，当大量的水蒸气笼罩于燃烧物的周围时，可以阻止空气进入燃烧区。从而大大减少氧的含量，使燃烧因缺氧而窒息熄灭。

3）在用水灭火时，加压水能喷射到较远的地方，具有较大的冲击作用，能冲过燃烧表面而进入内部，从而使未着火的部分与燃烧区隔离开来，防止燃烧物继续分解燃烧；

4）水能稀释或冲淡某些液体或气体，降低燃烧强度；

5）能浇湿未燃烧的物质，使之难以燃烧；

6）还能吸收某些气体、蒸气和烟雾，有助于灭火。

不能用水扑灭的火灾主要包括：

①密度小于水和不溶于水的易燃液体的火灾，如汽油、煤油、柴油等。苯类、醇类、醚类、酮类、酯类及丙烯腈等大容量储罐，如用水扑救，则水会沉在液体下层，被加热后会引起爆沸，形成可燃液体的飞溅和溢流，使火势扩大。

②遇水产生燃烧物的火灾，如金属钾、钠、碳化钙等，不能用水，而应用砂土灭火。

③硫酸、盐酸和硝酸引发的火灾，不能用水流冲击，因为强大的水流能使酸飞溅，流出后遇可燃物质，有引起爆炸的危险。酸溅在人身上，能灼伤人。

④电气火灾未切断电源前不能用水扑救，因为水是良导体，容易造成触电。

⑤高温状态下化工设备的火灾不能用水扑救，以防高温设备遇冷水后骤冷，引起形变或爆裂。

（2）气体灭火剂。气体灭火剂的使用始于19世纪末期。由于气体灭火剂具有释放后对保护设备无污染、无损害等优点，其防护对象逐步向各种不同领域扩充。由于二氧化碳的来源较广，利用隔绝空气后的窒息作用可成功抑制火灾，因此早期的气体灭火剂主要采用二氧化碳。由于二氧化碳不含水、不导电、无腐蚀性，对绝大多数物质无破坏作用，所以可以用来扑灭精密仪器和一般电气火灾。它还适于扑救可燃液体和固体火灾，特别是那些不能用水灭火以及受到水、泡沫、干粉等灭火剂的玷污容易损坏的固体物质火灾。但是二氧化碳不宜用来扑灭金属钾、镁、钠、铝等及金属过氧化物（如过氧化钾、过氧化钠）、有机过氧化物、氯酸盐、硝酸盐、高锰酸盐、亚硝酸盐、重铬酸盐等氧化剂的火灾。因为二氧化碳从灭火器中喷射出时，温度降低，使环境空气中的水蒸气凝聚成小水滴，上述物质遇水即发生反应，释放大量的热量，同时释放出氧气，使二氧化碳的窒息作用受到影响。因此，上述物质用二氧化碳灭火效果不佳。

在研究二氧化碳灭火系统的同时，国际社会及一些西方发达国家不断地开发新型气体灭火剂，卤代烷1211、1301灭火剂具有优良的灭火性能，因此在一段时间内卤代烷灭火剂基本统治了整个气体灭火领域。后来，人们逐渐发现释放后的卤代烷灭火剂与大气层的臭氧发生反应，致使臭氧层出现空洞，使生存环境恶化。因此，国家环保局于1994年专门发出《关于非必要场所停止再配置卤代烷灭火器的通知》。

淘汰卤代烷灭火剂，促使人们寻求新的环保气体替代。被列为国际标准草案ISO14520的替代物有14种。综合各种替代物的环保性能及经济分析，七氟丙烷灭火剂最具推广价值。该灭火剂属于含氢氟烃类灭火剂，国外称为FM—200，具有灭火浓度低；灭火效率高、对大气无污染的优点。另外，混合气体IC—541灭火剂同样对大气层具有无污染的特点，现已逐步开始使用。由于其是由氮气、氩气、二氧化碳自然组合的一种混合物，平时以气态形式储存，所以喷放时，不会形成浓雾或造成视野不清，使人员在火灾时能清楚地分辨逃生方向，且它对人体基本无害。

（3）泡沫灭火剂。泡沫灭火剂有两大类型，即化学泡沫灭火剂和空气泡沫灭火剂。化学泡沫是通过硫酸铝和碳酸氢钠的水溶液发生化学反应，产生二氧化碳，而形成泡沫。空气泡沫是由含有表面活性剂的水溶液在泡沫发生器中通过机械作用而产生的，泡沫中所含的气体为空气。空气泡沫也称为机械泡沫。

空气泡沫灭火剂种类繁多，根据发泡倍数的不同可分为低倍数泡沫、中倍数泡沫和高倍数泡沫灭火剂。高倍数泡沫灭火系统替代低倍数泡沫灭火系统是当今的发展趋势。高倍数泡沫的应用范围远比低倍数泡沫广泛得多。高倍数泡沫灭火剂的发泡倍数高（201～1000倍），能在短时间内迅速充满着火空间，特别适用于大空间火灾，并具有灭火速度快的优点；而低倍数泡沫则与此不同，它主要靠泡沫覆盖着火对象表面，将空气隔绝而灭火，且伴有水渍损失，所以它对液化烃的流淌火灾和地下工程、船舶、贵重仪器设备及物品的灭火无能为力。高倍数泡沫灭火技术已被各工业发达国家应用到石油化工、冶金、地下工程、大型仓库和贵重仪器库房等场所，尤其在近10年来，高倍数泡沫灭火技术多次在油罐区、液化烃罐区、地下油库、汽车库；油轮、冷库等场所扑救失控性大火起到决定性作用。

（4）干粉灭火剂。干粉灭火剂由一种或多种具有灭火能力的细微无机粉末组成，主要包括活性灭火组分、疏水成分、惰性填料，粉末的粒轻大小及其分布对灭火效果有很大的影响。窒息、冷却、辐射及对有焰燃烧的化学抑制作用是干粉灭火效能的集中体现，其中化学抑制作用是灭火的基本原理，起主要灭火作用。干粉灭火剂中的灭火组分是燃烧反应的非活性物质，当进入燃烧区域火焰中时，捕捉并终止燃烧反应产生的自由基，降低燃烧反应的速率，当火焰中干粉浓度足够高，与火焰的接触面积足够大，自由基中止速率大于燃烧反应生成的速率，链式燃烧友应被终止，从而火焰熄灭。

干粉灭火剂与水、泡沫、二氧化碳等相比，在灭火速率、灭火面积、等效单位灭火成本效果三个方面有一定优越性，因其灭火速率快，制作工艺过程不复杂，使用温度范围宽广，对环境无特殊要求，以及使用方便，不需外界动力、水源、无毒、无污染、安全等特点，目前在手提式灭火器和固定式灭火系统上得到广泛的应用，是替代哈龙灭火剂的理想环保灭火产品。

2. 灭火器种类及其使用范围

灭火器由筒体、器头；喷嘴等部件组成，借助驱动压力可将所充装的灭火剂喷出，达到灭火目的；灭火器由于结构简单，操作方便；轻便灵活，使用面广，是扑救初起火灾的重要消防器材。

灭火器的种类很多，按其移动方式分为手提式、推车式和悬挂式；按驱动灭火剂的动力来源可分为储气瓶式、储压式、化学反应式；按所充装的灭火剂则又可分为清水、泡沫、酸碱、二氧化碳、卤代烷、干粉、7150 等。

（1）清水灭火器。清水灭火器充装的是清洁的水，并加入适量的添加剂；采用储气瓶加压的方式，利用二氧化碳钢瓶中的气体作动力，将灭火剂喷射到着火物上，达到灭火的目的。其主要由筒体、筒盖、喷射系统及二氧化碳储气瓶等部件组成。清水灭火器适用于扑救可燃固体物质火灾，即 A 类火灾。

（2）泡沫灭火器。泡沫灭火器包括化学泡沫灭火器和空气泡沫灭火器两种，分别是通过筒内酸性溶液与碱性溶液混合后发生化学反应或借助气体压力，喷射出泡沫覆盖在燃烧物的表面上，隔绝空气起到窒息灭火的作用。泡沫灭火器适合扑救脂类、石油产品等 B 类火灾以及木材等 A 类物质的初起火灾，但不能扑救 B 类水溶性火灾，也不能扑救带电设备及 C 类和 D 类火灾。

化学泡沫灭火器内充装有酸性和碱性两种化学药剂的水溶液，使用时，两种溶液混合引起化学反应生成泡沫，并在压力的作用下，喷射出去灭火。按使用操作可分为手提式、舟车式、推车式。值得注意的是，随着《化学泡沫灭火器用灭火剂》（GB4395—1992）标准的颁布实施，原YP型化学泡沫灭火剂因其泡抹黏稠，流动性差，灭火性能差而被淘汰，目前开发和使用的化学泡沫灭火剂产品是由硫酸铝、碳酸氢钠及复合添加剂和水组成的，因此，原产品一律禁止生产、销售和使用。

空气泡沫灭火器充装的是空气泡沫灭火剂，具有良好的热稳定性，抗烧时间长，灭火能力比化学泡沫高 3 ~ 4 倍，性能优良，保存期长，使用方便，是取代化学泡沫灭火器的更新换代产品。它可根本不同需要分别充装蛋白泡沫、氟蛋白泡沫、聚合物泡沫、轻水（水成膜）泡沫和抗溶泡沫等，用来扑救各种油类及极性溶剂的初起火灾。

（3）酸碱灭火器。

酸碱灭火器是一种内部装有 65% 的工业硫酸和碳酸氢钠的水溶液作灭火剂的灭火器。使用时，两种药液混合发生化学反应，产生二氧化碳压力气体，灭火剂在二氧化碳气体压力下喷出进行灭火。该类灭火器适用于扑救 A 类物质的初起火灾，如木、竹、织物、纸张等燃烧的火灾。它不能用于扑救 B 类物质燃烧的火灾，也不能用于扑救 C 类可燃气体或 D 类轻金属火灾，同时也不能用于带电场合火灾的扑救。

（4）二氧化碳灭火器。二氧化碳灭火器是利用其内部充装的液态二氧化碳的蒸气压将二氧化碳喷出灭火的一种灭火器具，其利用降低氧气含量，造成燃烧区窒息而灭火。一般当氧气的含量低于 12% 或二氧化碳浓度达 30% ~ 35% 时，燃烧中止。1kg 的二氧化碳液体，在常温常压下能生成 500L 左右的气体，这些足以使 $1m^2$ 空间范围内的火焰熄灭。由于二氧化碳是一种无色的气体，灭火不留痕迹，并有一定的电绝缘性能等特点，因此，更适宜于扑救 600V 以下带电电器、贵重设备、图书档案、精密仪器仪表的初起火灾，以及一般可燃液体的火灾。

（5）卤代烷灭火器。凡内部充入卤代烷灭火剂的灭火器，统称为卤代烷灭火器。卤代烷灭火剂主要通过抑制燃烧的化学反应过程，使燃烧中断达到灭火目的。其作用是通过除去燃烧连锁反应中的活性基因来完成，这一过程称抑制灭火。卤代烷灭火剂的种类较多，按其种类不同，相应地可分为 1211 灭火器、1301 灭火器、2402 灭火器、1202 灭火器等等。由于 2402 灭火剂和 1202 灭火剂的毒性较大，对金属筒体的腐蚀性亦大，因此在我国不推广使用。我国只生产 1211 和 1301 灭火器。

1211 灭火器主要用于扑救易燃、可燃液体、气体及带电设备的初起火灾，也能对固体物质如竹、木、纸、织物等的表面火灾进行补救。尤其适用于扑救精密仪器、计算机、珍贵文物及贵重物资仓库等处的初起火灾，也能用于扑救飞机、汽车、轮船、宾馆等场所的初起火灾。

（6）干粉灭火器。干粉灭火器以液态二氧化碳或氮气作动力，将灭火器内干粉灭火剂喷出进行灭火。该类灭火器主要通过抑制作用灭火，按使用范围可分为普通干粉和多用干粉两大类。普通干粉也称 BC 干粉，是指碳酸氢钠干粉、改性钠盐、氨基干粉等，主要用于扑灭可燃液体、可燃气体以及带电设备火灾；多用干粉也称 ABC 干粉，是指磷酸铵盐干粉、聚磷酸铵干粉等，它不仅适用于扑救可燃液体、可燃气体和带电设备的火灾，还适用于扑救一般固体物质火灾，但都不能扑救轻金属火灾。

（二）火灾探测器

物质在燃烧过程中，通常会产生烟雾。同时释放出称之为气溶胶的燃烧气体，它们与空气中的氧发生化学反应，形成含有大量红外线和紫外线的火焰，导致周围环境温度逐渐升高。这些烟雾、温度、火焰和燃烧气体称为火灾参量；

火灾探测器的基本功能就是对烟雾、温度、火焰和燃烧气体等火灾参量做出有效反应，通过敏感元件，将表征火灾参量的物理量转化为电信号，送到火灾报警控制器。根据对不同的火灾参量响应和不同的响应方法，分为若干种不同类型的火灾探测器。主要包括感光式火灾探测器、感烟式火灾探测器、感温式火灾探测器、复合式火灾探测器和可燃气体火灾探测器等。

1. 感光式火灾探测器

感光探测器适用于监视有易燃物质区域的火灾发生，如仓库、燃料库、变电所、计算机房等场所，特别适用于没有阴燃阶段的燃料火灾（如醇类、汽油、煤气等易燃液、气体火灾）的早期检测报警。按检测火灾光源的性质分类，有红外火焰火灾探测器和紫外火焰火灾探测器两种。

红外线波长较长，烟粒对其吸收和衰减能力较弱，致使有大量烟雾存在的火场，在距火焰一定距离内，仍可使红外线敏感元件（Pbs 红外光敏管）感应，发出报警信号。因此这种探测器误报少，响应时间快、抗干扰能力强、工作可靠。

紫外火焰探测器适用于有机化合物燃烧的场合，例如油井、输油站、飞机库，可燃气罐、液化气罐、易燃易爆品仓库等，特别适用于火灾初期不产生烟雾的场所，（如生产储存酒精、石油等场所）。有机化合物燃烧时，辐射出波长约为 250nm 的紫外光。火焰温度越高，火焰强度越大，紫外光辐射强度也越高。

2. 感烟式火灾探测器

感烟火灾探测器是一种感知燃烧和热解产生的固体或液体微粒的火灾探测器。用于探测火灾初期的烟雾，并发出火灾报警讯号的火灾探测器。它具有能早期发现火灾、灵敏度高、响应速度快、使用面较广等特点。

感烟火灾探测器分为点型感烟火灾探测器和线型感烟火灾探测器。

（1）点型感烟火灾探测器。点型感烟火灾探测器是对警戒范围中某个点周围的烟参数响应的火灾探测器，分为离子感烟火灾探测器和光电感烟火灾探测器两种。

离子感烟火灾探测器是核电子学与探测技术的结晶，应用烟雾粒子改变探测器中电离室原有电离电流。离子感烟火灾探测器最显著的优点是它对黑烟的灵敏度非常高，特别是能对早期火警反应特别快而受到青睐。但因为其内必须装设放射性元素，特别是在制造、运输以及弃置等方面对环境造成污染，威胁着人的生命安全。因此，这种产品在欧洲现已开始禁止使用，在我国也终将成为淘汰产品。

光电式感烟火灾探测器是利用烟雾粒子对光线产生散射、吸收原理的感烟火灾探测器。光电式感烟火灾探测器有一个很大的缺点就是对黑烟灵敏度很低，对白烟灵敏度较高，因此，这种探测器适用于火情中所发出的烟为白烟的情况，而大部分的火情早期所发出的烟都为黑烟，所以大大地限制了这种探测器的使用范围。

（2）线型感烟火灾探测器。目前生产和使用的线型感烟火灾探测器都是红外光束型的感烟火灾探测器，它是利用烟雾粒子吸收或散射红外线光束的原理对火灾进行监测。

3. 感温式火灾探测器

感温火灾探测器是对警戒范围中的温度进行监测的一种探测器，物质在燃烧过程中释放出大量热，使环境温度升高，探测器中的热敏元件发生物理变化，将物理变化转变成的电信号传输给火灾报警控制器，经判别发出火灾报警信号。感温火灾探测器种类繁多，根据其感热效果和结构形式，可分为定温式、差温式和差定温组合式三类。

（1）定温火灾探测器。定温火灾探测器是在火灾现场的环境温度达到预定值及其以上时，即能响应动作，发出火警信号的火灾探测器。这种探测器有较好的可靠性和稳定性，保养维修也方便，只是响应过程长些，灵敏度低些。根据工作原理的不同，定温火灾探测器又可分为双金属片定温探测器、热敏电阻定温探测器、低熔点合金探测器等。

（2）差温火灾探测器。差温探测器是一种环境升温速率超过预定值，即能响应的感温探测器。根据工作原理不同，可分为电子差温探测器、膜盒感温探测器等。

（3）差定温火灾探测器。差定温火灾探测器是一种既能响应预定温度报警，又能响应预定温升速率报警的火灾探测器。

4. 可燃气体火灾探测器

可燃性气体包括天然气、煤气、烷、醇、醛、炔等，当其在某场所的浓度超过一定值时，偶遇明火便会发生燃烧或爆炸（轰燃），是非常危险的。可燃物质燃烧时除有大量烟雾、热量和火光之外，还有许多可燃性气体产生，如一氧化碳、氢气、甲烷、乙醇、乙炔等。利用可燃气体探测器监视这些可燃气体浓度值，及时发出火灾报警信号，及时采取灭火措施，是非常必要的。

可燃性气体探测器主要应用在有可燃气体存在或可能发生泄漏的易燃易爆场所，或应用于居民住宅（有煤气或天然气存在或易发生泄漏的地方）。

安装使用可燃气体探测器应注意以下几点：

（1）应按所监测的可燃气体的密度选择安装位置。监测密度大于空气的可燃气体（如石油液化气、汽油、丙烷、丁烷等）时，探测器应安装在泄漏可燃气体处的下部，距地面不应超过 0.5m。监测密度小于空气的可燃气体（如煤气、天然气、一氧化碳、氨气、甲烷、乙烷、乙烯、丙烯、苯等）时，探测器应安装在可能泄漏处的上部或屋内顶棚上。总之，探测器应安装在经常容易泄漏可燃气体处的附近，或安装在泄漏出来的气体容易流过、滞留的场所。

（2）对于经常有风速 0.5m/s 以上气流存在、可燃气体无法滞留的场所，或经常有热气、水滴、油烟的场所，或环境温度经常超过 40℃的场所，不适宜安装可燃气体探测器。

有铅离子（Pb）存在的场所，或有硫化氢气体存在的场所，不能使用可燃气体探测器，否则会出现气敏元件中毒而失效。在有酸、碱等腐蚀性气体存在的场所，也不宜使用可燃气体探测器。

（3）应至少每季检查一次可燃气体探测器是否工作正常。例如可用棉球蘸酒精去靠近探测器检测。

5. 复合式火灾探测器

复合式火灾探测器包括复合式感温感烟火灾探测器、复合式感温感光火灾探测器、复合式感温感烟感光火灾探测器、分离式红外光束感温感光火灾探测器。

（三）消防梯

消防梯是消防队队员扑救火灾时，登高灭火，救人或翻越障碍物的工具。目前普通使用的有单杠梯、挂钩梯、拉梯三种。按使用的材料分为木梯、竹梯、铝合金梯等。

（四）消防水带

消防水带是火场供水或输送泡沫混合液的必备器材，广泛应用于各种消防车消防泵消火栓等消防设备上。按材料不同分为麻织、锦织涂胶、尼龙涂胶。按口径不同分为 50mm、65mm、75mm、90mm；按承压不同分为甲、乙、丙、丁四级各承受的水压强度不同，水带承受工作压力分别为大于 1MPa、0.8～0.6MPa、0.6~0.7MPa、小于 0.6MPa 几种。按照水带长度不同分为 15m、20m、25m、30m。

（五）消防水枪

消防水枪是灭火时用来射水的工具。其作用是加快流速，增大和改变水流形状。按照水枪口径不同分为 13mm、16mm、19mm、22mm、25mm……；按照水枪开口形式不同分为直流水枪、开花水枪、喷雾水枪、开花直流水枪几种。

（六）消防车

目前我国的消防车有水罐泵浦车、泡沫消防车、干粉消防车、CO_2 消防车、干粉泡沫水罐泵联用消防车、火灾照明车、曲臂登高消防车。

第四节　电气火灾和爆炸

一、电气火灾

火灾是指由电气原因引发燃烧而造成的灾害。短路、过载、漏电等电气事故都有可能导致火灾。设备自身缺陷、施工安装不当、电气接触不良、雷击静电引起的高温、电弧和电火花是导致电气火灾的直接原因。周围存放易燃易爆物是电气火灾的环境条件。

（一）电气火灾产生的直接原因：

1.设备或线路发生短路故障

电气设备由于绝缘损坏、电路年久失修、疏忽大意、操作失误及设备安装不合格等将造成短路故障，其短路电流可达正常电流的几十倍甚至上百倍，产生的热量（正比于电流的平方）是温度上升超过自身和周围可燃物的燃点引起燃烧，从而导致火灾。

2.过载引起电气设备过热

选用线路或设备不合理，线路的负载电流量。超过了导线额定的安全载流量，电气设备长期超载（超过额定负载能力），引起线路或设备过热而导致火灾。

3.接触不良引起过热

如接头连接不牢或不紧密、动触点压力过小等使。接触电阻过大，在接触部位发生过热而引起火灾。

4.通风散热不良

大功率设备缺少通风散热设施或通风散热设施损坏造成过热而引发火灾。

5.电器使用不当

如电炉、电熨斗、电烙铁等未按要求使用，或用后忘记断开电源，引起过热而导致火灾。

6.电火花和电弧

有些电气设备正常运行时就能产生电火花、电弧，如大容量开关、接触器触点的分、合操作，都会产生电弧和电火花。电火花温度可达数千度，遇可燃物便可点燃，遇可燃气体便会发生爆炸。

（二）易燃易爆环境

日常生活和生产的各个场所中，广泛存在着易燃易爆物质，如石油液化气、煤气、天然气、汽油、柴油、酒精、棉、麻、化纤织物、木材、塑料等等，另外一些设备本身可能会产生易燃易爆物质，如设备的绝缘油在电弧作用下分解和气化，喷出大量油雾和可燃气体；酸性电池排出氢气并形成爆炸性混合物等。一旦这些易燃易爆环境遇到电气设备和线路故障导致的火源，便会立刻着火燃烧。

（三）电气火灾的防护措施

电气火灾的防护措施主要致力于消除隐患、提高用电安全，具体措施如下：

1. 正确选用保护装置，防止电气火灾发生

（1）对正常运行条件下可能产生电热效应的设备采用隔热、散热、强迫冷却等结构，并注重耐热、防火材料的使用。

（2）按规定要求设置包括短路、过载、漏电保护设备的自动断电保护。对电气设备和线路正确设置接地、接零保护，为防雷电安装避雷器及接地装置。

（3）根据使用环境和条件正确设计选择电气设备。恶劣的自然环境和有导电尘埃的地方应选择有抗绝缘老化功能的产品，或增加相应的措施；对易燃易爆场所则必须使用防爆电气产品。

2. 正确安装电气设备，防止电气火灾发生

（1）合理选择安装位置

对于爆炸危险场所，应该考虑把电气设备安装在爆炸危险场所以外或爆炸危险性较小的部位。

开关、插座、熔断器、电热器具、电焊设备和电动机等应根据需要，尽量避开易燃物或易燃建筑构件。起重机滑触线下方，不应堆放易燃品。露天变、配电装置，不应设置在易于沉积可燃性粉尘或纤维的地方等。

（2）保持必要的防火距离

对于在正常工作时能够产生电弧或电火花的电气设备，应使用灭弧材料将其全部隔围起来，或将其与可能被引燃的物料，用耐弧材料隔开或与可能引起火灾的物料之间保持足够的距离，以便安全灭弧。

安装和使用有局部热聚焦或热集中的电气设备时，在局部热聚焦或热集中的方向与易燃物料，必须保持足够的距离，以防引燃。

电气设备周围的防护屏障材料，必须能承受电气设备产生的高温（包括故障情况下）。应根据具体情况选择不可燃、阻燃材料或在可燃性材料表面喷涂防火涂料。

3. 保持电气设备的正常运行，防止电气火灾发生

（1）正确使用电气设备，是保证电气设备正常运行的前提。因此应按设备使用说明书的规定操作电气设备。严格执行操作规程。

（2）保持电气设备的电压、电流、温升等不超过允许值。保持各导电部分连接可靠，接地良好。

（3）保持电气设备的绝缘良好，保持电气设备的清洁，保持良好通风。

（四）电气火灾的扑救

发生火灾，应立即拨打 119 火警电话报警，向公安消防部门求助。扑救电气火灾时注意触电危险，为此要及时切断电源，通知电力部门派人到现场指导和监护扑救工作。

1.正确选择使用灭火器

在扑救尚未确定断电的电气火灾时，应选择适当的灭火器和灭火装置，否则，有可能造成触电事故和更大危害，如使用普通水枪射出的直流水柱和泡沫灭火器射出的导电泡沫会破坏绝缘。

使用四氯化碳灭火器灭火时，灭火人员应站在上风侧，以防中毒；灭火后空间要注意通风。使用二氧化碳灭火时，当其浓度达 85% 时，人就会感到呼吸困难，要注意防止窒息。

2.正确使用喷雾水枪

带电灭火时使用喷雾水枪比较安全。原因是这种水枪通过水柱的泄漏电流较小。用喷雾水枪灭电气火灾时水枪喷嘴与带电体的距离可参考以下数据：

10kV 及以下者不小于 0.7 m。

35kV 及以下者不小于 1 m。

110kV 及以下者不小于 3 m。

220kV 不应小于 5 m。

带电灭火必须有人监护。

3.灭火器的保管

灭火器在不使用时，应注意对它的保管与检查，保证随时可正常使用。

二、电气火灾扑救方法

在自动电气设备发生火灾时，为了防止触电事故，一般都在切断电源后才进行扑救。

1.断电灭火电气设备发生火灾或引燃附近可燃物时，首先要切断电源。

（1）电气设备发生火灾后，要立即切断电源，如果要切断整个车间或整个建筑物的电源时，可在变电所、配电室断开主开关。在自动空气开关或油断路器等主开关没有断开前，不能随便拉隔离开关，以免产生电弧发生危险。

（2）发生火灾后，用闸刀开关切断电源时，由于闸刀开关在发生火灾时受潮或烟熏，其绝缘强度会降低，切断电源时，最好用绝缘的工具操作。

（3）切断用磁力起动器控制的电动机时，应先用接钮开关停电，然后再断开闸刀开关，防止带负荷操作产生电弧伤人。

（4）在动力配电盘上，只用作隔离电源而不用作切断负荷电流的闸刀开关或瓷插式熔断器，叫总开关或电源开关。切断电源时，应先用电动机的控制开关切断电动机回路的负荷电流，停止各个电动机的运转，然后再用总开关切断配电盘的总电源。

（5）当进入建筑物内，用各种电气开关切断电源已经比较困难，或者已经不可能时，可以在上一级变配电所切断电源。这样要影响较大范围供电时，或处于生活居住区的杆上变电台供电时，有时需要采取剪断电气线路的方法来切断电源。如需剪断对地电压在250伏以下的线路时，可穿戴绝缘靴和绝缘手套，用断电剪将电线剪断。切断电源的地点要选择适当，剪断的位置应在电源方面即来电方向的支持物附近，防止导线剪断后掉落在地上造成接地短路触电伤人。对三相线路的非同相电线应在不同部位剪断。在剪断扭缠在一起的合股线时，要防止两股以上合剪，否则造成短路事故。

（6）城市生活居住区的杆上变电台上的变压器和农村小型变压器的高压侧，多用跌开式熔断器保护。如果需要切断变压器的电源时，可以用电工专用的绝缘杆捅跌开式熔断器的鸭嘴，熔丝管就会跌落下来，达到断电的目的。

（7）电容器和电缆在切断电源后，仍可能有残余电压，因此，即使可以确定电容器或电缆已经切断电源，但是为了安全起见，仍不能直接接触或搬动电缆和电容器，以防发生触电事故。

电源切断后，扑救方法与一般火灾扑救相同。

2. 几种电气设备火灾扑救方法

（1）发电机和电动机的火灾扑救方法

发电机和电动机等电气设备都属于旋转电机类，这类设备的特点是绝缘材料比较少，这是和其他电气设备比较而言的，而且有比较坚固的外壳，如果附近没有其他可燃易燃物质，且扑救及时，就可防止火灾扩大蔓延。由于可燃物质数量比较少，就可用二氧化碳、1211等灭火器扑救。大型旋转电机燃烧猛烈时，可用水蒸气和喷雾水扑救。实践证明，用喷雾水扑救的效果更好。对于旋转电机有一个共同的特点，就是不要用砂土扑救，以防硬性杂质落入电机内，使电机的绝缘和轴承等受到损坏而造成严重后果。

（2）变压器和油断路器火灾扑救方法

变压器和油断路器等充油电气设备发生燃烧时，切断电源后的扑救方法与扑救可燃液体火灾相同。如果油箱没有破损，可以用干粉、1211、二氧化碳灭火器等进行扑救。如果油箱已经破裂，大量变压器的油燃烧，火势凶猛时，切断电源后可用喷雾水或泡沫扑救。流散的油火，可用喷雾水或泡沫扑救。流散的油量不多时，也可用砂土压埋。

（3）变、配电设备火灾扑救方法

变配电设备，有许多瓷质绝缘套管，这些套管在高温状态遇急冷或不均匀冷却时，容易爆裂而损坏设备，可能造成一些不应有的使火势进一步扩大蔓延。所以遇这种情况最好用喷雾水灭火，并注意均匀冷却设备。

（4）封闭式电烘干箱内被烘干物质燃烧时的扑救方法封闭式电烘干箱内的被烘干物质燃烧时，切断电源后，由于烘干箱内的空气不足，燃烧不能继续，温度下降，燃烧会逐渐被窒息。因此，发现电烘箱冒烟时，应立即切断烘干箱的电源，并且不要打开烘干箱。

不然，由于进入空气，反而会使火势扩大，如果错误地往烘干箱内泼水，会使电炉丝。隔热板等遭受损坏而造成不应有的损失。

如果是车间内的大型电烘干室内发生燃烧，应尽快切断电源。当可燃物质的数量比较多，且有蔓延扩大的危险时，应根据烘干物质的情况，采用喷雾水枪或直流水枪扑救，但在没有做好灭火准备工作时，不应把烘干室的门打开，以防火势扩大。

3. 带电灭火

有时在危急的情况下，如等待切断电源后再进行扑救，就会有使火势蔓延扩大的危险，或者断电后会严重影响生产。这时为了取得扑救的主动权，扑救就需要在带电的情况下进行，带电灭火时应注意以下几点：

（1）必须在确保安全的前提下进行，应用不导电的灭火剂如二氧化碳、1211、1301、干粉等进行灭火。不能直接用导电的灭火剂如直射水流、泡沫等进行喷射，否则会造成触电事故。

（2）使用小型二氧化碳、1211、1301、干粉灭火器灭火时由于其射程较近，要注意保持一定的安全距离。

（3）在灭火人员穿戴绝缘手套和绝缘靴、水枪喷嘴安装接地线情况下，可以采用喷雾水灭火。

（4）如遇带电导线落于地面，则要防止跨步电压触电，扑救人员需要进入灭火时，必须穿上绝缘鞋。

此外，有油的电气设备如变压器。油开关着火时，也可用干燥的黄沙盖住火焰，使火熄灭。

三、爆炸

（一）概念定义

在较短时间和较小空间内，能量从一种形式向另一种或几种形式转化并伴有强烈机械效应的过程。普通炸药爆炸是化学能向机械能的转化；核爆炸是原子核反应的能量向机械能的转化；这时在短时间内会聚集大量的热量，使气体体积迅速膨胀，就会引起爆炸。

爆炸是一种极为迅速的物理或化学的能量释放过程。在此过程中，空间内的物质以极快的速度把其内部所含有的能量释放出来，转变成机械功、光和热等能量形态。所以一旦失控，发生爆炸事故，就会产生巨大的破坏作用，爆炸发生破坏作用的根本原因是构成爆炸的体系内存有高压气体或在爆炸瞬间生成的高温高压气体。爆炸体系和它周围的介质之间发生急剧的压力突变是爆炸的最重要特征，这种压力差的急剧变化是产生爆炸破坏作用的直接原因。

爆炸是某一物质系统在发生迅速的物理变化或化学反应时，系统本身的能量借助于气体的急剧膨胀而转化为对周围介质做机械功，通常同时伴随有强烈放热、发光和声响的效应。

爆炸的定义主要是指在爆炸发生当时产生的稳定爆轰波，也就是有一定体积的气体在短时间内以恒定的速率辐射性高速胀大（压力变化），没有指明一定要有热量或光的产生，例如一种叫熵炸药 TATP（三聚过氧丙酮炸药），其爆炸只有压力变化和气体生成，而不会有热量或光的产生。而爆炸音的产生，主要是源自于爆炸时所产生的气体膨胀速度高于音速所致。

空气和可燃性气体的混合气体的爆炸、空气和煤屑或面粉的混合物爆炸等，都由化学反应引起，而且都是氧化反应。但爆炸并不都与氧气有关。如氯气与氢气混合气体的爆炸，且爆炸并不都是化学反应，如蒸汽锅炉爆炸、汽车轮胎爆炸则是物理变化。

可燃性气体在空气中达到一定浓度时，遇明火都会发生爆炸。

（二）按初始能量分类

1. 物理爆炸

物理性爆炸是由物理变化（温度、体积和压力等因素）引起的，在爆炸的前后，爆炸物质的性质及化学成分均不改变。

锅炉的爆炸是典型的物理性爆炸，其原因是过热的水迅速蒸发出大量蒸汽，使蒸汽压力不断提高，当压力超过锅炉的极限强度时，就会发生爆炸。又如，氧气钢瓶受热升温，引起气体压力增高，当压力超过钢瓶的极限强度时即发生爆炸。发生物理性爆炸时，气体或蒸汽等介质潜藏的能量在瞬间释放出来，会造成巨大的破坏和伤害。上述这些物理性爆炸是蒸汽和气体膨胀力作用的瞬时表现，它们的破坏性取决于蒸汽或气体的压力。

2. 化学爆炸

化学爆炸是由化学变化造成的。化学爆炸的物质不论是可燃物质与空气的混合物，还是爆炸性物质（如炸药），都是一种相对不稳定的系统，在外界一定强度的能量作用下，能产生剧烈的放热反应，产生高温高压和冲击波，从而引起强烈的破坏作用。爆炸性物品的爆炸与气体混合物的爆炸有下列异同。

（1）爆炸的反应速度非常快。爆炸反应一般在 10-5 ~ 10-6S 间完成，爆炸传播速度（简称爆速）一般在 2000m/s ~ 9000m/s 之间。由于反应速度极快，瞬间释放出的能量来不及散失而高度集中，所以有极大的破坏作用。气体混合物爆炸时的反应速度比爆炸物品的爆炸速度要慢得多，数百分之一至数十秒内完成，所以爆炸功率要小得多。

（2）反应放出大量的热。爆炸时反应热一般为 2900 ~ 6300kJ/kg，可产生 2400 ~ 3400℃的高温。气态产物依靠反应热被加热到数千度，压力可达数万个兆帕，能量最后转化为机械功，使周围介质受到压缩或破坏。气体混合物爆炸后，也有大量热量产生，但温度很少超过 1000℃。

（3）反应生成大量的气体产物。1kg 炸药爆炸时能产生 700 ~ 1000L 气体，由于反应热的作用，气体急剧膨胀，但又处于压缩状态，数万个兆帕压力形成强大的冲击波使周围介质受到严重破坏。气体混合物爆炸虽然也放出气体产物，但是相对来说气体量要少，而且因爆炸速度较慢，压力很少超过 2MPa。

3. 核爆炸

核爆炸是剧烈核反应中能量迅速释放的结果，可能是由核裂变、核聚变或者是这两者的多级串联组合所引发。

（三）按反应相分

按照爆炸反应的相的不同，爆炸可分为气相爆炸、液相爆炸和固相爆炸。

1. 气相爆炸

包括可燃性气体和助燃性气体混合物的爆炸；气体的分解爆炸；液体被喷成雾状物引起的爆炸；飞扬悬浮于空气中的可燃粉尘引起的爆炸等。

2. 液相爆炸

包括聚合爆炸、蒸发爆炸以及由不同液体混合所引起的爆炸。例如，硝酸和油脂，液氧和煤粉等混合时引起的爆炸；熔融的矿渣与水接触或钢水包与水接触时，由于过热发生快速蒸发引起的蒸汽爆炸等。

3. 固相爆炸

包括爆炸性化合物及其他爆炸性物质的爆炸（如乙炔铜的爆炸）；导线因电流过载，由于过热，金属迅速气化而引起的爆炸等。

（四）按燃烧速度分类

1. 轻爆

物质爆炸时的燃烧速度为每秒数米，爆炸时无多大破坏力，声响也不太大。如无烟火药在空气中的快速燃烧，可燃气体混合物在接近爆炸浓度上限或下限时的爆炸即属于此类。

2. 爆炸

物质爆炸时的燃烧速度为每秒十几米至数百米，爆炸时能在爆炸点引起压力激增，有较大的破坏力，有震耳的声响。可燃性气体混合物在多数情况下的爆炸，以及火药遇火源引起的爆炸等即属于此类。

3. 爆轰

物质爆炸的燃烧速度为爆轰时能在爆炸点突然引起极高压力，并产生超音速的"冲击波"。由于在极短时间内发生的燃烧产物急速膨胀，像活塞一样挤压其周围气体，反应所产生的能量有一部分传给被压缩的气体层，于是形成的冲击波由它本身的能量所支持，迅速传播并能远离爆轰的发源地而独立存在，同时可引起该处的其他爆炸性气体混合物或炸药发生爆炸，从而发生一种"殉爆"现象。

（五）必备条件

爆炸必须具备的五个条件：

1. 提供能量的可燃性物质，即爆炸性物质：能与氧气（空气）反应的物质，包括气体、液体和固体。氢气，乙炔，甲烷等；液体：酒精，汽油；固体：粉尘，纤维粉尘等。

2. 辅助燃烧的助燃剂（氧化剂）如氧气、空气。

3. 可燃物质与助燃剂的均匀混合。

4. 混合物放在相对封闭的空间（包围体）。

5. 有足够能量的点燃源：包括明火、电气火花、机械火花、静电火花、高温、化学反应、光能等。

（六）反应过程

1. 爆炸，是物质非常迅速的化学或物理变化过程，在变化过程里迅速地放出巨大的热量，并生成大量的气体，此时的气体由于瞬间尚存在于有限的空间内，故有极大的压强，对爆炸点周围的物体产生了强烈的压力，当高压气体迅速膨胀时形成爆炸。

2. 物质的一种，非常急剧的物理 - 化学变化，一种在限制状态下系统潜能突然释放并转化为动能而对周围介质发生作用的过程。分为物理爆炸和化学爆炸。核炸药爆炸兼有二者，常规炸药的爆炸则均属于化学爆炸，反应的放热性、快速性和反应生成大量气体是决定化学爆炸变化的三个重要因素。放热提供能源；快速保证在尽可能短的时间内释放能量，构成高功率；气体则是做功介质。炸药的爆炸变化分为爆燃和爆轰，前者是火药释放潜能的典型形式，后者是炸药释放潜能的典型形式。

3. 爆炸，就是指物质的物理或化学变化，在变化的过程中，伴随有能量的快速转化，内能转化为机械压缩能，且使原来的物质或其变化产物、周围介质产生运动。爆炸可分为三类：由物理原因引起的爆炸称为物理爆炸（如压力容器爆炸）；由化学反应释放能量引起的爆炸称为化学爆炸（如炸药爆炸）；由于物质的核能的释放引起的爆炸称为核爆炸（如原子弹爆炸）。民用爆破器材行业所牵涉的爆炸过程主要就是化学爆炸。

4. 均相的燃气——空气混合物在密闭的容器内局部着火时，由于燃烧反应的传热和高温燃烧产物的热膨胀，容器内的压力急剧增加，从而压缩未燃的混合气体，使未燃气体处于绝热压缩状态，当未燃气体达到着火温度时，容器内的全部混合物就在一瞬间完全燃尽，容器内的压力猛然增大，产生强大的冲击波，这种现象称为爆炸。

5. 空气和可燃性气体的混合气体的爆炸，空气和煤屑或面粉的混合物的爆炸，氧气和氢气的混合气体的爆炸等，都是由化学反应引起的，而且这些反应都是氧化反应。但是爆炸并不都是跟氧气起反应，如氯气和氢气的混合气体的爆炸就是一个例子。同时，爆炸也并不都是化学反应引起的，有些爆炸仅仅是一个物理过程，如违章操作时蒸汽锅炉的爆炸。

四、爆炸应急处理

发生爆炸事故时，人员立即撤离爆炸现场，再准确判断事故情况，进行人员抢救、泄漏源控制。

（一）人员救护

首先要组织人员判断、清查在事故现场的人数，将受伤人员及时抢救出来送医院救治。

1. 车间安全监督安排专人清查在现场人数，若人数不够，立即请消防队搜救。

2. 组织车间义务救护队抢救伤员。

3. 义务救护队对伤员进行紧急救治，以免耽误抢救时间。

有泄漏物的位置必须佩带压力式空气呼吸器才能进入现场，有火的位置必须做防火措施后才能进入现场。

（二）泄漏源控制

1. 当班班长判断发生爆炸事故的位置，准确指挥大范围切断（进、出装置）和局部切断，进行泄漏控制。

2. 事故所在岗位人员、其他岗位人员协同紧急切断泄漏源。有泄漏物的位置必须佩带正压式空气呼吸器才能进入现场关阀，有火的位置必须做防火措施后才能进入现场关阀。

3. 上级救援组织来后按照上级应急指挥部的统一部署行动，车间义务消防队配合专职消防队员灭火。

（三）建立警戒区域

事故发生后，应急指挥小组应根据有毒有害物质、易燃易爆物质泄漏的扩散情况或火灾的火焰辐射热所涉及的范围建立警戒区。

1. 事故发生初期，由车间按实际情况组织建立警戒区域，公司救援指挥部来后交由公司组织在通往事故现场的主要干道上实行交通管制和安全警戒。

2. 警戒区的边界有专人警戒，除消防、气防及应急处理人员，其他人禁止进入警戒区。

3. 警戒区域内严禁火种、严禁使用非防爆的通信器材，严禁使用非防爆的作业机具，严禁使用非防爆的照明，严禁任何产生火花的作业。

4. 警戒区域应有警示线、警示牌、警示标、警戒专人。

（四）紧急疏散

若事故暂时无法得到控制，且有蔓延、扩大的现象，车间要迅速将警戒区内与应急处理无关的人员撤离，以减少伤亡。

（五）注意事项

1. 进入泄漏现场人员必须佩戴正压式空气呼吸器使自己的安全得到保证；

2. 应急处理严禁单独行动，要有人监护，监护人也必须佩戴压力式空气呼吸器，携带便携式硫化氢报警仪；

3. 首先救人，后进行事故处理。

第五节　常用消防设备

一、防火门和防火卷帘

防火门和防火卷帘一般安装在防火墙上，具有较好的耐火性能，建筑物一旦发生火灾时，能有效地把火势控制在一定范围内。同时，为人员安全疏散、火灾扑救提供有利条件。

（一）防火门

防火门是指在一定时间内，连同框架能满足耐火稳定性、完整性和隔热性要求的门。它通常设置在防火分区隔墙上，疏散楼梯间、垂直竖井等处。

1. 防火门组成

防火门是由门框、面板（内填充隔热材料）、防火五金配件、电磁门吸等部件组成。门扇通过合页连接形成，门上配置闭门器、防火锁，双扇门还加装暗插销（装在固定扇一侧）和顺位器，以防门扇中缝的搭叠。与常开防火门联动的有火灾探测器和火灾联动控制系统。

2. 防火门分类

按材质分：木质防火门、钢质防火门、钢木质防火门、其他材质防火门；按门扇数量分：单扇防火门、双扇防火门、多扇防火门；按结构形式分：门扇上带防火玻璃的防火门、防火门门框单槽口和双槽口、带亮窗防火门、无机玻璃防火门；按开闭状态分：常开防火门、常闭防火门；按耐火性能分：隔热防火门（A类）、部分隔热防火门（B类）、非隔热防火门（C类）。

3. 防火门控制

常开防火门与常闭防火门都是向疏散方向开启，单扇防火门安装一个释放器及一个单联动模块，双扇门安装两个防火门释放器及两个单联动模块。防火门任一侧的火灾探测器报警后，通过总线报告给火灾报警控制器，火灾报警控制器发出动作指令给防火门联动模块，联动模块驱动释放器产生释放动作，被释放的防火门在闭门器弹力作用下自动关闭。同时，防火门释放器将防火门状态信号输入单联动模块，再通过报警总线送至消防控制室。

（二）防火卷帘

防火卷帘是指在一定时间内，连同框架能满足耐火完整性要求的卷帘。防火卷帘是一种防火分隔物，启闭方式为垂直卷的防火卷帘平时卷起放在门窗洞口上方的转轴箱中，起火时将其放下展开，用以阻止火势从门窗洞口蔓延。防火卷帘一般设置在自动扶梯周围、中庭与每层走道、过厅、房间相通的开口部位、代替防火墙需设置防火分隔设施的部位等。

1.防火卷帘组成

防火卷帘是它由帘板、座板、导轨、支座、卷轴、箱体、控制箱、卷门机、限位器，门楣、手动速放开关装置、按钮开关和保险装置等分组成。与防火卷帘相联动的设备有感烟、感温探测器和火灾联动控制系统。

2.防火卷帘分类

防火卷帘按其耐火极限可分为普通型钢质防火卷帘（耐火极限≥2h）、复合型钢质防火卷帘（耐火极限≥3h）、特级防火卷帘（耐火极限≥4h），当普通型钢质防火卷帘用于防火分隔时，需对防火卷帘采用自动喷水灭火系统保护。

3.防火卷帘控制

自动控制：火灾探测器动作后，在联动情况下，用作防火分隔上的防火卷帘便下降到底；用作疏散通道上的防火卷帘，卷帘先下降至距地面1.8m、另一个感温探测器动作后，卷帘再下降到底。

机械操作：先取出链条，向下拉动卷帘侧的锁链，卷帘便向下降；向下拉动另一侧锁链，卷帘则向上升起。

手动操作：打开位于卷帘两侧或附近建筑构件上的手动操作盒，按"上行"（或标有"Δ"图形）按键，卷帘即向上卷，按"下行"（或标有""图形）按键，卷帘即向下降；按中间的按键，卷帘即停止运转；另一种是：在消防控制室按下与驱动卷帘门下降的控制模块对应的手动建即可，当卷帘到达指定位置时将发出反馈信号至消防控制室。

二、火灾自动报警系统

火灾自动报警系统是设置在建筑物或其他场所中的一种自动消防设施，能早期发现和通报火灾。

（一）系统组成

火灾自动报警系统通常由触发装置如火灾探测器、报警装置如火灾报警控制器、警报装置如声光报警器、联动控制装置如总线控制盘与控制模块、电源等组成。

（二）工作原理

火灾自动报警系统在火灾初期，将燃烧产生的烟雾、热量和光辐射等物理量，通过感烟、感温和感光等火灾探测器变成电信号，传输到火灾报警控制器，信号经火灾报警控制器处理、分析、判断后，以声、光、文字等方式显示出来并同时显示出火灾发生的部位，记录火灾发生的时间。

（三）联动控制

火灾自动报警系统一般和预作用系统、雨淋系统、水幕系统、水喷雾系统、水炮系统、气体灭火系统、防排烟系统、通风系统、空调系统、常开防火门、防火卷帘、挡烟垂壁、消防广播等设备联动。在火灾情况下，控制器如在自动状态，会自动启动防排烟风机、停止新风机、关闭防火阀、释放防火门、防火卷帘以及挡烟垂壁等，也能自动启动预作用、雨淋、水幕、水喷雾和水炮泵，还能在消防控制室直接启动消防泵和防排烟风机。

三、防排烟系统

防排烟系统是为控制起火建筑内的烟气流动，创造有利于安全疏散和消防救援的条件，防止和减少建筑火灾的危害而设置的一种建筑设施。防排烟系统分为机械加压送风防烟设施和机械排烟设施。

（一）系统组成

防排烟系统的主要组成：防排烟风机、电器控制柜、风管（风道）、防火阀、送风口、排烟口、手动控制装置、火灾探测器、火灾联动控制系统等组成。

（二）设置场所

1. 机械加压送风防烟设施

机械加压送风防烟设施主要设在：没有自然排烟条件的防烟楼梯间、消防电梯间前室或合用前室；采用自然排烟措施的防烟楼梯间，其不具备自然排烟条件的前室以及封闭避难层（间）。

2. 机械排烟设施

机械排烟设施主要设在：建筑物长度大于 20.0m 且没有自然排烟条件的内走道，房间建筑面积大于 200m² 的歌舞娱乐放映游艺场所，以及超过规定面积的公共建筑、丙类厂房、丙类仓库等。

（三）工作原理

防排烟设施一般都是与火灾报警系统联动，当控制中心的控制操作台（柜）处于自动状态，发生火灾报警后，会联动防排烟系统，机械加压送风机会自动启动，向不具备自然排烟条件的防烟楼梯间、消防电梯间前室或合用前室加压送风，防止烟气流入；与此同时，相应防烟分区的防火阀自动打开，机械排烟风机自动启动后，浓烟通过排烟口向排烟管道或竖井向外排出，当温度达到 280℃ 时，排烟风机会自动停止。

当不能自动启动时，在消防控制中心也能远程启动，或在风机房现场直接启动正压送风机和排烟风机。

四、室外消火栓给水系统

室外消火栓主要用于向消防车提供消防用水，或在室外消火栓上直接与消防水带、水枪连接进行灭火，是城市基础建设的必备消防供水设施。

（一）系统组成

室外消火栓主要组成：本体、弯管、阀座、阀瓣、排水阀、阀杆和消防接口组成，它分为地上式和地下式两种，地上式上部露出地面，标志明显，使用方便，地下式安装于地下，不影响市容。

（二）布置要求

室外消火栓应沿道路铺设，道路宽度超过 60m 时，宜两侧均设置，并宜靠近十字路口。布置间隔不应大于 120m，距离道路边缘不应超过 2m，距离建筑外墙不宜小于 5m、不宜大于 150m，距离高层建筑外墙不宜大于 40m，室外消火栓数量应按其保护半径，流量和室外消防用水量综合确定，每只室外消火栓流量按 10 ～ 15L/ 升计算。

地上消火栓设置安装明显、容易发现，方便出水操作，地下消火栓应当在地面附近设有明显固定的标志。

（三）使用方法

消火栓平时关闭，阀瓣将进水口密封，使用时先将消防车吸水管连接口径 10mm（15mm）的接口，或将水带连接口径 65 ㎜的接口，然而，用专用扳手打开阀门，地下管网的市政供水便流入消火栓，消防车就可直接吸水供水，水带也能直接出水灭火。使用完毕后，关闭阀门，阀体内的余水可由排水阀自动排尽。

五、室内消火栓给水系统

室内消火栓系统是建筑物内主要的消防设施之一，室内消火栓是供单位员工或消防队员灭火的主要工具。

（一）系统组成

室内消火栓系统主要有消火栓箱、室内管网、消防水箱、市政入户管、消防水池、消防泵组、水泵接合器、消防泵控制柜、试验消火栓等组成。

（二）间距要求

高层民用建筑、高层工业建筑、高架库房和甲乙类生产厂房内消火栓间距不应超过 30 ㎡；在其他单层和多层建筑，以及在与高层建筑直接相接的裙房里，不应该超过 50 ㎡。

（三）使用方法

室内消火栓一般都设置在建筑物公共部位的墙壁上，有明显的标志，内有水带和水枪，有的还有消防卷盘。使用消防卷盘时，打开消火栓箱门，将胶管拉出，开启小口径水枪开关，即可喷火灭火；使用水带时，打开消火栓箱门，取出水带、水枪，将水带的一端接在消火栓出水口上，另一端接好水枪，并将水带拉直，按下消火栓启动泵按钮，启动消火栓泵，而后打开消火栓阀门便可喷水灭火。当消火栓泵控制柜处于手动状态时应及时派人到消防泵房手动启动消火栓泵。

六、自动喷水灭火系统

自动喷水灭火系统是一种固定式自动灭火的设施，它自动探测火灾，自动控制灭火剂的施放，按照管网上喷头的开闭形式分为闭式系统和开式系统，闭式自动喷水系统又包括：湿式系统、干式系统、预作用系统、循环系统；开式自动喷水系统也包括：雨淋灭火系统、水幕系统、水喷雾系统。

（一）湿式自动喷水灭火系统

湿式自动喷水灭火系统，由于在报警阀的前后管网内始终充满压力水，故称湿式喷水灭火系统。

1. 系统组成：是由闭式喷头、管道系统、湿式报警阀组、水流指示器、消防水源和供水设施等组成。

2. 工作原理：在火场温度作用下，闭式喷头的感温元件温度达到预定的动作温度时，喷头开启，喷水灭火，水在管网内流动时，使湿式报警阀的上部水压下降，原来处于关闭状态的阀瓣受到压差影响而自行开启；水通过湿式报警阀流向干管和支管，干管上的水流指示器由水的流动信号变为电信号传输给控制器，支管内的水经过延时器后通向水力警铃和压力开关，水流冲击水力警铃发出声响报警信号，同时使压力开关触点接触，一是将接触信号反馈控制器，二是接触信号会直接启动喷淋泵，使管网能持续加压供水，达到自动喷水灭火目的。

喷水后，水流指示器、压力开关会向报警控制器报警、喷淋泵启动后信息也会反馈报警控制器。

压力开关的电源来源有两种方式：一是消防控制器供的；二是泵房电源控制柜供的。

喷淋总管压力一般不大于12公斤，如压力过大要分区供水，支管一般不大于4~5公斤，如压力过大则要减压。

湿式报警阀通向延时器的阀门打开后，喷淋泵立即启动，主要原因是阀瓣关闭不严密。

喷淋泵无故障，但打开末端放水后，喷淋泵仍不能启动？主要原因是：湿式报警阀下压表压力过低（没有稳压或屋顶水箱管没有通），压力开关不能接触，延时器下的小孔变大了。

末端放水关阀后，喷淋泵为什么不能停止，主要是压力开关不能自动脱离。

末端放水 90 秒后还没有启泵，主要原因是：湿式报警阀下压表压力过低（没有稳压或屋顶水箱管没有通），压力开关不能接触，延时器下的小孔变大了，喷淋控制柜没有放在自动位置，泵的电源关了。

（二）干式喷水灭火系统

干式喷水灭火系统是为了满足寒冷和高温场所安装自动喷水灭火系统的需要，在湿式系统的基础上发展起来的。由于其管路和喷头内平时没有水只处于充气状态，故称之为干式系统或干管系统。

1. 系统组成：是由闭式喷头、管道系统、干式报警阀组、水流指示器、充气设备、排气设备、消防水源和供水设备等组成。

2. 工作原理：发生火灾时，在火场温度的作用下，闭式喷头的感温元件温度上升，达到预定的动作温度范围时，喷头开启，管路中的压缩空气从喷头喷出，使干式报警阀出口侧压力下降，干式报警阀被自动打开，水进入管路并由喷头喷出。在干式报警阀被打开的同时，通向水力警铃的通道也被打开，水流冲击水力警铃发出声响报警信号，压力开关报警信号送至报警控制器，并直接启动消防泵加压供水。

（三）预作用喷水灭火系统

预作用喷水灭火系统是在湿式系统、干式系统、火灾报警系统有机结合起来的灭火系统，该系统阀后管网呈干式，阀前管网呈湿式，火灾时，通过火灾自动报警系统实现对预作用阀的控制，并立刻使阀后管网充水，将系统转变为湿式，故称为预作用喷水灭火系统。

1. 系统组成：是由火灾探测器、报警控制装置、闭式喷头、管道系统、预作用阀组（或雨淋阀组）、手动开启阀门、充气设备、排气装置、消防水源和供水设施等组成。

2. 工作原理：该系统阀后管网一般充有低压压缩空气，在火灾发生时，安装在保护区内的火灾探测器，首先发出火警报警信号，消防控制器在接到报警信号的同时，一方面自动打开排气阀排气，另一方面自动打开电磁阀排水，原来处于关闭状态的阀瓣受到压差影响而自行开启，使压力水迅速充满管网，这样原来呈干式的系统迅速转变成湿式系统，以后的动作与湿式系统相同。

（四）雨淋喷水灭火系统

雨淋喷水灭火系统工作时，所有喷头同时喷水，好似倾盆大雨，故称为雨淋系统或洪水系统。

1. 系统组成：是由火灾探测及报警控制装置、开式喷头、管道系统、雨淋阀组、手动开启阀门、消防水源和供水设施等组成。

2. 工作原理：发生火灾时，火灾探测器将信号送至火灾报警控制器，控制器输出信号打开雨淋阀，使整个保护区内的开式喷头喷水灭火。同时启动水泵保证供水，压力开关、水力警铃一起报警。

当自动报警联动后没有喷水，应该手动打开电磁阀。

（五）水喷雾灭火系统

水喷雾灭火系统常用来保护可燃液体、气体储罐及油浸电力变压器等。水喷雾灭火系统的组成和工作原理与雨淋系统基本一致。其区别主要在于喷头的结构和性能不同，雨淋系统采用标准开式喷头，而水喷雾系统则采用中速或高速喷雾喷头。

预作用系统、雨淋灭火系统、水喷雾灭火系统和自动控制的水幕系统应在火灾报警系统报警后，立即打开电磁阀，自动向配水管道供水，并同时具备自动控制、消防控制室手动远程控制和现场应急操作三种启动供水泵的方式。

七、泡沫灭火系统

泡沫灭火是扑救 B 类火灾最有效的灭火剂之一，他具有安全可靠、经济实用、灭火效率高等特点。

（一）系统组成

泡沫灭火系统由消防水源、消防泵组、泡沫液供应源、泡沫比例混合器、管路和泡沫产生装置等组成。

（二）系统分类

泡沫灭火系统按照安装使用方式分为固定式、半固定式和移动式三种；按泡沫喷射位置分为液上喷射和液下喷射两种；按泡沫发泡倍数又可分为低倍、中倍、高倍三种。

（三）工作原理

消防管网出水过程中，通过比例混合器将泡沫液与水按比例混合，形成泡沫混合液，泡沫混合液经过泡沫产生器，与吸入的空气混合，发泡产生泡沫，并将泡沫喷洒到燃烧液体表面，形成泡沫层、隔绝空气、吸收热量，从而把火扑灭。泡沫灭火主要用于扑救 B 类火灾，也能扑救 A 类火灾。

（四）使用方法

1. 液上固定式泡沫灭火系统

油罐发生火灾时，值班人员首先要启动消防泵，向消防管网充水，同时，一方面要打开着火罐的泡沫和冷却管阀门，另一方面要打开相邻罐的冷却管网阀门，然而要检查泡沫液罐输出管道阀门是否开启，输出比例是否正常，泡沫液储量是否充足。

消防队到场后,指挥员首先检查消防泵是否启动,输出泡沫是否正常,如发现消防泵没有启动或输出泡沫异常,应立即派员启动和检查。

2. 液上半固定泡沫灭火系统

液上半固定泡沫灭火系统是将泡沫产生器固定安装在油罐上,并将下面的管道部分设置到油罐防护堤外(管道接出防护堤外,离地面高度1米处,末端安装接口,平时扣有闷盖),其泡沫混合液由移动的泡沫消防车提供。

发生火灾时,泡沫消防车到达火场,消防队员在防护堤外将水带接口接好,调整比例混合器,将车载消防泵出口压力升至正常的工作压力时,打开消防车出口球阀,向半固定系统供应泡沫混合液,经产生器时吸入空气产生泡沫。

3. 移动泡沫灭火系统

使用移动泡沫系统一般为油罐未设置固定灭火系统,或发生火灾时油罐顶部被炸开,或固定灭火系统遭到破坏时需采用移动灭火系统。移动灭火系统主要是利用消防泡沫车,使用车载泡沫炮直接向油罐喷射泡沫灭火,或利用消防车,调整好工作压力(包括泡沫混合液比例),经过消防水带向移动泡沫炮、泡沫枪、泡沫钩管输混合液,产生泡沫实施灭火。

扑救流淌火可以采用泡沫车出泡沫枪或泡沫栓出管枪喷射泡沫灭火。

八、气体灭火系统

气体灭火系统应用于特定的场所,由于气体灭火系统灭火后不留痕迹、不影响设备的正常运行,是一种较为理想的自动灭火系统。

(一)系统组成

气体灭火系统由储存装置(启动气瓶、灭火气瓶)、启动分配装置、管道、输送释放装置、火灾探测器、消防控制器、监控装置等设施组成。

(二)系统分类

气体灭火系统按使用的灭火剂分为:二氧化碳灭火系统、卤代烷替代灭火系统、烟烙尽灭火系统和气溶胶灭火系统;按灭火方式分为:全淹没气体灭火系统、局部应用气体灭火系统;按管网的布置分为:有管网灭火系统和无管网灭火系统。

(三)工作原理

气体灭火系统的工作原理:消防控制中心接到火灾信号后,启动联动装置(关闭开口、停止空调、接通警报等),延时约30s后,打开启动气瓶的电磁阀,利用启动气瓶中的高压氮气将灭火气瓶的容器阀打开,灭火剂经管道输送到喷头喷出气体灭火。中间的延时是考虑防护区内人员的疏散。

（四）系统控制

为确保系统在发生火灾时及时可靠地启动，系统的控制与操作应满足一定的要求。管网气体灭火系统一般应具有自动控制、手动控制和机械应急操作三种启动方式；无管网灭火系统应具有自动控制、手动控制两种启动方式；局部应用气体灭火系统用于经常有人的保护场所时，可不设自动控制。

九、消防控制室

消防控制室是建筑消防设施的信息控制中心，也是火灾时灭火指挥中心，具有十分重要的地位和作用。

（一）控制室位置

消防控制室应设在建筑物的首层，消防控制室门的上方应设标志牌或标志灯，设在地下一层的消防控制室门上的标志必须是带灯罩的装置。标志灯的电源应从消防电源上接入以保证标志灯电源可靠。为防止火灾危及消防控制室工作人员的安全，消防控制室的门应有一定的耐火能力（即为 A 类隔热防火门），并应向疏散方向开启，应有安全出口。

（二）控制设备功能

消防控制设备具备对消防水泵、防烟和排烟风机的启、停，除自动控制外，还能手动直接控制，火灾发生时，在自动情况下，会自动关闭对常开防火门、防火卷帘门、电动防火阀，停止有关部位的空调送风，逼降电梯，切断有关部位的非消防电源，并接通警报装置及火灾应急灯和疏散标志灯，启动应急广播，并接收其反馈信号，还能对气体灭火系统、泡沫灭火系统有控制显示功能。

（三）通信设备要求

消防控制室与值班室、消防水泵房、发电机房、配电室、通风和空调机房、排烟机房、电梯机房及其他与消防联动控制有关的且经常有人值班的机房，灭火控制系统操作装置处或控制室，企业消防站、消防值班室、总调度室等处设置消防专用电话；手动报警按钮处设置对讲电话插孔；消防控制室消防值班室或企业消防站等处，设有直接报警的外线电话。

结束语

  我国资源总量大、种类丰富，但是在地区上呈现出分布不均匀的现象，资源条件使得电力工程的发展建设受到了制约。为此，要加强对核电、水电、生物发电、风电等多种可再生资源的开发使用，提高可再生资源的利用率，充分利用可再生资源来增加电量的生产，以达到减少煤炭资源的过分使用。同时，我国电力系统在未来发展过程中需要加强智能电网的发展，结合特高压的建设与运行，使控制大电网安全运行的技术得到提高，同时统筹配电网的智能化建设，逐渐建设独具一格的智能电网。

  在新形势的推动下，电力安全对我国电力生产管理工作的要求也愈来愈高。为提高电气设备的稳定性和可靠性，检测、评估和监督整个电气设备的内部机构状态和潜在风险，研究应对电力事故发生的新技术、新办法，并制定具有针对性的防范措施，对我国电力行业的稳步发展具有重要的理论意义和实际价值。